JN274490

営農集団の展開と構造

―― 集落営農と農業経営 ――

小 林 恒 夫

九州大学出版会

はしがき

　営農集団（農業生産組織）に関する問題は，農業基本法（1962年）で「協業の助長」が提起されて以来，多くの議論が重ねられてきた古くて新しい問題である。したがって，これまで多くの研究が蓄積されてきた分野である。また同時に，営農集団に対する理解としては，一時的・経過的に位置づける見解から，それ自体を経営体として重視する見解まで幅広くなされており，いまだ残された課題の多い研究分野でもある。しかも，その課題は定義・概念あるいは展開論理といった理論的部分から実証分析まで多岐にわたっている。

　このような中で，2004年以降の「食料・農業・農村基本計画」の見直し作業の過程で，国の担い手政策の対象として個別展開型の認定農業者のみならず農家グループである「集落営農経営」も取り上げられることになり，農家グループ，すなわち営農集団（農業生産組織）関連の議論がにわかに浮上してきた。もっとも，「集落営農経営」に類する組織概念はこれまでにもいくつか提起されてきていた。それらをたどると，2004年からの米政策改革で導入された「集落型経営体」，そして2003年の農業経営基盤強化促進法改正で認知された「特定農業団体」，さらに1993年の同法改正で創設された「特定農業法人」へとさかのぼり，ついには1992年の新政策の「組織経営体」に行き着く。

　しかし，これらの類似概念の中身はそれぞれ異なっており，決して一貫しているわけではない。その意味では，営農集団（農業生産組織）の育成政策においても，これまで現場から指摘されてきた「猫の目農政」のそしりを免れない。

　そして目下，行政は新「基本計画」の普及を図っており，それに対し，現場では「集落営農経営」設立の可能性が探られている段階にあるが，その認定基準（まだ最終的には出そろっていないが）のハードルが高いと推測されることから，現場では基準緩和の要求が強いと言われている。

　したがって，目下の新「基本計画」における「集落営農経営」の内容分析とその適用方法の模索が現実的には求められている。しかし，「集落営農経営」の最終的な認定基準がまだ出そろっていないことや，開始予定年次である2007年まではまだ間があるため，その間の関係組織からの諸要求や政策的対応による変動も予想されることから，その実現可能性の展望は現時点では不透明である。

　こうして，今日たしかに「集落営農経営」への対用の可能性を探ることが迫られているわけであるが，しかし同時に基本的に重要なことは，本気で集落営農を目指すならば，構成員農家の実態と要求に合致したメリットの多い持続的な集落営農をいかに設立するかということを考えなければならないということである。まず政策ありきではなく，現場の歴史と現状に合った

形と中身を持つ集落営農の結成がむしろ先決問題となる。そのうえで，あるいはそれと同時並行的に，設立された集落営農を将来とも持続的で安定的なものにしていくために政策的支援の可能性を探る，あるいは，もしそのための基準があまりにも高すぎる場合にはその基準の修正をも求めていくというのが地域農業の再編構想を実現していく手順ではないかと考える。

そのためには，少なくとも研究分野においては，担い手の名称も含め「猫の目」のように変わる営農集団（農業生産組織）育成政策の動向を見据えながらも，基本的には，これまでの古くて新しい農家の組織化行動メカニズムを，理論的，歴史分析的および実証的に探ることが依然として求められている。

以上のような問題意識に立脚して，営農集団（農業生産組織）の理論的，歴史分析的および事例分析＝実証的研究を試みてみたのが本書である。

内容的には，営農集団（農業生産組織）の概念や中身の整理，およびこれまでの主要な研究の検討等を中心とする理論的考察，ならびに営農集団の展開の盛んな佐賀平坦地域を対象とした1960年以降の営農集団の展開に関する歴史的分析，さらには佐賀県内の3つの地域類型内における代表的な営農集団の事例的検証を行った実証分析，の大きく3つで構成した。その内容の特徴的なポイントをあらかじめ簡単に紹介しておくならば，それらは，理論的整理においては，上記の名称問題ともかかわって「生産組織」という名称の不適正さを指摘したうえで，独自の概念提起や活動内容の整理を行い，またこれまでの主な研究を類型化して整理し，それぞれにおける一面性の存在を指摘して批判的検討を加えたこと，次いで歴史分析においては，1960年代以降の佐賀平野の農業展開とのかかわりにおいて営農集団の展開を詳細にトレースし，展開の内的メカニズムを探ったこと，さらに事例分析においては，営農集団の地域性に注目して3つの地域類型において営農集団の構造的特徴の提示を行うのみならず，集団が構成員農家に与える影響に注目する必要があるという視点から構成員農家の悉皆調査を行ったことなどである。

以上の問題提起と分析結果が成功したかどうかは，読者の判断を待つほかない。忌憚のないご批判，ご教示等をいただければ幸いである。

2005年9月

小 林 恒 夫

本書は独立行政法人日本学術振興会平成17年度科学研究費補助金（研究成果公開促進費）の交付を受けて刊行された。

目　次

はしがき ……………………………………………………………………… i

序　章　課題と方法 ………………………………………………………… 1
　第1節　課　　題 …………………………………………………………… 2
　第2節　方　　法 …………………………………………………………… 4
　第3節　構　　成 …………………………………………………………… 5

第1章　営農集団の基礎的考察 …………………………………………… 7
　第1節　営農集団の概念 …………………………………………………… 8
　　1．はじめに
　　2．共同労働（作業）
　　3．栽培（技術）協定
　　4．共同利用
　　〔補項〕　共同経営
　第2節　集団営農の展開メカニズム──歴史的考察── ……………… 12
　　1．はじめに
　　2．1960年代
　　3．1970年代
　　4．1980年代
　　5．1990年代
　第3節　営農集団研究の評価と問題点──諸説の検討── …………… 19
　　1．本節の課題
　　2．個別上向化階梯論
　　3．「小企業農」補完論
　　4．自作小農経営補完論
　　5．新経営体形成論
　　6．小　　括

第2章　佐賀平坦水田地域における営農集団の展開 ……………………37
　　　　　——1960年代，70年代の歴史的考察——

第1節　本章の課題 …………………………………………………………38
第2節　稲作集団栽培の成立（1960年代）…………………………………38
　1．稲作集団栽培成立の背景
　2．稲作集団栽培の実態
　3．稲作集団栽培の問題点——労働様式の視点から——
第3節　稲作集団栽培の衰退と機械・施設共同利用組織の形成（1970年代）……………49
　1．稲作集団栽培の衰退メカニズム
　2．機械・施設共同利用組織の形成条件
　3．機械・施設共同利用組織の形成と実態
　4．生産力展開上の問題点
第4節　小　　括 ……………………………………………………………63

第3章　平地農業地域における営農集団の展開と構造 …………………65
第1節　本章の課題 …………………………………………………………66
第2節　兼業農家主導型営農集団の展開と農業経営——佐賀県小城市・K営農集団—— ……66
　1．調査地の概況
　2．営農集団の形成条件
　3．営農集団の展開過程と組織構造
　4．営農集団の活動内容
　5．構成員農家の性格と集団活動の経営的効果
　6．長期存続要因と今日の問題点
第3節　専業・兼業農家混在型営農集団の展開と農業経営 ………………92
　　　　　——佐賀県東与賀町・N機械利用組合——
　1．東与賀町農業の展開と現状
　2．水田圃場整備と麦作・施設園芸の展開——機械利用組合結成の背景——
　3．ライスセンターの設置とN機械利用組合の結成
　4．組合の活動内容と労働様式の問題点
　5．組合結成後の施設園芸・麦作の展開と農業青年のUターン
　　　　　——経営複合化と農業専業化——
　6．追　　補
第4節　小　　括……………………………………………………………100

第4章　中山間農業地域における営農集団の展開と構造 …………………103

第1節　本章の課題 …………………104

第2節　ミカン産地における営農集団の展開と農業経営 …………………105
――佐賀県唐津市浜玉町・H地区農業機械組合――

1. 地域農業の概況とH地区農業機械組合の成立条件
2. H地区農業機械組合の基本構造
3. H地区農業機械組合の事業と成果
4. 組合構成員農家の経営展開
5. 今後の展望

第3節　ナシ産地における営農集団の展開と農業経営 …………………129
――佐賀県伊万里市・M農業生産組合・T作業班（T集落）――

1. 本節の課題
2. M農業生産組合の形成と展開
3. M農業生産組合・T集落における農地利用問題
4. 小　　括
5. 追　　補

第4節　棚田地帯における営農集団の展開と農業経営 …………………139
――佐賀県西有田町・D機械利用組合――

1. 本節の課題
2. 西有田町における機械利用組合の濃密な展開
3. 西有田町D集落の概況
4. D機械利用組合の結成とその特徴
5. D機械利用組合の機能・役割
6. D機械利用組合と中山間地域等直接支払制度との関連
7. 結　論――中・小型機械体系装備型稲作営農集団の提起――

第5節　小　　括 …………………149

第5章　都市的地域における営農集団の展開と構造 …………………151

第1節　本章の課題 …………………152

第2節　A農業機械利用組合の展開と農業経営 …………………152

1. A農業機械利用組合成立の背景――地域農業の後退に対する防衛対策――
2. A農業機械利用組合の結成
3. A農業機械利用組合の組織機構と性格
4. A農業機械利用組合の構成員と作物の概要
5. A農業機械利用組合の収益構造

　　　　6．構成員農家の性格
　　第3節　小　括──A農業機械利用組合の新たな機能・役割── ………………………*160*
終　章　総括と展望…………………………………………………………………………*161*
　　第1節　総　　　括……………………………………………………………………*162*
　　第2節　展　　　望……………………………………………………………………*163*

引用文献 ……………………………………………………………………………………*167*
あとがき ……………………………………………………………………………………*171*

序　章

課題と方法

青年オペレーターによる田植え作業（M農業生産組合，2005年6月，第4章第3節を参照）

第1節　課　題

　高度経済成長を契機にわが国農業はかつてない大きな変貌を遂げた。なかでも，大量の農家労働力が他産業に流出し，農業労働力が脆弱化したことが農業変貌の一大要因となっている。1970年代以降現在に至る低経済成長期においても，そのテンポは鈍化したとはいえ，農家労働力の流出自体は相変わらず続いている。その結果，兼業深化傾向はさらにその深さと広さを増し，オール兼業化と言われるような深刻な状況を呈している。今日ほど農業の担い手に関する論議が盛んな時期はないと言われる[1]のは，そのことを背景としている。農業後継者問題の発生もしかりである。こうして，農業生産の「担い手」形成や労働主体のあり方をどのように考えるかという問題が，現在および将来のわが国農業の一大課題として横たわっている。

　他方，この時期は機械化の進展が著しく，とりわけ1970年代は中型機械化体系の確立と普及を見ることによって技術展開上の一大画期を形成した時期でもあった。そして，この機械化は一方では上述の兼業深化による農業労働力の脆弱化をカヴァーし，農業生産の維持・向上に寄与した。また同時に，この機械化は農外労働市場の拡大とあいまって，農家労働力の流出をさらに促進し，農民層分解を進める作用をも果たした。そして，このような実態を背景に，「小企業農」[2]や「資本型上層農」[3]の形成が展望されたのである。

　しかし，このような形での農業構造の再編，すなわち借地拡大による個別大規模経営の形成はその後決してスムーズに展開しているとは言えない。たしかに，近年，都府県においても経営耕地面積が10 haを超える個別展開型の大規模経営が各地に散見されるようになったが，しかし，その形成にはまだ大きな地域差が存在するし，増加率にもばらつきが見られ，必ずしも順調に伸びているとは言い難い。また，その下の階層である3 ha以上，あるいは5 ha以上経営の増加率はむしろ傾向的に鈍化してきてさえいる[4]。さらに，大規模経営自体，耕地分散の拡大や農繁期の労働強化など土地・労働力利用の側面（生産力構造）において問題点も多い。すなわち，零細分散錯圃制と言われるわが国の耕地の存在形態の下では，購入や借地によって規模拡大された耕地片は一般的にはますます分散し，しかも，規模拡大される耕地面積が多いほどその分散の程度は著しくなる状況にある。その結果，分散した耕地は，それぞれその地区の水利条件などに規制されて自由な利用が制約される場合もあり，また分散していることから，その耕地の管理はおのずから粗放的になりがちである。なかでも，転作作物の集約的管理が困難となり，今日の稲作転作の担い手として問題を残すことにもなる。さらに，このような場合の転作は概して点在的なバラ転作になりがちであり，転作作物の収量向上の点でも問題点を持つ。また，労働力利用の面でも，農業労働力が夫婦2人に収斂してくる傾向の中で，個別展開（家族経営）型での耕地規模拡大では，多少の雇用労働力を入れたとしても，農繁期の作業は多忙をきわめ，その結果，たとえば夜にかかる作業の形成が見られるなど，健康上からも新しい問題の発生が指摘されるのである[5]。

他方，先述の機械化は，兼業深化による農業労働力の脆弱化をカヴァーし，そのような農家の農業生産の維持に寄与し，兼業農家の存立を補強する役割を果たしている。つまり，機械化は，必ずしも兼業農家の離農には結びつかなかったのである。そして，このことは，規模拡大志向農家が思いどおりに耕地を拡大できない要因ともなっている。

　以上のような実態は，日本のおおかたの土地利用型作目において見られるが，とくにその傾向が顕著なのが水田作であろう。なかでも，稲作においては，機械化と兼業化が結びつき，零細な稲作経営を営む兼業農家の滞留構造が形成されている。

　こうして1970年代以降，わが国農業は構造変動期に入ったと言われながらも，基本的には従来の零細経営構造を克服するには至っていないのである。ここに零細経営構造再編の課題が改めて問われる根拠がある。たしかに，このような兼業農家の零細稲作は，社会的にも個別経営としても，決して合理的なあり方とは言えないであろう。そして，事実，機械化貧乏と言われるように，おおかたの経営は収益性の悪化にあえいでいるのである。しかも，80年代以降の農産物「過剰」の深化による農産物価格の全般的な低下傾向の下では，収益性の悪化はさらに加速される状況にある。すなわち，稲作では，87年，88年の米価連続引き下げ，87年開始の「水田農業確立対策事業」による米作減反強化と転作奨励金の削減の下で，経営の悪化が加速されている。さらには，92年「新政策」による市場原理導入宣言以降，95年開始の食糧法，97年の「新たな米政策」，99年の新基本法，2000年の「土地利用型農業活性化対策」というように米政策はめまぐるしく変化し，とくに95年以降の米価の急落傾向の中で，米経済の悪化は明確なものとなった。こうして，わが国の水田農業は今まさに新たな段階に立ち至っていると言うことができる。

　そのような中で，わが国の零細経営構造を克服し，新しい農業生産体制を形成しようとする試みとして，営農集団の形成が注目されている。それは，上述のような兼業深化と結びついた零細な稲作生産のあり方を再編合理化する方向で営農集団が形成され，個別展開（家族経営）型の大規模経営に見られるような土地・労働力利用上の弱点の克服が試みられているからである。さらに，そのような営農集団が増加しつつ，地域農業の担い手として，その役割を高めてきていると考えられるからである。

　そこで，事実はいったいどうなのか。すなわち，営農集団はいかなる条件と契機によって形成されているのか。そして，営農集団の活動によって土地・労働力がどのように再編されているのか。また，営農集団は構成員農家の個別経営にとっていかなる意義・役割を持っているのか。さらに，営農集団の形成は地域農業の新しい担い手の形成であるのか。新しい担い手とするならば，それに伴いどのような新しい独自の問題や課題が出てくるのか等々，今日の農民層分解の下で，総じて営農集団はいかなる機能と役割を持っているのかを，水田作部門の営農集団を対象にして，理論的および実証的に検討してみたい。

第 2 節　方　　法

　本書では，営農集団に関する概念や用語に関する基礎的考察，1960年以降の日本農業の展開とのかかわりにおける営農集団の成立・展開に関する歴史的トレース，および地域性を基準とした事例分析を行う。いわば，理論，歴史および地域という3つの観点ないし方法をキーワードとする。その根拠は以下のとおりである。

　まず，はじめに営農集団に関する概念や用語にかかわった基礎的考察を行っておく。それは，これまでの営農集団研究の多くは実証研究に偏したものが多く，そのことともかかわって概念や用語に混乱も散見されるため，概念・用語が不明確・不正確で，全体像やその内的構成の把握が不十分であったと感じられるからである。

　また，これまで営農集団研究には多くの蓄積があることは本書第1章で見るとおりだが，そのような中で，本書は営農集団の機能・役割の解明に焦点を置く。すなわち，営農集団が地域農業や構成員農家にいかなる機能・役割を果たしているのかという点に迫りたい。もちろん，それは歴史的展開に伴って，また，それが置かれている地域農業の展開に左右されて異なっていると考えられる。したがって，営農集団の機能・役割の検討は歴史的および地域的に行われなければならない。

　すなわち，営農集団は農業経営の歴史的展開を背景・要因として形成・展開しているため，本書では，戦後日本農業に大きなインパクトをもたらした高度経済成長が本格的な軌道に乗る1960年代以降を対象にして営農集団の形成・展開をトレースする。

　また，併せて本書は地域農業の展開とのかかわりで営農集団の形成・展開を検討することを重視する。それは，第1章第3節で詳述するように，本書は営農集団を新たな経営体誕生の過渡的階梯と評価したり，逆にそれ自身が新たな経営体自体であると評価する立場を取らず，基本的に構成員の農家経済の補完組織と見る，いわば「個と集団」の二重構造論の立場を取るため，営農集団の類型析出や類型間の移動の論理の解明よりも，むしろそれぞれの地域農業の展開とのかかわりにおける営農集団（組織）と構成員農家との相互関係に注目したいと考えることから，主にこの点に焦点を当てることにしたためである。

　なお，地域類型としては，下記のように，平地農業地域，中山間農業地域および都市的地域という農林水産省の農業地域類型を利用することとする。そして，このようなそれぞれ3つの地域類型の下において，地域農業をめぐるどのような内外動向を契機や要因として，どのような形態・内容の営農集団が形成され，また営農集団と地域農業や構成員農家との相互関係がどうなっているのかを実証的に明らかにしていきたい。

①平地農業地域における営農集団の展開と構造（第3章）
②中山間農業地域における営農集団の展開と構造（第4章）

③都市的地域における営農集団の展開と構造（第5章）

ところで，本書では研究対象地域を佐賀県に設定した。それは，佐賀県には全国的に見ても多くの営農集団の形成が見られるとともに[6]，県内に上記の3つの地域類型がバランスよく存在し，地域類型分析に適しているからである。

そこで，歴史的考察も，佐賀県における1960年以降の地域農業の展開と，それとかかわった営農集団の形成・展開を対象として行う。

第3節　構　成

第1章は，第2章以下の歴史的考察および地域性分析を行うための基礎的考察の章である。まず営農集団についての概念規定を取り上げ，併せて営農集団活動の実体としての技術構成要素の集団的利用の諸形態とその基本的仕組みについて考察する（第1節）。次いで高度経済成長期以降のわが国農業における営農集団の形成と展開を整理し，現段階の営農集団の特徴を把握する（第2節）。そのうえで営農集団の性格づけに関する主要な学説の批判的検討を通じて営農集団研究の基本的課題を明らかにする（第3節）。

第2章では，第3章以下で展開する現段階の営農集団の事例分析に先立って，佐賀水田農業を対象に，1960年代と70年代における営農集団の形成・展開あるいは崩壊の歴史的過程とそのメカニズムを把握する。また本章は，営農集団の歴史的展開メカニズムの整理（第1章第2節）を佐賀水田農業の実態分析を通じて検討するという位置づけを持つ。

以上の2つの章が理論的整理および歴史的考察を行う部分であるが，引き続く第3章から第5章までが本書の主要課題である営農集団の機能と役割に関する実証的研究部分であり，上記の3つの地域類型区分にそって，佐賀県下の営農集団の主要事例を対象に実態分析を行う。

すなわち，第3章は平地農業地域における現段階の営農集団の事例分析である。ここでは第2章の歴史的考察を受けて，現段階の平地農業地域の営農集団の特徴と性格を検討する。その際，とりわけ，そこにおける営農集団の地域農業と構成員農家への機能・役割の解明に力点を置く。事例的には，まず第2章で見た1960年代，70年代の営農集団の展開と密接に関連し，かつその数が最も多いと思われる兼業農家主導型の営農集団を取り上げ（第2節），営農集団の役割や性格の特徴を検討する。次いで，数は少ないが，兼業化に対抗しつつ，営農集団の形成を契機に集約部門を導入し，農業での自立化をめざす事例を取り上げ（第3節），営農集団の性格規定と併せて，営農集団の形成・展開を媒介にして水稲作を基幹部門とする従来の水田農業の一般的な経営方式がどのように変容してきたのかを考察する。

第4章は，大なり小なり棚田等の生産条件不利農地を地域内に擁し，また部門的には稲作はむしろ副次部門となり，果樹・野菜・工芸作物・家畜等の集約部門が基幹部門となっている中山間農業地域における営農集団の展開メカニズムを解明する。また，この地域は小規模集落も

少なくないため，1集落単位の営農集団ばかりでなく，数集落にわたる広域的な営農集団も形成されることから，このような広域的な営農集団の事例分析も行う（第2節・第3節）。そして，それらの諸集団が地域農業の困難性，なかでも今日問題となっている棚田保全にいかに対応しているのか，また構成員農家にどのような機能と役割をもたらしているのか，といった点の解明を行う（第3節・第4節）。さらに，広域的な大規模営農集団の場合，新たに組織の管理運営問題が発生してきている点にも言及する（第2節・第3節）。

第5章は，都市的地域における営農集団の事例分析である。本章では，都市的地域における集落単位の稲作共同経営の1事例のみを取り上げるが，今や営農集団が担い手不足の独居女性や病床の連れ合いを介護する高齢農家および定年帰農者の農地を保全する，いわば「福祉支援的」あるいは「生活農業支援的」な新しい機能を持つに至った点にも言及する。

最後に，終章において，これまで見てきた営農集団の性格づけや機能・役割についてとりわけ重要な点を確認し，今後の展望に言及して本書のむすびとする。

註
1) 上野（1987），149頁。最近のものとしては田畑ら（1996）や田代（2004）も参照。
2) 梶井（1973）。
3) 伊藤（1973）。
4) 都府県における経営耕地面積10ha以上農家数の1975年以降の初年を基準とした5年ごとの増加率は82％（75→80年），35％，26％，76％，43％（95→2000年）とばらつきが見られる。また，この大規模階層へ上昇する主要な母体と考えられる5～10ha階層の同様の動向は51％，44％，40％，30％，18％へと傾向的に鈍化してきている（以上はセンサスの数値であり，85年までは総農家，90年以降は販売農家だが，85→90年の85年の数値は販売農家）。
5) 戸島・小林（1985）。
6) 2000年の農業生産組織への参加農家数割合は都府県14.3％，九州平均18.1％であるが，九州の中では福岡県21.0％，熊本県19.7％，大分県9.4％，宮崎県8.5％，長崎県7.6％，鹿児島県4.5％に対し，佐賀県は66.8％と飛び抜けて高い点が注目される（農業センサスによる）。

第1章

営農集団の基礎的考察

佐賀平野の麦秋と大型カントリーエレベーター（小城市，2005年6月，表3-3を参照）

第1節　営農集団の概念

1．はじめに

　営農集団とはいわゆる「生産組織」あるいは「農業生産組織」のことであるが，本書ではむしろ営農集団あるいは集団営農という表現をもちいる。それは，そのほうが表現上適当だと考えるからである。すなわち，「生産組織」という行政用語に対しては，「『生産組織』とは，元来，生産の三大要素である土地，資本，労働力の組合せのこと」[1]であり，「『生産組織』とは，『農業組織』や『経営組織』と類似する概念」[2]であるため，「生産組織というような表現は，経営そのものと同義であり，そういう表現をつかうことは不適切」[3]であるという指摘があるが，それは至当だと考えるからである[4]。

　そこで，この点を考慮し，本書では営農集団[5]ないし集団営農という表現をもちいる。そして，集団営農とは労働力，労働対象，労働手段という技術構成要素の利用において複数の農家が集団的対応を行うことを言い，また，このような集団的対応を行う農家集団のことを営農集団と呼ぶことにする。

　では集団営農の内容は何か。

　技術構成要素には，言うまでもなく労働力，労働対象，労働手段の3要素が存在するが，それぞれについて，労働力利用における集団的対応が共同労働，労働対象についての集団的対応が栽培（技術）協定，労働手段利用における集団的対応が共同利用であると言うことができよう。つまり下図のような整理が可能となる。

・労働力の集団的利用　……共同労働
・労働対象の集団的利用……栽培（技術）協定
・労働手段の集団的利用……共同利用

　これらが集団営農の内容にほかならない。以下では，まずこれら3種の集団営農の内容についての一般的な考察，すなわち，集団営農の形成条件とその基本的仕組みについて考察する。

2．共同労働（作業）

　複数農家による労働力利用における集団的対応が共同労働である。これは，とりもなおさず労働様式の一形態であり，協業の一形態にほかならない。ただ，この協業は従来の個々の農家内での家族協業とは異なり，複数の農家間での協業であるという点に特徴がある。

　とするならば，共同労働の形成とは，家族協業という小農家族経営における労働様式のあり方とは別に，農家間協業という新しいあり方が形成されたことを意味する。

以上のように理解した上で，次に問題となることは，このような共同労働の形成要因であろう。それは一般的に，資本主義経済の発展を背景にした農業・農家労働力の他産業への大量流出によって，それまで行われてきた小農家族経営における家族協業の維持や雇用労働力の確保が困難になってきたことに求めることができる。

また，他方，機械化の進展等による農業生産力の発展が家族協業という形態での従来の労働様式を農家間協業（共同労働）の形成へと再編する要因となっている側面も見のがせない[6]。労働の社会化や生産の社会化と言われるのは，この点にかかわっている。

このように，労働様式[7]の視点から共同労働を見る場合に注意すべき点は，労働手段が未発達な手労働段階での共同労働と機械化段階での共同労働との間には性格上大きな違いが存在することである。すなわち，手労働段階では当然，性，年齢，熟練度等の違いにより労働の精度や効率に差が存在するが，しかし，誰でも担当しうる手労働という点では基本的に同一の質を持った労働力として存在していると言ってよい。換言すれば，単純協業としての性格を持っているところに手労働段階の共同労働の特徴が存在するのである。それに対し，機械化段階での共同労働においては，機械利用に伴って機械操作と補助労働の分化が形成される。つまり，質的に同一な労働による単純協業ではなく，質的に差をもつ労働による分業に基づく協業が形成されるのである。近年，オペレーターに関する問題が営農集団の抱える1つの大きな問題として指摘されるのは，このような協業の性格の変化に由来している。

3．栽培（技術）協定

技術の概念については古くからの論争が存在する。その過程で，農業技術の構成要素として労働力と労働手段だけでなく労働対象をも含めて考え，とくにわが国の水稲作の技術について「労働対象技術」という性格規定がなされたことがあるが，この点に関しては営農集団研究においては注意しておく必要がある。それは，農業の生産力展開においては作物と耕地という労働対象のあり方が決定的役割を演ずるという一般的性格が存在するからだけでなく，実際にわが国水稲作の生産力増大過程において，この労働対象の側面にかかわる農家間の共同関係が大きく寄与してきた事実が存在するからである。その歴史的実態とそこにおけるメカニズムについては次節に譲り，ここではその基本的仕組みについての考察を行う。

労働対象とは具体的には作物と耕地である。そのうち，作物栽培についての農家間の共同関係は，作物選定に始まる一連の共同関係であり，栽培（技術）協定という形態をとる。栽培（技術）協定は，農家間において一緒に「何を作るか」ということにとどまらず，「どこに何をどういうふうに作るか」ということに結びついていくため，栽培（技術）協定は同時に土地・水利用の協定にもつながっていくことになる。おおかたの栽培（技術）協定が土地・水利用協定を伴っているのはこの理由によるし，栽培（技術）協定がしばしば「土地結合」[8]として特徴づけられるのも，こうした理由からである。

栽培（技術）協定が行われる要因や根拠は何か。第1は，栽培（技術）協定が単位面積当た

りの生産力（土地生産性）の増大に大きな役割を果たすからである。すなわち，同一の水系内の水稲作の団地において，品種と栽培時期と水管理を統一することによって水稲の単収を増大させることができる。また，田畑輪換等によって水田に畑作物を作付するには一定面積の水田の団地的な畑地化が望ましい。そして，それを可能にするためには，零細分散錯圃制下のわが国の水田利用においては，どうしても農家間での栽培協定を前提とせざるをえないのである。

第2は，栽培（技術）協定が労働生産性の増大にも結びつくことである。土地利用作物の場合，作物・品種選定や栽培時期の協定によって作物・品別の団地が形成されるならば，統一的な機械作業の実施によって機械利用の効率が向上することは言うまでもない。また，その場合，水稲などに比べれば機械化が相対的に遅れている畑作物であっても，作物別団地の形成によってある程度広い作付面積が確保されるならば，機械利用の効率を上げ，また機械化を促進することに結びつく。

こうして，結局，栽培（技術）協定の形成は労働対象にかかわる農業生産力の展開と日本農業の零細分散錯圃制との乖離を要因としているとすることができよう。また，この点は集団的土地利用の形成にもかかわるものである。なお，この点は本章第2節4で詳論する。

4．共同利用

労働手段の集団的利用が共同利用である。したがって，共同利用は機械化段階という一定の技術発達段階における集団営農の形態である。つまり，機械化段階に特有な集団営農のあり方である。とするならば，共同利用の形成の契機は言うまでもなく労働手段の導入や更新にある。しかし，新しい労働手段の導入に際しては，その労働手段の作業精度，効率，耐用年数等においてまだ未知の要素が多いため，試行的導入という性格がつきまとう。とくに，機械化の進展が著しい時期にはこのような場合に直面する度合が多くなる。したがって，このまだ未知なる要素に対する不安や危険性を複数農家間で分かち合う意味で共同で導入するという場合も少なくない。このような場合の共同利用の主要な目的は必ずしも操業度の向上や機械費用節約に置かれているわけではない。このような目的で導入される機械の種類は個別経営での適正稼働規模を大幅に超えるものばかりではない。試行的導入の段階を過ぎ，個別経営でも導入可能と判断されるならば，共同利用形態は解体してゆく。たとえば，1950年代半ばの耕耘機の普及過程で当初共有形態での導入が盛んに行われたこと[9]などがこのような場合の典型事例に属する。

しかし，本来的な意味での労働手段の共同利用の形成要因は，機械化・施設化とその大型化により機械・施設の適正稼働規模が著しく拡大していくのに対し，小農経営の規模の零細性がそれに対応しきれないところに基本的に求めることができる。すなわち，適正稼働規模と小農経営における経営規模との乖離の下での機械の利用は個別経営での過剰投資と生産物単位当たりの機械費用の上昇をもたらすからである。もちろん，機械化・施設化による適正稼働規模の拡大に合わせて経営規模を拡大していくような個別経営展開の事例も現実には存在する。しか

し，それが一般的傾向を持ちえていないところに共同利用の形成要因が存在すると言わなければならない。大半の農家が機械・施設への過剰投資の下でいわゆる機械化貧乏に喘いでいるのが実態である。

ところで，共同利用については，先の共同労働との関連に注意しなければならない。すなわち，共同利用は一般的に共同労働と結びついていること，逆に言うと，機械化段階での共同労働は共同利用を通じて行われるということである。また，このことは労働様式のあり方の視点から見ると，共同利用の形成に際して労働様式が従来の家族内協業から家族間（農家間）協業に再編されることを意味している。同時に，協業が単純協業から分業に基づく協業に転化していく過程でもある。さらに，共同利用の形成段階では，以上のような協業における諸変化と合わせて，それまでの家族内協業の段階では存在していたとしても決して明示的ではなかった指揮・監督労働と一般作業労働との違いが顕在化してくるという問題があり，協業の形態も単純ではなくなる。それは，このような分業に基づく協業（複雑協業）が多数オペレーターによってスムーズに遂行されるためには，一定の労働管理が不可欠になってくるからである。なお，これらの点の検証は第4章で行う。

なお，共同利用とは利用形態における共同関係であって所有形態における共同（共有）とは概念上区別される。したがって，共同利用には，共同所有に基づく共同利用と，所有は個別だが利用は共同で行うという「もちより共同利用」[10]の2形態が存在する。共同利用といった場合，普通は前者をさす場合が多いが，小規模の営農集団の場合などに後者の「もちより共同利用」形態が散見される点に注意したい。さらに，共同所有に基づく共同利用にも，構成員の出役による協業（共同作業）を伴う場合ばかりでなく，農家間協業を伴わない「持ち回り共同利用」の形態もある（第4章第4節のD機械利用組合の事例など）。

〔補項〕 共 同 経 営

共同経営とは，労働力と労働手段と労働対象（土地も含めて）の3要素および生産結果（生産物）のすべてが共同化された形態であり，農家間での組織化の程度が最も深化した形態である。しかし，共同経営においても，1つないし複数の作目（部門）が共同化されるが，構成員農家の個別経営は依然として存続している場合と，複数の個別経営がいわば合併して，従来の個別経営は消滅して新しい共同経営体に編成替えされる場合など，いくつかの形態が存在する。前者を一般的に「部分共同経営」[11]と呼び，後者を「全面共同経営」[12]と呼んでいる。

ところで，共同経営に関しては，営農集団（生産組織）との関連が問題となろう。共同経営は，従来の個別家族経営の再編による新しい経営体の形成であり，それ自体が個別経営なのであるから，個別家族経営の補完組織としての「生産組織」とは別個のものとして位置づけるべきであるという見解が多い[13]。たしかに，理論的にはそのように言える。しかし，現実的側面から見ると，「全面共同経営」については妥当するが，第3章第2節の大豆作共同経営に見られるように，活動内容の1つとして「部分共同経営」を内部に含む「生産組織」が存在する

し，第4章第3節のように個別家族経営が特定部門を共同経営にしているケースが少なくないことから，「部分共同経営」では妥当でないように考える。しかも，今日「共同経営」の7～8割は「部分共同経営」なのである。したがって，本書では，個別家族経営の補完組織として生産組織（営農集団）を考える場合であっても，少なくとも「共同経営」の大半を占める「部分共同経営」を含めて生産組織（営農集団）論を構成すべきだと考える。その意味で，本書では第4章第3節で「部分共同経営」を，また基本的には「全面共同経営」だが野菜用ハウスを一部構成員農家に貸し出しており，その限りで個別家族経営を残している（新たに創出している）事例をも第5章で取り上げる[14]。

第2節　集団営農の展開メカニズム──歴史的考察──

1．はじめに

　高度経済成長を契機とするわが国農業の変貌過程は，生産技術の側面から見ると，戦後自作農制がその経済的環境や技術的条件の変化に対応して技術構成要素の結合関係を再編してきた過程であると理解することができる。そして，この技術構成要素結合の再編過程は個別農家経営の内外で行われたわけである。その際，個別経営の枠組みを超える農家間での技術構成要素の集団的利用関係がとりもなおさず集団営農なのである。

　ところで，複数農家による技術構成要素の集団的利用の歴史的展開過程については，1960年代は労働力結合，70年代は機械結合，80年代は土地結合という磯辺俊彦の指摘がある[15]。これは，たしかに各時期における農業情勢の変化に対応した集団営農の形成の契機や特徴を的確に言い当てているが，しかし，そこにおける集団営農の全体構造を必ずしも明確にしているわけではない。すなわち，展開の特徴をあまりにもシェーマ化しているため，60年代の労働力結合には栽培（技術）協定が結びついていることや，70年代の機械結合には労働力結合が結びついていること，さらに80年代の土地結合にも機械結合や労働力結合が伴っている点を見落としてしまいかねない欠点をも持ち合わせているように思われる。

　そこで本節では，以上の点を念頭に置きながら，高度経済成長期以降の各年代における集団営農の展開メカニズム，すなわち前節で見た3種の技術構成要素の集団的利用の歴史的展開の有り様をフォローし，その結果として現段階における営農集団の特徴を浮き彫りにすることを課題とする。

2．1960年代

　戦後わが国農業において複数農家による技術構成要素の集団的利用が本格的に展開されるのは1960年代からである。農林（水産）省の『農業生産組織調査』が1968年に開始されたのはその1つの反映である。さて，60年代の集団営農は稲作集団栽培の実施に象徴されると言っ

てよい。その具体的な実体は共同作業と栽培（技術）協定であったが，各地の農業構造に規定されて，いずれに力点が置かれるかは様々であった。しかし，ともかく稲作集団栽培の実体は単なる共同労働でも栽培協定でもなく，両者を含んだ重層的なものだった点に注意しておきたい。

　まず，共同作業だが，これは高度経済成長によって農家労働力が流出し，農業労働力が逼迫したことに対応するものであった。すなわち，1960年代は稲作における春秋二大作業である田植と収穫がまだ手労働段階にあり，中型機械化体系が未確立の時期にあったため，一定の耕作規模を有する専業的稲作経営では平時の家族労働力による協業のみならず春秋二大作業時には一定人数の臨時的雇用の確保を経営展開上不可欠なものとしていたが，高度経済成長による家族労働力と雇用労働力の他産業への流出がそのような農家におけるそれまでの家族協業に雇用をプラスした労働様式の維持を不可能にしていったからである。なかでも，機械化が一番遅れた田植作業の労働力の逼迫がとりわけ深刻であった。このような農繁期における農業労働力の逼迫に対応するものとして農家間における労働交換や共同作業が追求されたのである[16]。

　ところで，この時期の共同作業の性格として重要なことは，「部落内の労働力の十分な活用」，つまり集落内の労働力を総動員するような有り様をとっていたこと，また，そのような体制をとることが可能であったことである。つまり，この共同労働はいわばムラの平等原理にのっとったムラ仕事としての性格を強く持ち，したがって各戸平等の無償ないし低賃金での労働出役としての有り様をとっていたのである。そして，このような体制をとった（とれた）根拠としては，兼業深化が1970年代に比べればまだ端緒的段階にとどまり，農家間の異質化もさほど顕在化するには至らず，ムラ原理による各戸平等の共同労働出役が可能であったこと，また60年代は米不足・米価上昇基調の下で米収益がまだ比較的高く維持されていたために，農業労働力を稲作に集中できる条件が存在していたこと等を挙げることができる。なお，この共同労働は，機械化が未展開であったため，裸の労働力による同質的な手労働の出役という単純協業の形態をとっていた点にも特徴がある。

　集団栽培のもう1つの内容は稲作の栽培協定であった。その目的は米の単収増による所得増であり，その実体は集団的な稲品種選定と，それに基づく栽培方法や作期の協定であった。そして，このような有り様は当時の経済的・技術的条件によって規定されていた。すなわち，1960年代は兼業深化もまだ概して初期的段階にあり，また米不足・米価上昇基調下で米作収益性が相対的に高位にあったことから，米の増収こそが高度経済成長下で上昇傾向にあった家計費に対して農家経済を向上させる最も効果的な手段であったからである。そして，当時は稲作が「品種と肥料でとる」と言われたように「労働対象技術」的性格を強く持ち，また水田基盤は未整備段階で用排水も未分離状態であったため，米増収の方法としては，集落を基礎単位として高収量品種の選定，栽培方法や水管理の統一が選択されたのである。

　こうして，共同作業と栽培協定が組み合わされたものとして1960年代の稲作集団栽培は形成・普及していったのである。その中で，労働力の逼迫への対応を強く迫られた地域では主と

して前者に力点が置かれ，逆に米単収を最大目的とするような米作地域では主として後者に力点が置かれることとなった。前者の代表は愛知県であり，後者の代表は佐賀県や山形県であった。このように，稲作集団栽培はこれら3県でとくに盛んであったが，上記の条件の下で，大なり小なり全国的に普及していった。その様子は農林省『地域農業の動向』による都府県の水稲集団栽培面積普及率65年1.3％，66年2.3％，67年4.6％，68年8.2％，69年10.0％といった数値に示されている。

3．1970年代

1970年代は高度経済成長による産業構造の転換を背景に，わが国農業の経済的および技術的条件が本格的に転換した時期であった。前者については，米の不足から過剰への需給変化を背景にした自主流通米制度の発足（69年），米作生産調整政策の開始（70年），および両年にわたる米価の連続据え置きを契機に，それまでの米作収益性の有位性がくずれ，米作経済が新たな段階に至ったことを指摘することができる。後者については，それまで手労働によって担われてきた田植えと稲刈りの2大作業が70年代に入るや機械化されるに至り，中型機械化体系が一応の確立をみたことが指摘できる。また，その前提として水田の基盤整備の推進があった。だが，この基盤整備の主なねらいは機械化を推進するための圃場整備投資にあり，必ずしも豊度増進的土地改良投資ではなかったため[17]，このような基盤整備とその上で展開した機械化はたしかに労働生産性の増大をもたらしたが，土地生産性の増大には必ずしも結び付くものではなかった。したがって，このような技術条件の変化に対応した農業構造の変動がないかぎり，機械化や基盤整備は個別経営における機械費用と土地改良費用の絶対額と割合を高め，それだけ経営費を押し上げ，その結果，逆に所得や剰余部分を縮小させる。そして，事実そのように作用していった。しかも，この時期には米作減反政策が開始され，また米価は60年代とは異なり据え置き基調で推移し，かつ米単収も概して停滞傾向にあったため（図2-9を参照），米作の収益性は粗収益と費用の両面から圧迫されることになった。まさに「米作破壊と解体」[18]といわれる時期が到来したのである。

しかし，これらの農業内外の諸条件変化はあまりにも急激であったため，わが国農業はこれらの条件変化に対応した経営の再編を十分に展開するいとまもなく，農家労働力の滔々たる大量流出による兼業深化に向かわざるをえなかった。それは，一方では高度成長により肥大化した第二次・第三次産業が農家労働力を大量にプルする作用を強め，他方では米収益性の低下と機械化による省力化がともに農業労働力を他産業にプッシュする作用を強めたからである。また，そこにおいては，兼業深化によって脆弱化した農業労働力を機械化が補完する機能を果たす役割を担うことにもなっていた。

他方，このように1970年代のわが国農業の最大の変容として特徴づけられる兼業深化の大流の中にも，次に述べるような経営展開メカニズムをもった稲作集団営農の形成が見られた点にも注意しなければならない。すなわち，このような条件変化に対応した農業経営部門の再編

のあり方として，一方では農民層分解により農業構造の変動が比較的進んだ地域では借地等を通じて規模拡大を図る個別展開型の大規模稲作経営の形成や，それと結合した作業受委託の推進が見られたが，そのような条件が満たされない地域では，機械化を契機に機械共同利用に取り組む稲作営農集団の形成が見られたのである。そして，このような70年代における機械共同利用の形成要因は，機械化による適正稼働規模の拡大と零細稲作経営との乖離を基本的な背景として，さらに上述のような米作収益性の低下傾向に対し，個別経営での機械化が米作収益性の全般的悪化傾向をさらに強めることになった点にあるとすることができる。それに対し，複数農家の組織化によって機械利用の適正操業度を確保することができるならば，スケールメリットを発揮することを通じて，機械費用の軽減を図ることができる。このようなメカニズムでもって，この時期に機械共同利用組織が形成されたのである。

さて，機械共同利用には同時に共同作業が伴うのが一般的だが，中型機械化体系の確立と言っても，いまだ機械作業を補助する労働，とりわけ手作業によるそれをすべて排除できるような技術発達段階には至っていない。しかも，このような性格は田植え，稲刈りの水稲作2大作業においてとくに強い。すなわち，田植えには機械操作のほかに苗運搬や苗箱配置（手作業）が1行程の流れ作業として必要不可欠である。また，稲刈りにおいても現在一般的に使用されている自脱型コンバインでの作業では機械操縦者のほかに収穫物（籾）の袋を管理したり，袋を圃場外に搬出したりする手作業，さらには収穫物運搬作業が伴わなければならない。こうして，現段階の共同利用に伴う共同作業の特徴として機械操作者（オペレーター）と補助作業者という分業体制の形成，つまり分業に基づく協業の形成を指摘することができる。さらに，一定規模の大規模な営農集団になるとオペレーター協業などの一般の共同労働のほかに指揮・監督労働の形成も見られ，労働様式のあり方がいっそう高度化してくることに注目したい（その具体例は第4章を参照）。

4．1980年代

1970年代に確立・普及を見た中型機械化体系は80年代には成熟段階に入り，一方で小型機械の開発やその零細農家への普及も見られたが，同時に同機種でも馬力数・条数の増加や歩行型の乗用型化といった形で大型化傾向をたどっている。また，それに伴って機械の価格も上昇傾向にある。一方，農民層分解による農業構造の変動には70年代と比較してさしたる大きな変化は認められないため，これらの機械の適正稼働規模はおおかたの個別経営の耕作規模を大幅に超え，拡大傾向にある。また，米生産調整はさらに強化され，80年代後半には米麦価格は引き下げ段階にすら入ったため，70年代以降の「米作破壊と解体」傾向は強まりこそすれ，弱まることはなくなった。

こうして，機械化の推進と米作経済の悪化傾向は1980年代には70年代を上回る形で深化してきている。このような条件の下で，農民層の動向として農家労働力の流出テンポは鈍化したとはいえ，兼業深化自体はその広さと深さをさらに増してきており，総兼業化と言われる実態

に改善方向は見いだしがたいように見られる。

このような条件を背景に，1980年代には，経営対応の1つとして，70年代に関して指摘したと同様，引き続き機械共同利用の取り組みが行われ，事実，共同利用を行う営農集団の数は増加傾向にある（表2-9を参照）。なお，共同利用の形成メカニズムや，共同利用に共同作業が伴っていること，あるいはこの共同作業の性格が機械化の現段階的性格に規定されて分業に基づく協業であること等については，前述の70年代と基本的に同様であるため，省略したい。

さて，1980年代の情勢変化のもう1つの特徴は，水田利用再編対策事業第2期対策の開始（81年）により，転作面積割合が全国平均で2割を超え，米生産調整が強化されたことである。さらに，87年からは水田農業確立対策事業の開始によって転作面積割合が3割弱にも達し，米生産調整はいっそう強化され，現在に至っている。このこと自体，従来のような緊急避難的かつ捨て作り的な性格が強かった転作の方法を見直させる契機となった。たとえば，個別的展開傾向の強い稲麦作大規模経営においても，借地等による稲作規模拡大に伴って必然的に転作面積も拡大し，その面積が決して無視できない規模に達するため，転作物の収益性向上を考慮せざるを得ない段階になってきたのである。そして，転作物の収益性を向上させようと思えば，わが国の農地の零細分散錯圃制の下では，このような大規模経営も集団転作等を通じて集落の農家と土地利用協定や作付協定を結ばなければならない状況下に置かれている。この点は稲麦作大規模経営だけでなく，転作による飼料作拡大を経営展開のベースにしている大規模畜産経営などの場合も同様である[19]。

このような条件形成を背景に，1981年開始の水田利用再編対策事業第2期対策に団地加算（補助金）制度が新設されたため，これが大きな誘因となって，この年から団地転作が全国的に大幅に増加した。これは集団（団地）転作を契機にした転作物の作付協定の開始であり，栽培協定の一種であると言うことができる。もちろん，このようにして開始された作付協定もその実態は多様で，一方では転作団地の設定と作物の選定は集団的に行うが，実際の栽培の担当者は個別経営であり，本来的な意味での集団営農とは必ずしも言えないものも多々存在する。それに対し，置かれた実情にそって，転作物の機械作業を機械共同利用組織が担ったり，転作団地の所有と利用を調整・再編したり，転作物の栽培を共同経営にしたりする方法が模索されている（第3章第2節を参照）。

1980年代に入ってからの栽培協定の増加傾向は，統計的にも，全国における栽培協定組織数が6,323（68年）→6,275（72年）→5,519（76年）→3,037（80年）→15,453（85年）→14,844（90年）と推移している数値によって確認することができる（表2-9）。

ところで，この栽培協定の形成に関して，「集団的土地利用」の形成として評価する向きが強いように感じられるので，最後にこの点に若干言及してみたい。「集団的土地利用」については今日まだ明確な定義が与えられていない。したがって，「集団的」とは，①経営主体に即して「集団組織的」のことなのか，②土地利用に即して「団地的」のことなのか，また①の場合でも(ア)土地利用主体（これもさらにまた(a)個別か(b)集団かといった問題にも及ぶ）なの

か，(イ)土地利用調整主体なのか，といった問題が残されているという指摘[20]もなされている。

さて，集団的土地利用とは，個別的土地利用すなわち個別経営による土地利用に対する概念であると思われる。つまり，複数の個別経営による土地利用ないし土地利用調整（協定）のことであり，上記の論点で言えば①の場合にあたる。ところで，個別的土地利用であっても資本主義的大経営や農場制的家族経営の場合には，一般的に耕地の団地的な存在を確保していると考えられることから，その土地利用の形態は基本的に団地的土地利用であると言えよう。したがって，この意味からも，団地的土地利用だからといっても即それが集団的土地利用だとは言えないのである。しかし，農地の分散錯圃制を特徴とする日本の小農制の場合は，個別経営の土地利用において団地的土地利用を実現することは一般的には不可能に近い。そこで，このような状況下で団地的土地利用を実現するためには，それを可能とする範域のすべての土地所有・利用者間での土地利用調整としての集団的土地利用の形成を必要とする。今日の団地的転作形態の集団転作はその一例である。しかし，集団的土地利用を集団転作に矮小化してとらえてはならず，本来的には地域の土地利用全体の合理的再編問題として把握されなければならない。もちろん，集団転作を本来的な集団的土地利用形成への1つのモメントとして位置づけることは重要である。

5．1990年代

1990年代の特徴は，ガット・ウルグアイ・ラウンド（以下，URと略称）の進展や農業合意を背景ないし契機に，矢継ぎ早に出された「新しい食料・農業・農村政策の方向（新政策）」（92年），農業経営基盤強化促進法（93年），農政審議会答申「新たな国際環境に対応した農政の展開方向」（94年）などにおいて強調されるようになった「効率的・安定的な経営体の育成」がわが国農政の担い手対策の中心的課題に置かれるようになってきたことである。そして，具体的には，担い手対策の対象を，上記「農業経営基盤強化促進法」によって新設された認定農業者に代表されるような「効率的・安定的な経営体」に絞り込むような政策が取られるようになってくる。梶井（1997）や田代（2003）は，1980年代半ば以降本格化してくるこのような農業政策を「国際化農政」[21]と特徴づけているが，その内容は言うまでもなく，UR農業合意以降，わが国農政はこれまでと異なって「国際化農政」の時代に入ったのだから，市場原理を原則とした国際競争の下において他国の農業経営に負けないように，わが国の農業経営の担い手も「効率的・安定的な経営体」を目指さなければならない，というものである。

その最たるものは，「新政策」が描いた稲作農業の担い手への圧倒的な集積という目標であった。すなわち，1992年に出された「新政策」は，担い手と目される「個別経営体」と「組織経営体」が10年後の2002年ころにはわが国の稲作の8割を担うようになるという展望を描いたのであった。もちろん，それが絵に描いた餅であったことは，すでにその目標年を経過した今，火を見るより明らかである。

このような現実を見て，他方で農政も，「新政策」における「組織経営体」[22]，農業経営基盤

強化促進法における「特定農業法人」，さらには 98 年の農政改革大綱に書かれた「集落営農の活用」に見られるように，個別大規模家族経営や法人組織のみならず，営農集団も含めた多様な担い手の存在を認める表現も用意している。

しかし，やはり 1990 年代の農政における担い手対策の中心は，「国際化農政」と呼ばれるように，93 年の UR 農業合意を契機に 95 年に発足した WTO に枠づけされる政策体制の下で，欧米諸国との市場競争に対応できる「効率的・安定的な経営体」をいかに育成していくかという課題に置かれている。そして，この課題に対する 90 年代の具体的な対応策は，UR 農業合意に対応すべく 6 兆円余の国内対策費であり，したがって問題の焦点は，それが「効率的・安定的な経営体の育成」にいかなる効果をもたらしたか，という点だったと考える。なお，本項の目的はこの点に正面から応えることではなく，このような農政推進の過程の下でも，現実の地域農業の実態においては，以下のようなメカニズムで 90 年代においても多くの営農集団が形成されたという点を確認することである。

すなわち，UR 関連対策として，1 つは平野部を中心に大区画圃場整備事業等の土地改良事業が積極的に推進されたが，それに伴って営農集団の育成も進められていった[23]。このようなハード面での公共事業の推進に伴ってソフト面で農家の組織化によって営農集団が形成されていった点に注目したい。

2 つには 1997～2000 年間に「農業生産体制強化総合推進対策事業」等によってカントリーエレベーター等の地域農業生産の高度化のための諸施設の整備が推進されたが[24]，このような諸施設の整備に伴って，それを利用する農家の組織として営農集団が形成されていった事実に注目したい[25]。

1990 年以降は営農集団（生産組織）の数自体を確認し得る全国的規模の調査が行われていないが，後の表終 - 1 において生産組織に参加する農家数の割合が 1990 年代に増加している様子をうかがうことができるし，また表終 - 2 において営農集団とダブリながら存在している集落営農の数および集落総数に占めるその割合が 2000～2005 年に増加傾向を示していることを確認することができるように，90 年代においても営農集団の形成が着実に進んだと見ることができる。

また，この間，「国際化農政」に伴う市場原理の推進の 1 つとして 1995 年の食糧法の制定が挙げられるが，その下で米価が下落し，米収益性の悪化が恒常化したことも，米収益性の保持および米作そのものの維持継続を目的に，水田地帯で稲作の組織化が推進されていったことの背景として指摘することができる。

こうして，高度経済成長期以来の農家労働力の流出（労働力面），中型機械化体系の確立・普及とその大型化（労働手段面），転作の強化（労働対象面）に対し，それぞれ大なり小なり個別経営の枠を超えた形での諸対応が迫られている状況下にあるため，労働力，労働対象，労働手段の 3 つの技術構成要素の集団的利用が実施されうる条件の下にあることが，営農集団形成をめぐる現段階的特徴であると言える。そして，組織の活動内容において，『農業生産組織調

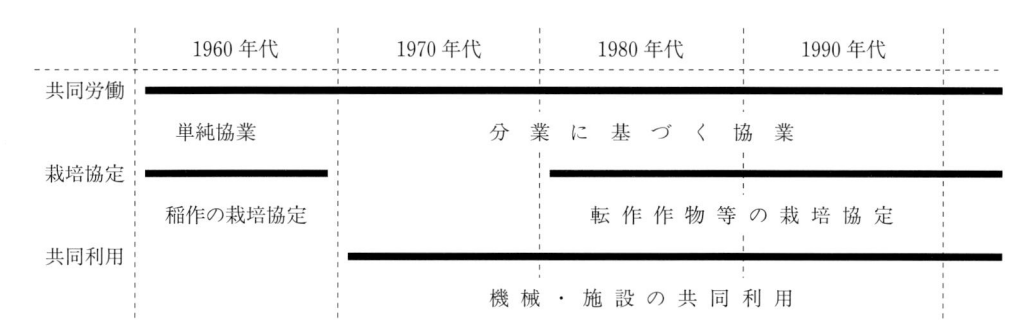

	1960年代	1970年代	1980年代	1990年代
共同労働	単純協業	分 業 に 基 づ く 協 業		
栽培協定	稲作の栽培協定		転作作物等の栽培協定	
共同利用		機 械 ・ 施 設 の 共 同 利 用		

図 1-1 営農集団の歴史的展開過程

査』から，共同利用，栽培協定，経営受託のうち複数の事業を実施する組織数割合が全国で26％（1972年）から36％（85年）に増加してきており，『90年農業センサス集落調査』でも30.8％となっているように技術構成要素の集団的利用が重複してきていることに注目する必要がある。

以上，本節での考察を前節での考察と再結合させて整理するならば，図1-1のようになろう。

第3節　営農集団研究の評価と問題点──諸説の検討──

1．本節の課題

以上，本書の視角や方法，営農集団についての概念の整理および歴史的展開メカニズムの把握を深めたところで，営農集団に関する既存の主な研究の検討に移りたい。すなわち，本節の課題は，最近のわが国の営農集団（農業生産組織）に関する主要な見解を批判的に検討することを通じて，営農集団研究における基本的観点を確認することにある。

ところで，これまでの営農集団に関する研究は，個別家族経営と営農集団との関連をいかに理解するかという点に集約されると見ることができる。そこで，このような「個と集団」との関連で，これまでの主要な見解を類別してみるならば，一方の極には，営農集団の形成・展開にもかかわらず個別家族経営の展開を農業展開の基軸に据える見解（以下では「個別上向化階梯論」と呼ぶ）があり，他方の極には，営農集団それ自体の展開を重視する見解（「新経営体形成論」と呼ぶ）がある。これら以外の見解は，これらの2つの見解の中間に位置づけられるが，本書ではそれらをさらに二分（「『小企業農』補完論」と「自作小農経営補完論」）し，既存の見解を大きく4区分してみた。

なお，このような区分方法は基本的に豊田隆の3区分方法[26]から学んだが，本書では「個と集団」という観点からさらに「『小企業農』補完論」を新たに別個の1つの区分として措定

した。

以下，順を追って，これらの4見解を検討してみよう。

2．個別上向化階梯論

かつて農業基本法制定が1つの契機となって，1960年代前半期に農業共同経営のかなりの形成が見られたため，自立経営と共同経営（協業経営）をめぐる議論が盛んであった時期に，共同経営は明日の自立経営への過渡的な経営形態であることを主張したのは綿谷赳夫であった。綿谷は，まず分解基軸の上昇によって自立経営の下限が上昇し，同時に上層農家になると収益性が低下するという当時の農民層分解の理解のうえにたって，いわば「背後から追手にせまられながら前方へ進むことができない一種の袋小路の中にある」[27]非自立的な中間層農民の自立化対策として共同経営の広範な形成を理解した。次いで，綿谷は，当時の共同経営は「加入全農家の平等出役，平等の経営管理参加，平等出資（土地を含む），平等の利益配分を基調」[28]としており，「各農家は，労働者，経営者，出資者，土地所有者とそれぞれ分化した資格ではなく，これらを四位一体式に兼ねそなえた小農の資格で共同経営に加入し，未分化な小農的所有として出役労賃程度の額を取得できれば，いちおう我慢する」[29]という組織形式と組織原則を持つため，「小農によって構成され，それがもつ自己搾取の行動様式を継承しているという意味で，小農範疇の拡大版なのである」[30]という規定を与える。ところが，共同経営は経営内容の確立とともに，四位一体の組織形式が必然的に分化してくるが，共同経営が共同経営であり続けるかぎり，小農範疇の拡大版としての四位一体性を保持せざるをえず，両者間に矛盾が発生し激化してくる。そして，この矛盾は共同経営が再び「自立経営としての家族経営に事実上転化」[31]することによってのみ解決される。つまり，共同経営の解散である。こうして，綿谷は，分解基軸付近に立たされた「昨日の自立経営」がいわば「今日の共同経営」を組

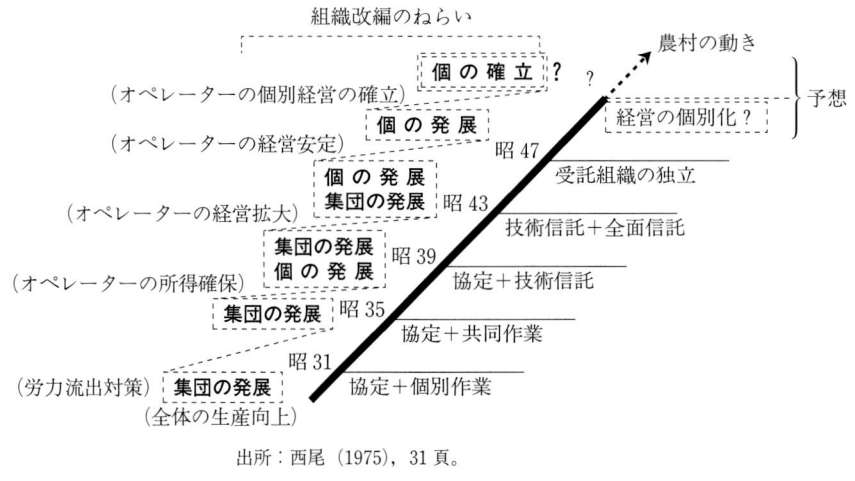

出所：西尾（1975），31頁。

図1-2　営農集団の展開方向（西尾による）

織するが，共同経営はあくまで四位一体的な小農範疇の拡大版にすぎないため，四位一体性の崩壊を促す経営内容の確立との間の矛盾によって，「また明日の自立経営へ帰着してゆく」[32]と説くのである。そして，そこに行き着いた「明日の自立経営」は「昨日の自立経営」とは異なり，「経営規模の飛躍的な拡大と経営組織の再編」[33]を行い，また，「これにおうじた農法＝技術体系の変革」[34]を伴っている発展的な形態だと述べた。

一方，愛知県における1950年代半ばからの水稲の集団栽培の変遷の中から，図1-2のように，集団の発展から個の発展へ，そしてその先に受託型の集団ないし個別経営を展望したのは西尾敏男である。

西尾によると，兼業化がまだ初期的で集落の農民層が同質性を残していた1950年代半ばには，収量増による稲作所得増を共通目標として，品種統一をベースにして，ときには共同作業や機械共同利用を伴う集団栽培が展開されたが，兼業深化によって専・兼業農家間の異質化と行動様式の不一致が表面化してきた60年代には，同一組織内に農家間の作業受委託関係（西尾はこれを「技術信託」と呼ぶ）が発生し，60年代後半には，オペレーターグループが集落から離れた形で属人的な受託小集団を形成してきているとされる。そのうえで，西尾は，「将来でてくるのは規模拡大後の受託グループの分解である」[35]と予測した。

また，同じく愛知県における集団栽培以降の集団営農の生成・展開の論理を農民層分解視点から分析し，その延長線上に大規模借地経営成立の可能性を展望したのは今村奈良臣である。

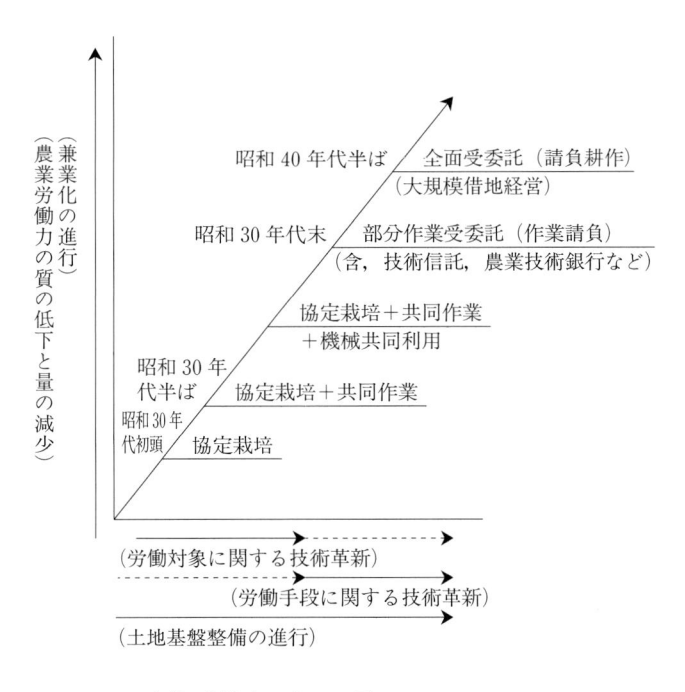

出所：今村（1976），198頁。

図1-3　営農集団の展開方向（今村による）

図1-3は先の西尾のものを援用して今村が作成したものだが，農業労働力の量的質的変化，生産手段の技術革新，土地基盤整備の進行状況の三者の動向に規定された集団営農の動態過程を示したものである。すなわち，1950年代半ばには，当時の米単収の停滞を打ち破る要因の1つとして一定の地域的なまとまりを前提にした品種・作期の統一，水利用の組織化による協定栽培の必要性が提起され，それが，兼業深化がまだ初期的状況にあって増収による所得増が全階層的な共通目標になりえた時代背景の下で急速かつ広範に普及していった。次いで60年代初頭になると，農業労働力とりわけ基幹的農業労働力の非農業部門への流出が顕著になったのに対応して，それまでの協定栽培のうえに共同作業や機械共同利用が加えられることになった。ところが，60年代半ばになると，この共同作業・機械共同利用において，集落内の少数のオペレーターに対して，稲作設計，新技術（農薬，肥料など）の習得，機械の運行管理，組織の運営などについての過重な負担をかけるようになり，おまけにオペレーター賃金も低水準にあることが，彼らと多数の兼業農家との間の利害対立＝矛盾となり，その解決方向としてそれまでの共同作業・共同利用の形態がオペレーターによる部分作業受託（西尾のいう「技術信託」）の形態に移行することになる。しかし，この部分作業受託は「ハンドルを握っている間しか所得にならない」というオペレーターの低所得問題をかかえるため，68～69年の田植機と自脱型コンバインの実用化による中型機械化体系の確立を契機に，全作業受託に移行することになる。ただ，この全作業受託は70年からの米生産調整下で一時期解体・頓挫するが，その過程での大規模圃場整備事業の実施，中型機械化体系の確立，稲作生産力の階層間格差の形成を背景に，72年ころから再び本格的形成を見るに至る。そして，「その延長線上に事実上の大規模な借地経営成立の可能性」[36]を展望したのである。なお，この借地型大規模経営が個別か集団かは明確でなく，今村の事例的考察——明治トラクターや高棚営農集団——から見ると，必ずしも個別家族経営に限らないようにも受け取れるし，もし個別家族経営だけでなく受託小集団も含めて大規模経営を考えているならば，今村の見解は後述の「小企業農」補完論に近くなるが，組織的大規模経営の形成論理は個別的借地拡大の論理と同じであるとしている点[37]や，集落ぐるみ組織の解体・再編を強調する点から，「個別上向化階梯論」に分類しておく。

また，伊藤喜雄の場合にも個別上向化階梯論的見解を確認することができる。伊藤は機械化技術の展開を軸にすえて生産力構造の側面から農民層分解＝農業構造変動の理解を行ったわけだが，その過程で，富山県砺波平野と新潟県蒲原平野の農業の比較分析によって，営農集団について以下のような評価を与えている。すなわち，1960年代の砺波平野に見られるように，「動力耕耘機による稼働規模上限への規模拡大がすすまなかったり，一方的に兼業化が進行したところ，言いかえれば，自立的な展望をもちえないほどに形骸化した自作小農経営が圧倒的に多数を占めた多くの地域」[38]では，農業構造改善事業等の実施によって大型圃場整備を行い，大型トラクター，大型コンバイン，ライスセンター等の近代化施設を張り付ける形で，営農集団が多数形成されたが，機械作業のオペレーターや手作業工程の出役問題や賃金問題の発

生による「生産組織の内部矛盾の激化」[39]が「いま各地ではげしい組織の解体再編のうごきをよびおこして」[40]おり，「ゆきつくところ，各地に個別借地経営をうみだしつつある」[41]としている。

他方で，伊藤は，「土地基盤，経営規模などの面でなお自立的に生産力高度化を追求しうる条件をもっていた」[42]蒲原平野での農民層分解の詳細な分析によって，労働所得を目的としていた従来の自作小農にかわる投資の生産性を目的とした新しい生産力担当層である「資本型上層農」の形成を指摘したわけだが，このような自立的展開型の蒲原農業に対して，いわば非自立的展開型＝生産組織型の砺波農業においても，生産組織の解体・再編の後に出現するものは，「いずれも，借地経営をめざす動きとして集約」[43]できる「資本型上層農」であるとした。つまり，1960年代には，両地域の農業は「中型機械体系と請負耕作」と「大型機械導入と生産組織」というように異なるあり方を示すが，それらはともに過渡的な形態であって，70年代以降の中型技術の確立段階では借地経営＝「資本型上層農」という同一形態に収斂されるという考え方である。

さらに，個別上向化階梯論的見解は伊東勇夫にも見ることができる。伊東は，一方で共同経営の研究[44]から，先述の綿谷の見解――「昨日の自立経営」→今日の共同経営→より拡大された「明日の自立経営」へという発展的展開――に疑問を呈し，①共同経営は減少はしているが消滅はしていない，②解体・消滅した場合も，より拡大された「明日の自立経営」に存続発展するものは極めて数少なく，オール非自立経営的兼業農家化してしまうか，新しい組織に移行・再編される場合が多い点を指摘している。

他方で，伊東は，自作，請負，借地等における分配方式についての理論的考察から，「請負・受託から借地関係への展開は前進形態とみることができる」[45]としたうえで，佐賀県三日月町の営農集団の実態分析を素材にしながら，「おそらく受託者組織はだんだんと少数の農民に淘汰され，ついには受託組織から個別借地形態に展開していくのではなかろうか，とも考えられる」[46]と述べている。

以上の営農集団＝個別上向化階梯論に共通する考え方は，水田基盤や中型機械化体系が未確立な段階や地域では，稲作生産力の階層間格差の形成が不十分なため上層農の内発的な上向展開は困難であり，したがって行政的な諸事業の実施といった外在的な契機によって一時的・経過的に機械施設の共同利用組織等の形成も見られるが，しかし，その後，農外労働市場の展開や中型機械化体系の確立の下では，一方での兼業深化による農地の流動性の高まりと，他方での稲作生産力の階層間格差の形成の結果，従来の労働所得（V）を追求する自作農に代わって利潤（M）を追求する新しい企業原理をそなえた借地型大規模経営がたくましく形成・展開してくるという点である。つまり，高度経済成長期以降の農民層分解の結果，それまでの自作小農経営に代わって利潤追求的な新しい経営主体が形成され，しかも，それが主として個別的に展開していくものと考えている点にこの見解の最大の特徴がある。

さて，このような考え方は，1960年代の稲作集団栽培の形成・展開，そして崩壊のメカニ

ズムの解明においては大きな成果を残したと評価できる。すなわち，手労働段階でのムラ原理を背景とした無償ないし低賃金での全戸平等出役による共同労働を基礎にして形成された60年代の稲作集団栽培が，70年代の農外労働市場の拡大による兼業深化（労働評価の高まり）と，中型機械化体系の確立・普及による省力化（共同労働の解体と家族協業への収斂）を媒介にして崩壊していくメカニズムに適合的であったからである。したがって，60年代の佐賀県下の稲作集団栽培の盛衰メカニズムを解明する本書の第2章においては，この成果から学ぶ点が多い。しかし，一方，個別上向化階梯論には次のような欠点が潜んでいることも見逃せない。それは，この見解が高度経済成長期以降の農民層分解の形態を基本的に両極分解としてとらえ，分解による上層農の個別的展開に力点を置いている点である。しかし，すでに述べたように，今日，借地拡大による個別的大規模経営の形成がスムーズに展開している状況にはない。その要因の解明のためには，70年代以降の農業環境の変化を踏まえつつ，農業生産力構造の性格の把握が必要となろう。つまり，70年代以降の機械化の進展と労働市場の展開に対応する農民層分解と生産力構造再編の性格規定の必要性である。

　ところで，個別経営の自立的展開の可能性を強調する個別上向化階梯論に属する論者が，すべて個別経営間の組織的結合の全面的解消を主張しているかというと，必ずしもそうではない点に注意しておく必要があろう。たとえば，綿谷は，共同作業や共同利用は過渡的形態だとする一方で，管理協定（栽培協定に相当）については，「むしろ今後拡大していくものであり，かつその多くは永続的な存在であるように思われる」[47]と述べ，決して過渡的なものではないとしている。また，西尾も同様な指摘をしている。すなわち，西尾の命名による「集団栽培」とは，「水系ごとに作期を統一し，その中で上田には上田向きの品種というように品種をそろえ，施肥，防除，用水管理等の協定をやるやり方」[48]であり，まさに栽培（技術）協定のことにほかならないが，西尾はこの「集団栽培はこれからの稲作にとって不可欠の要件なのだ」と力説される。つまり，「集団栽培を基底におかなかったら何ひとつできはしない。何をやろうとしてもその向こうに立ちふさがるのは，個々バラバラの稲作体系なのだ。…（中略）…規模の小さい農家が碁石みたいに入り乱れて耕地をもつそのなかで，能率の高い農業をやろうとしたら，せめて品種をそろえ，技術を協定するぐらいやらなかったら，やりようがないのである」[49]と述べ，集団栽培＝技術協定の永続的必要性を主張しているのである。

　このような綿谷や西尾に見られる集団栽培＝技術協定の永続性の理解は至当なものと考える。そして，その根拠が基本的に日本農業の零細分散錯圃制に求められる点についてはすでに本章第1節3で述べた。

　また，伊藤は，その後の著作では，長野県北穂高農業生産組合の事例を取り上げ，借地経営の形成を必ずしも個別経営に限定せず，「大型地域組織としての現代借地制農業」をも含めて考察している[50]。さらに，今村にも，受託型の営農集団を含めて借地経営の形成を展望している点がうかがえることについては先に述べたとおりである。このこと自体，現段階におけるわが国農業の個別的上向展開の困難性を如実に示すものと言えよう。

こうして，彼らも何らかの形での営農集団の形成を認めていることを考えるならば，営農集団を個別経営の上向化の階梯ないし過渡としてのみ一義的にとらえることはできないと考える。

3．「小企業農」補完論

高度経済成長期以降の農民層分解の結果，それまでの労働所得（V）追求的な自作小農経営に代わる利潤（M）追求的な新しい経営主体の形成を展望する見解の中には，新しい経営主体の個別的展開路線に力点を置く見解と，新しい経営主体の展開においても補完組織として営農集団の必要性を位置づける見解とがある。前者が前述の個別上向化階梯論であり，後者が本項で取り上げる梶井功および中安定子に代表される「小企業農」補完論である。梶井は，借地型大規模経営を従来の自作小農経営に代わる日本農業の新しい経営主体として展望しながらも，その存立条件として「生産者組織」[51]の補完が必要だとする。その根拠は，従来の「いえ」単位の家族協業の崩壊による労働力面での脆弱性と，機械化に伴う新たな協業編成の必要性の2点に求められている。すなわち，梶井によると，1970年代以降，戦後の民主教育が育てた個の自立によるあとつぎ世代の職業選択の自由の確立と，それを促進した非農業部門での労働市場の拡大，さらには中型機械化体系の確立が，それまで「いえ」の生業として営まれてきた家族協業のあり方を崩壊させたとする。そして，その結果，「家族協業の崩壊のなかで成立しているのは，体系的機械化にささえられ，高度の施設投資をともなったワンマン・ファームである」[52]。しかし，この「ワンマン・ファームは，…（中略）…家族協業体制が可能な場合にくらべ，構造的な脆弱性」[53]，すなわち「ワンマン・ファームとしてあらわれる家族労働力の量的質的劣弱化」[54]を持たざるをえず，この点から，農繁期適期作業を確保し従来の生産力水準を維持するためには，個別経営を超えた労働力面での補完組織が必要なのだとする。

また，梶井は，機械化とりわけ専用機形態での機械化，さらにはその高度化・高馬力化の進展により，コスト問題を伴いながら機械の効率的稼働規模と個別経営の経営規模との間の矛盾が拡大したため，「他経営との補完関係のもとでしか，機械利用も経営的有効性を保証しえなくなっている」[55]と主張する。

こうして，「家族協業の崩壊が必然にする労働力面からの補強」と，「高度化する労働手段の面からも必然になる補完関係」[56]という2側面の存在を根拠として，「個別経営は，もはや自己完結的な経営として自立的に生産過程を遂行できる条件をもつことができず，生産者組織に包摂されることによってこそ経営としての存立が可能となっている」[57]と，現段階における「小企業農の存立条件」として「生産者組織」の不可欠性を主張している。梶井の主張を本節で「小企業農」補完論と規定したのは，このためである。

なお，このような農家就業構造の変化と機械化の進展の2要因から営農集団の必要な根拠を主張する論理展開は，中安の生産組織論[58]においても共通して見られる。

さて，以上のような認識からでてくる営農集団の性格づけは，もはや自己完結的な自立的展

開が不可能になった「個別経営の補強，補完組織としての組織」[59]ということになる。しかし，ここで注意すべきことは，自作小農一般，あるいは自作農の全般的な補強・補完ではないということである。周知のように，梶井らの農民層分解論では，従来の「いえ」単位の自作農的土地所有——梶井はこれを農地法的土地所有と呼称する——に基づく家族協業の崩壊の上に，一方で利潤追求を目的とした資本主義的性格を持つ新しい経営体である「小企業農」の形成と，他方で自家農業以外の賃金所得だけで家計費を十分まかなえる——したがって家計費充足上は農業所得を必要としなくてもよい——世帯である「土地持ち労働者」[60]の形成を認識しているのであるから，当然，「土地持ち労働者」の方は将来の農業生産力の担い手としては位置づけられないことになる。こうして，農業生産力担当層は「小企業農」になるわけだから，将来展望としての生産者組織の内実は「小企業農」同士の結合とならざるをえない。たとえ生産者組織の中に「土地持ち労働者」層が参加することがあったとしても，組織における生産力の担い手はあくまで「小企業農」層であるから，「土地持ち労働者」の役割は土地提供者としての性格を超えるものではない，ということになろう。以上の点は梶井の挙げる事例でも確認することができる。すなわち，たとえば有限会社MトラクターはK氏経営による4人の常雇を擁する資本主義的な農業サービス業だし，長野県穂高町農業生産組合は13人の常勤オペレーターを雇う広域的な大規模稲作受託組織だが，そこではオペレーター以外は委託者（土地提供者）として組合に参加していると位置づけられている[61]。

このような一部の上層農の形成と大多数の兼業農家の「土地持ち労働者」化という二極分解的な農民層分解の理解は，高度成長期以降，一方で従来の滞留構造的な兼業農家が現在では帰農メカニズムを持たない経過的なものに変化したという認識から，「世代の交替に伴う農業離脱（挙家離農）」[62]の可能性を指摘すると同時に，他方で「常用労働者並みの賃金水準を前提に，投資が可能である程度の利潤を生みながら，4～5ヘクタール規模の借地経営が成立する」[63]ことを主張している中安にも共通して見られる。したがって，このような見解において取り上げられる営農集団の事例は，借地型大規模経営の集団や彼らのリードする集団にしぼられてこざるをえない。事実，中安の取り上げる営農集団は，北海道畑作地帯のテンサイ，バレイショ，麦，豆の4作目構成において機械共同利用を行う同質的農家集団や，北陸，北関東の稲（麦）作の受託小集団，および梶井も挙げていた長野県穂高町農業生産組合など，借地型大規模経営集団や彼らのリードする集団が中心になっている[64]。

さて，この見解において注目すべき点は，1970年代以降の中型機械化体系の確立と農家労働力の農外労働市場への包摂過程における農業生産力構造が機械化と協業つまり労働様式のあり方の2側面から検討され，機械の高率的利用と個別経営の零細経営規模との間の矛盾の形成と，ワンマン・ファームとしての家族労働力の劣弱化において，「小企業農」といえども生産力的な脆弱性を持たざるをえない点が指摘され，この点に「小企業農」を補完する「生産者組織」の必要性の根拠が求められていることである。また，機械化→農家間協業の必要性という関係においてとらえられている点は生産力展開の基本原則とかかわって重要な点だと考えられ

る。

　しかし，全体的な方法とかかわって問題なしとはしない。その第1は，借地型大規模経営の展開を展望する点であるが，この点の問題性についてはすでに幾度も指摘したとおりである。第2は，「小企業農」補完論では営農集団結成の意義が上層農の経営展開の局面に限定されてしまうことである。もとより，営農集団を結成する意義は上層農の新たな経営展開に限定されるものではなく，今日のわが国農業の全般的縮小過程の中で，零細兼業農家を含めた多くの農民層が自らの経営を維持・防衛するものとしてもあるのであり，むしろ営農集団結成メカニズムの主な側面は後者のほうにあるとしなければならない。上層農の経営展開の補完の側面にのみ営農集団形成の意義を限定してしまうならば，今日の営農集団形成の全体像を見失う恐れがある。

　そこで，本書では営農集団の対象を，特定少数の専業農家を中心とする「小企業農」補完的な小営農集団だけでなく，兼業深化の下で零細稲作経営を維持・防衛することを目的として結成された兼業農家集団まで含めて設定しなければならないと考える。本書第3章第2節にこのような兼業農家集団の事例を取り上げているのはこの点に根拠を有している。

4．自作小農経営補完論

　営農集団は自作小農の存立条件がますます狭められてきているもとで，この自作小農の存立を防衛するものであるという見解，すなわち，営農集団は自作小農経営存立の補完組織だとする見解が存在する。この見解を代表するのは磯辺俊彦と豊田隆である。

　磯辺の農業問題分析の鍵概念は，「労働力の自立＝合理的農業の形成」[65]であるが，磯辺は「労働力の自立は，本来的には近代市民社会的な個別化・人格化に向かう運動なのだから，農法がそれに照応的に変革されていくかぎり，零細農耕制は発展的に止揚され，生産力形成の集団性が問題となることはないだろう。だが，そうした発展の正常性が生産・社会関係（体制）の側から絶えず否定されてきたのが，これまでの日本農業のありかたであった」[66]とする。そして，このように日本農業の正常な展開が許されなかった条件下では，「これまでの農法変革の過程で，絶えず『むら』が一定の媒介者としての，具体的には土地管理主体としての役割を果たしてきた」[67]として，農法変革における「むら」の役割を位置づけている。

　磯辺は，このような理解の延長線上で，「現在の時点で，…（中略）…自作農がそれとして存立し自立していける範域はいっそうせばめられてきている。…（中略）…そうしたときに自作農が自らの存立を防衛する組織として」[68]生産組織が形成されているとする。そして，生産組織の形成および存続条件として「むら」を位置づけているのである。

　生産組織の性格づけに関しては，磯辺は「現段階の生産組織が担っている課題は，たんに組織体の効率化，機能化，企業体化ということではない。あくまで小農経営の補完組織としてあるのであって，それ以上ではない」[69]と言い切っている。この点が磯辺の提起する「集団的自作農制」という概念と照応していることは言うまでもない。

以上のような磯辺の見解と基本的に同様な立場にたって，さらにそれを展開しているのは豊田である。豊田は，まず従来の生産組織論の諸論調を批判・検討し，「深まる農業危機のもとで，ますますその存立基盤がせばめられている小農経営が，その危機への対応として集団的な補完をはかる生産過程の組織化が，集団的生産組織である」[70]と，生産組織が「現代小農経営の相互補完組織」[71]であることを指摘する。次いで，豊田は，磯辺が提起した生産組織の諸類型——①生産組織Ⅰ（中農下層と貧農半プロ層との集団），②生産組織Ⅱ（中農下層主体のいわゆる専業農家集団），③生産組織Ⅲ（貧農半プロ層主体のいわゆる兼業農家集団）——の検討を通じて，土地利用の低位・粗放化の進行に対して，土地の合理的利用を形成・促進させる課題が要請されている状況下では，その課題を担う主体として，往々にして組織再編の起点だとされる生産組織Ⅰの役割を再評価すべき視点を提起している。その根拠は，生産組織Ⅰは専兼業混合のぐるみ集団であるために両農家間の労賃と地代との間の矛盾を含むが，この矛盾は「そもそも農民間の，とくに自作農的構造が本来的に孕む矛盾でしかない」[72]とし，生産組織が自作小農の集団的補完組織であるかぎり，それは農民層の集団的な陶冶によって克服可能な矛盾であること，また矛盾克服の結果，生産組織Ⅰは集団的土地利用型（＝土地管理協定型）の生産組織に発展し，農民的土地管理主体として土地利用の集約化・複合化・有畜化といった農法変革を通して地域農業を再編していくことができること，に置かれている。

　また，豊田は日本農業の生産主体の将来像として，「農業機械利用と土地利用をめぐる集団化＝相互補完組織の成立と，それを持続的に安定化させる農業協同組合運動の広範な展開のもとで，近代的家族協業と有畜複合経営を特徴とする集団的な自作小農として一般的に成立する」[73]として，「集団に支えられた現代小農というあり方」[74]を展望している。この点が磯辺の主張する「集団的自作農制」と照応していることは言うまでもない。

　以上の磯辺や豊田の見解は，これまで見てきた諸見解とはかなり異なっている。すなわち，これまで検討してきた見解の諸氏においては，家族員協業と「いえ」所有に支えられてきた戦後自作農制は高度経済成長過程で兼業深化・核家族化・農地価格高騰などによって変質ないし崩壊し，現在ないし将来においては，農業生産の担い手が従来の自作農的な家族小農経営に代わる利潤追求的な大規模企業経営に転換していかざるをえないという認識をしていた。それに対し，磯辺と豊田の場合は，戦後自作農制は高度経済成長を経た今日でも，自作農的土地所有や家族協業というその基本構造を依然としてまだ保持し，また将来とも自作農的構造というこの基本構造に変わりはないという認識に立っている。つまり，現在・将来とも日本農業の担い手は自作農的家族小農経営だという理解をしている。ただ，このような自作農制も個別経営の存立条件がますます狭隘化する下では，それに抗する存立防衛組織としての補完組織＝生産組織が必要だとされる。そして，この点に生産組織の存在意義を求めているわけである。

　さて，以上の磯辺，豊田の見解をいかに受けとめるべきか。本書では，現段階のわが国農業は，一方で，たとえ借地型大規模経営であっても自作地所有を大なり小なり基盤とし，また家族協業を基本的な労働様式とした戦後自作農的家族小経営としての性格を超えるものではな

く，他方で，零細兼業農家も作業委託や諸々の営農集団に補完されながら自作農的家族小経営としての性格を基本的に保持しており，いずれも基本的には自作農的家族経営としての枠内に存在しているものと理解している。しかし，同時に，専業的上層農は農産物過剰＝価格低迷下でその存立基盤をせばめられ，零細兼業農家も労働力流出・高齢化と機械化によって個別経営維持の可能性をせばめられてきている状況下では，両者とも現下での経営維持・発展の困難性を増してきている。そこで，このような自作農的家族経営の存立基盤が狭隘化しつつある状況に対抗して，その存立基盤を維持・防衛し，あるいは発展・拡大しようとする農家群の１つの行動が営農集団の形成だと考えることができる。したがって，この点を指摘する磯辺，豊田の自作小農経営補完論は基本的に正当なものと評価しうる。

　しかし，他方，生産組織は「あくまで小農経営の補完組織としてあるのであって，それ以上ではない」[75]と言い切っていいものかという疑問が生ずる。というのは，磯辺の言う「集団的自作農制」それ自体はたとえ独自の経営体ではないとしても，少なくともそれを管理し運営する新しい主体が形成されるはずであるから，そこにおける管理運営にかかわる諸課題が新たに提起される必要があるのではないかと考えるからである。このことは，営農集団の形成によって労働様式の再編に伴う労働管理や会計・資本等の管理運営問題が独自に発生することから見て明白である。その意味では，この見解には労働様式の再編に注目する視点が欠けていると言わざるをえない。また，農民層分化によって農家の異質化がかつてないほど促進されている現段階では，これら異質化した農民層の利害関係の調整の必要性からも，この管理運営問題は独自に追求されなければならない重要課題となってくる。なかでも，このような異質化した農民層をすべて組織している「ぐるみ組織」では，この管理運営問題の意義はとくに大きなものとなってくる。ところで，磯辺，豊田の見解では，今後の営農集団の形成のあり方として，「集団的土地利用秩序」あるいは「集団的土地利用」というように，ぐるみ組織を再評価する点に特徴があるが，新しいぐるみ組織はかつての1960年代のようなぐるみ組織とは著しく異なり，専業兼業分化および作目分化の著しい農家構成となっているのであるから，こういう見解においてこそむしろ集団的土地利用秩序形成に伴う農家間の利害調整や管理運営上の諸問題がまさに組織の存続・解体にかかわる決定的役割を持つものとして取り上げられる必要があると考える。豊田の言う農民的集団的管理主体というのは実はそのような含意を持つものなのかもしれない。しかし，その実体や性格についてはまだ具体的に言及されていないのが残念である。ともあれ，組織形成という新しい段階では，組織それ自体の管理運営にかかわる新しい独自の課題をも併せて提起しなければバランスを欠き不十分なものになってしまう。豊田は，農民的集団的管理の「主体形成にとって農業協同組合の果たす役割がきわめて大きい」[76]としているが，その意味でも，個別自作農だけでなく農協等の農業関連機関の役割や位置づけをも含めた営農集団の管理運営にかかわる新しい課題の解明が必要なのである。しかも，営農集団内において労賃と地代との間の矛盾を解決しなければならないとするならば，なおさら，その調整・管理主体の役割は大きいものと言わなければならない。そこで，本書では営農集団における管

理運営問題を独自の課題とする視点を設定し，またその問題の比重が営農集団の構造によって異なっていることにも注目している。

5．新経営体形成論

営農集団をこれまでの個別家族経営とは別個の独立した新しい経営体，あるいはこれまでの個別家族経営に代わる新しい経営体であると考える見解が存在する。

たとえば，高橋正郎によると，今日の個々の家族経営はすでに「トータルな経営行動を行う自己完結的な経営主体ではなくなってきている。経営機能は他の組織，あるいは農業関連機関と分担してはじめて完結する構造にある」[77]という認識から，また，「わが国農業が当面する経済機会は，19世紀後進国の工業がもっていた経済機会と類似した性格をもつ」[78]という認識から，日本農業の進路のあり方は「自生的あるいは内発的な経営の成長をまつことではなく，一挙に大規模経営を実現するという，急速かつ飛躍的な近代化でなければならない」[79]とする。そこで，高橋は「新しい農業組織」である「中間組織体」の形成の必要性を提唱する。高橋の言う「新しい農業組織」＝「中間組織体」とは，「個々の家族経営だけでなく，その生産組織・販売組織を包括する生産から販売までの一貫した組織」[80]であり，また，「農家・農協・土地改良区・農業委員会・農業改良普及所などの各主体をも統合した一つの農業組織」[81]なのである。すなわち，広域的で多元的な地域組織だと考えられる。

ところで，家族経営と農業組織との関係が1つの論点になるが，高橋によると，「個別の農家が，この『中間組織体』の中で解消するものとみているのではない」[82]。すなわち，「組織体の構成員が，それぞれ独自の機能をもち独立した主体であることを前提」[83]にしているとされる。そして，そのうえで「農業組織もまた一つの経営主体」[84]だとしている。つまり，従来の生産組織・販売組織・農協組織をサブシステムとするトータルシステムがこの「新しい農業組織」なのである。

高橋の農業組織論の特徴は，組織を矛盾の総体として把握し，組織の存続・解体の行方を制する決定的要因として「中間組織体」の組織中枢のマネジメント機能を指摘し強調する点にある。しかし，高橋は，個別家族経営の個別的な上向展開の可能性については消極的な評価を与えているため，担い手問題の将来展望としては，個々の家族経営よりむしろ農業組織＝中間組織体，とりわけその組織中枢たるべき機関に経営主体としての重きを置いていると見てよい。したがって，個々の農家も1つの経営主体だと言っても，トータルシステムとしての農業組織＝中間組織体の組織中枢の経営マネジメント機能が組織の存続・解体を制するほどの基軸的役割を与えられるような組織構造の下では，個々の農家は実質上は単なる農作業の担当者といった性格の強いものとして位置づけられざるをえない。

一方，組織化された新しい経営体として「地域営農集団」を提唱するのが永田恵十郎である。永田は高橋とは異なり，農民層分解によって，「下層の所得に相当する地代を支払っても，なお余りある剰余を生みだし得るほどの高い生産力と自作地規模を上回る規模をもった個別前

進，個別上向型の借地経営」[85]の形成を認識するが，しかし，このような借地拡大型の個別経営は「規模を拡大すればするほど経営耕地は分散するという矛盾」[86]から，合理的土地利用による生産力の持続的発展という点で限界性を持たざるをえないとも言う。そこで，永田はこのような分散的土地利用という限界性を克服する方策として，一定の地域を面的に利用・管理する「計画的土地利用，集団的土地利用」[87]を提起する。そして，永田はこの「計画的土地利用，集団的土地利用」を担う主体を「地域営農集団」[88]と呼んでいる。

ところで，永田の言う「地域営農集団」とは，「一定の範囲をもつ地域農業のなかで土地を所有するすべての人々の自主的な組織化に基礎をおく『単一の意志のもとで管理される経営体』」[89]であり，「個別経営とは生産手段と労働力の結合の仕方・様式を異にする経営体」[90]であるとする。以上のことから，「地域営農集団」が個別経営とは異なった新しい経営体である点が強調されていることが分かる。

ところが，他方では，「地域営農集団は，…（中略）…個別経営の活動を補完する機能ももっている」[91]とも指摘しており，個別経営補完論的見解ものぞかせている。しかし，この点は，「地域営農集団」と「個別経営の活動との相互関連，…（中略）…等の具体的問題は，今後に残されているところが多い」[92]と述べ，むしろ今後の研究課題だとしているように，必ずしもまだ明確ではない。

一方，松木洋一は，資本主義的商品経済の発展の下で小農的経営体が分化・分解して形成された「独立した一つの生産単位（経営体）」[93]として生産組織を理解し，また松木は「その経営構造が小農的経営体や資本制経営体と異なる」[94]ことから，独自の経営問題をかかえているために，その点の解明こそが今後の生産組織研究の課題だと主張する。すなわち，松木の主張の特徴は，まず，資本主義的商品経済の貫徹が「小農的・小営業的経営体の生活と生産の分離，生産手段・労働力の集積，労働と所有の分離，労働の社会的組織化と管理機構の確立」[95]等を推し進めるという中身をもった「生産の社会化」[96]の過程の進行によって，「生業的経営体を零細企業体的経営構造をもつ多様な経済的組織体に発展させていく」[97]とし，そのような多様な組織体の１つとして生産組織を理解していることである。そして，松木はこの組織は「労働力と生産手段の社会的結合単位（生産単位）として機能する独立した農業経営体」[98]であり，従来の家族経営とは段階を画するものだとしている。

次いで，松木は，こうした生産組織は従来の小農的家族経営体や資本制経営体とは異なるため，「家族協業という血縁的紐帯から解放された労働力」[99]の集団的協業体制の形成やそれに伴う管理労働と作業労働の分化，あるいは大型資本形成に伴う財務会計機能の必要性等の「従来の小農経営体では現れてこなかった新しい農業経営問題」[100]が発生してくるため，この新たな経営管理問題の解明が生産組織論の今後課題になるとしている。

また，生産の社会化の進展が必然的に農業の資本主義的進化を促すという基本的認識から，その資本主義的発展の一形態として「生産組織」を位置づけているのは酒井惇一である[101]。酒井は，中小型機械施設ではなく大型機械施設の導入に伴って，①機械施設の共同利用組

織＝部分作業受託組織と，②農協の部分作業受託組織の二形態の広域的・大規模生産組織が設定されるが，兼業のさらなる深化の下では，①はさらに(a)一種の「地主経営」とも言える全作業受託経営と，(b)一部農家集団の合名会社的性格を持つ全作業受託＝借地経営へと転化する可能性を持ち，②もさらに(c)農協の全作業受託＝経営受託組織と，(d)一部農家集団の全作業受託経営へと発展していく可能性を持つとしている。そして，このような諸々の形態を持つ「生産組織」＝経営体の形成が，従来の家族経営において三位一体的に結合していた土地と家族労働力と資本を分離させていくこと（生産の社会化）によって，農業における資本主義的進化を推し進めていくとしている。

　以上，営農集団が従来の家族経営とは異なった新しい経営体であることを強調する見解を見てきたが，各論者ともそれぞれ異なった視角と方法によっているため，これらを一括して論じることはできない。しかし，彼らは「自治体農政」[102]，「地域営農集団」（永田），「集落農場制」[103]，大型機械施設の導入と生産組織（酒井）というように，集落ないしそれを超える範域での広域的で大規模な「農業（生産）組織」の形成が現段階の機械化段階において社会化された生産力を発揮するのに合理的な経営形態だと理解し，そのような農業（生産）組織を形成・展開するための管理運営＝マネジメント機能の重要性を指摘する点において概して共通性を有している。つまり，この点を「個と集団」との関連で言うならば，これまでの3つの見解が個のほうに力点を置いているのに対し，この新経営体形成論は集団のほうに重点を置いている。したがって，このような見解においては，営農集団の形成がアプリオリに目標とされがちになるため，いきおい構成員農家の個別家族経営の視点が軽視されてしまうという問題点をはらむ。その結果，もともと個別家族経営の維持・発展のための営農集団の形成であったのが，個別家族経営の展開とは無関係に組織が一人歩きをしかねない危険性を持つ。戦後自作農的土地所有＝零細小農民経営は兼業深化によって空洞化を余儀なくされているが，その限界的状況下で国民の食糧生産を担って維持・展開されていることも事実であり，自作農制が危機の限界状況下にあってもそれが崩壊してしまって新しい生産体制に移行しつつあると言える状況には至っていない。そして，この自作農制の危機的限界状況に対して個別家族経営がとっている1つの姿として営農集団の形成があると理解するならば，営農集団研究の主なる対象と課題は，まず，さしあたり営農集団形成に至る個別経営の展開過程と，個別経営にとっての組織形成・展開の持つ意義の解明に置かれるべきであり，併せて組織の持つ独自の性格としての管理運営問題の解明に置かれるべきだと考える。換言すれば，後者の組織の持つ独自の性格や管理運営問題の解明はもちろん不可欠の新しい課題だが，前者の個別経営の展開とかかわった営農集団の形成過程の諸問題がまず基本的な課題である点を軽視し，営農集団研究を組織管理運営問題のみに矮小化してはならないと考える。そこで，集団形成メカニズムにかかわる領域と集団形成に伴う独自の管理運営問題の2つの領域が現段階の営農集団研究が取り上げるべき対象領域であると本書では把握している。

6．小　括

　以上，従来の主な諸見解の検討・批判とそこにおける今後課題ないし課題克服方法を提起してきたが，第2章以下の実証研究のために，それらをここでまとめておこう。

　すなわち，個別上向化階梯論は，営農集団，なかでも集落ぐるみの営農集団における管理運営上の諸問題や矛盾の存在を指摘する点において，現実動向の一端をシビアに検討・整理したものとして正当に評価しうるが，その組織分解の渦中から新しい個別的大規模経営の「たくましい」形成・展開を展望する点は問題の多いところであった。また，彼ら自身が他方で集団的な大規模経営の形成や栽培（技術）協定等の永続的必要性を認識している点からしても，個別経営→集団組織→個別経営という展開方向は一面的と言わざるをえない。したがって，本書では，営農集団を大規模経営の個別的展開への1つの階梯として一義的にとらえることはせず，将来とも多様な営農集団の形成条件を持つものとしてわが国農業を把握し，その点に営農集団研究の今日的意義を見いだしている。

　また，「小企業農」補完論は，機械化と労働様式の再編に視点に据えて生産力構造の解明を行ない，「小企業農」の形成と同時に，「小企業農」であってもその存立条件として生産者組織＝営農集団が必要なことを指摘している点は評価できるが，生産者組織の担い手層を上層農である「小企業農」層に限定したものとしてとらえているため，兼業農家を含めた広範な農民階層による営農集団形成メカニズムが見落とされてしまうという問題点を持っている。そこで，本書では，専業農家主導型の営農集団（第3章第3節，第4章第2〜4節）のみでなく，兼業農家主導の営農集団（第3章第2節，第5章）の動向など，各地域類型に規定された農民諸階層の存立条件とかかわった営農集団の多様な存在形態の把握にアプローチする。

　自作小農経営補完論は，自作小農経営の存立基盤の狭隘性の全般的深化に対しその存立を防衛する組織を営農集団としてとらえ，組織に補完された自作小農制の展開論理を強調する点は正当なものと評価しうるが，自作小農制を補完する集団活動の中身の具体的検討にまで至っていない点に不十分性を感じる。

　さらに，新経営体形成論は，農業（生産）組織という新しい経営体の形成に伴う独自の管理運営問題の発生の重要性を指摘する点は正当なものと考えるが，その際，集団の管理運営問題を営農集団研究の第一義的な課題だとする点においては，集団形成に至る個別経営の行動様式や個別経営にとっての集団の持つ意義・役割という視点が軽視されがちになる点に注意する必要があると思われる。

　したがって，これら自作小農経営補完論と新経営体形成論に対し，本書では，第2章以下の実証分析において，各類型の営農集団の形成メカニズムに関する側面と集団の管理運営問題に関する側面の二側面を把握する方法を採用する。

註

1), 2) 伊東（1975），410頁。
3) 梶井（1973），215頁。
4) たとえば野口（1995）は「企業という生産のための組織」（137頁），つまり「生産組織が社会の基本単位となっている」（141頁）と述べ，また安中・藤森（2000）も「加工生産組織」（326頁）と表現し，さらに原（2000）も「国家指令型社会主義とは，国家が国内経済全体をひとつの生産組織体として人工的に設計し」（177頁）と述べているように，一般的に生産組織とは経営や企業のことを意味している。
5) 「営農集団」と表現するほうが英語のagricultural groupに語句上も的確に対応する。それに対し「生産組織」を直接的に表現する英語は見当たらない。また，営農集団の活動の側面を表現する場合にはgroup farmingが使える。そして，このgroup farmingについての日本語は「集団営農」を対応させれば表現上問題はない。
6) かつて1970年代初頭において田中（1973）は中型機械化体系の導入を契機にそれまでの「ゆい」＝農家間単純協業が消滅し，家族協業に移行していくことを指摘しているが，機械体系がさらに整備され大型化してきた70年代後半以降においては，機械体系の持つ適正稼働規模が飛躍的に拡大したため，従来の「ゆい」＝農家間単純協業とは性格を異にした農家間複雑協業（分業に基づく協業）という新たな労働様式が形成されうる局面が拡大してきていると考えられる。
7) 労働様式概念については，高島（1949）は「労働主体が生産において相互に取り結ぶ関係」（15頁）と言い，松木（1977）は「協業や分業に基づく協業など労働主体間の社会的結合様式」（58頁）のことだと言い，大泉（1980）は「生産の場での労働の分割と結合の様式，すなわち，特定の質をもった労働とその労働によって形成される直接的生産関係」（24頁）だとしている。

　ところで，本書では，労働様式を，労働過程における労働主体間の結合関係のこと，具体的には協業の諸形態のこととして把握している。
8) 磯辺（1985），538頁。
9) 武井（1962）。
10) 倉本（1975），153頁。
11), 12) 農林統計では「全面共同経営」は「全面協業経営」，「部分共同経営」は「部門協業経営」と表現されている。しかし「協業経営」という用語は正しくない。協業とは経営形態や企業形態にかかわる概念ではなく，労働の有り様，すなわち労働形態・労働様式に関する概念だからである。マルクスが指摘しているように，協業とは「同じ生産過程で，または同じではないが関係のあるいくつかの生産過程で，多くの人々が計画的にいっしょに協力して労働する労働の形態」（427頁）のことであり，具体的には，「多くの人々が同じ作業かまたは同種の作業を同時に協力して行なう」（429頁）こと，また同じことだが，「互いに補い合う多くの人々が同じことかまたは同種のことをする」（430頁）ことを言うのである。したがって，このような意味内容で協業概念を使うとすれば，「共同労働」（430頁）こそが協業にほかならないのである。こうして経営形態や企業形態についての正しい概念は「協業経営」ではなく，「共同経営」なのである。
13) 梶井（1973），215～216頁，和田（1979），13頁，中安（1981），9頁などを参照。
14) 生産組織と協業経営（共同経営）の関係を整理した田代（1992），206頁の図が参考となる。
15) 磯辺（1985），537～538頁。
16) 大泉（1980），2頁，波多野（1985），119頁。また本書第2章の図2-1を参照。
17) 永田（1977），294～302頁。
18) 花田（1978），379頁。
19) 甲斐（1984），259頁。
20) 佐藤（1983），5頁。
21) 梶井（1997），田代（2003），第5章を参照。
22) 「組織経営体」とは「複数の個人又は世帯が，共同で農業を営むか，これと併せて農作業を行う経営体であって，その主たる従事者が他産業並みの労働時間と地域の他産業従事者と遜色ない水準の生涯所得を確保できる経営を行い得るもののことである（例えば，農事組合法人，有限会社の他，農業生産組織のうち経営の一体性及び独立性を有するもの）」と定義づけされていることから分かるように，本章第2節で見た「共同経営」，なかでもとくに「全面共同経営」を意味することから，「組織経営体」とは表現されていても，実態的には「個別経営体」に類似する性格のものであると判断される。

23) 椿（2001）はその実態を報告している。
24)「平成7年度において講じようとする農業施策」『農業白書平成6年度』，13頁にその計画が示されている。
25) 東山（2001），206〜208頁は，カントリーエレベーター設置に伴うその利用農家集団の組織化の実態を報告している。なお「農業生産体制強化総合推進対策事業」によるカントリーエレベーター設置の具体的事例は本書69頁の表3-3を参照。
26) 豊田（1981），86〜94頁。
27) 綿谷（1980），127頁。
28), 29), 30) 同上，169頁。
31) 同上，176頁。
32), 33), 34) 同上，182頁。
35) 西尾（1975），35頁。
36) 今村（1976a），214頁。
37) 今村（1976b），199〜200頁。
38) 伊藤（1975），329頁。
39), 40) 同上，337頁。
41) 同上，338頁。
42) 同上，331頁。
43) 同上，342頁。
44) 伊東（1962）。
45), 46) 伊東（1975），426頁。
47) 綿谷（1979），174頁。
48) 西尾（1976），165頁。
49) 西尾（1975），41〜42頁。
50) 伊藤（1979），第3章。
51) 梶井（1973），215頁。
52) 同上，202頁。
53), 54) 同上，210頁。
55), 56) 同上，214頁。
57) 同上，216頁。
58) 中安（1978）。
59) 梶井（1973），216頁。
60) 同上，第1章。
61) 梶井（1973），終章および梶井（1977），第5章。
62) 中安（1978），71頁。
63) 同上，127頁。
64) 同上，第4章。
65) 磯辺（1985），52頁。
66), 67) 同上，552頁。
68) 磯辺（1975），26頁。
69) 磯辺（1985），540頁。
70) 豊田（1981），87頁。
71) 同上，141頁。
72) 同上，85頁。
73) 同上，144頁。
74) 同上，143頁。
75) 磯辺（1985），540頁。
76) 豊田（1981），139頁。
77) 高橋（1973），15頁。
78) 同上，22頁。

79) 同上, 23 頁。
80), 81) 同上, 2 頁。
82), 83) 同上, 42 頁。
84) 同上, 15 頁。
85) 永田 (1979 a), 617 頁。
86) 永田 (1979 b), 40 頁。
87) 永田 (1971), 333 頁。
88) 永田 (1979 a), 662 頁。
89) 同上, 621 頁。
90) 同上, 619 頁。
91) 同上, 623 頁。
92) 同上, 622 頁。
93) 松木 (1981), 17 頁。
94) 松木 (1983), 59 頁。
95), 96) 松木 (1981), 19 頁。
97) 同上, 21 頁。
98) 松木 (1983), 59 頁。
99) 同上, 61〜62 頁。
100) 同上, 59 頁。
101) 酒井 (1975)。
102) 高橋・森 (1978)。
103) 松木 (1979)。

第 2 章

佐賀平坦水田地域における営農集団の展開
―― 1960 年代，70 年代の歴史的考察 ――

1970 年設立で現在も活躍中の古いカントリーエレベーター（小城市，2005 年 6 月，表 3-3 を参照）

第1節　本章の課題

　本章の課題は2つである。1つは，第1章第2節で行った1960年代と70年代における営農集団の展開メカニズムに関する一般的考察を佐賀平坦水田農業の実態に即して実証的に検討することであり，2つは，それを通じて現段階における平坦水田地域（平地農業地域）の営農集団の性格を解明する第3章の前段として位置づけることである。

　佐賀平坦水田農業において本格的な意味で営農集団の形成が見られたのは1960年代に入ってからである。詳細は後述するが，佐賀平坦における60年代の営農集団の活動は稲作集団栽培の形態をとって展開された。それは全国の中でも最も活発な展開を示し，65年，66年の「新佐賀段階」形成の一大要因をなすものであった。しかし，70年代に入ると，食管制度改編，米生産調整，米価据え置き，また農外労働市場の展開と兼業化，さらには水田基盤整備，機械化の進展など，集団栽培をめぐる諸条件の大きな転換の下で，稲作集団栽培は急速に崩壊過程をたどることになった。本章では，佐賀県下の稲作集団栽培の成立条件とその実態および問題点，なかでも佐賀県下の稲作集団栽培が全国一と言われるほど盛んであった要因は何か，また逆に，70年代に入ると急速に瓦解に向かった要因は何か，といった視角からの検討を行ってみたい。

　また，農業をめぐる諸条件の大きな転換とともに幕開けとなった1970年初頭には，上述の稲作集団栽培の崩壊の一方で，それに代わる形で機械・施設の共同利用組織が簇生した。そこで，本章第3節では，このような70年代における営農集団の特徴である機械・施設の共同利用の成立条件，実態，性格等についての検討を行う。

第2節　稲作集団栽培の成立（1960年代）

1．稲作集団栽培成立の背景

　1960年代に全国に広範に普及した稲作集団栽培の形成・展開においては大きく2つのタイプが存在した。1つは，高賃金・低単収・低地代という点において特徴づけられるタイプで，いわば「農業後退地帯（兼業深化地帯）」[1]に共通して見られた集団栽培である。それは概して兼業深化による農家労働力の急速で大量な流出とその結果としての農業労賃の高騰に対する対応策としての集団栽培という性格が強く，品種統一と共同作業によって米単収と稲作経営を維持することを目的として実施された集団栽培である。このタイプの代表は愛知県での集団栽培である。いま1つは，低賃金・高単収・高地代という点において特徴づけられるタイプで，いわば「農業進展地帯（水田中核地帯）」[2]での集団栽培である。このタイプも確かに一方では農家労働力の流出と農業賃金の高騰への対応策という性格を持ちながらも，このような地帯では概

して農外労働市場は狭隘でかつ低賃金であるため，兼業化の程度も相対的に弱く，農家経済は米作を中心とする農業所得によって主として維持されていたことから，米単収増大による農業所得増大を最大の目標として実施された集団栽培である。このタイプの代表は佐賀県や山形県での集団栽培である。そして，この両県での集団栽培の展開がそれぞれ全国一の水稲単収水準を達成する一大要因となったのである。

　1960年代に稲作集団栽培が全国的な規模で展開された背景には米需給の逼迫状況があった。当時は，農業基本法（61年）による選択的拡大政策も影響して，米生産量は62年の1,300万トンをピークにその後66年まで減少傾向をたどり需要量を下回っていたため，年ごとに需給が逼迫してきて，65年不作の時は米不足問題が発生し107万2千トンの緊急輸入までされるという状況であった。したがってまた，この間，62〜64年には生産者米価の10％以上の値上げ措置がとられた。

　このような米不足基調と米価の相対的有利性の形成を背景として，集団栽培が米づくり運動という形で全国的に取り組まれることになった。また，1960年代の前半期には東北や北関東を中心に全国的に開田ブームがまきおこり，佐賀県では干拓が盛んに行われた時期でもあった。60年代の佐賀県の米作の躍進過程においては，米単収の増加だけでなく，干拓による耕地の外延的拡大もあずかっていたことは，忘れてはならない点だと思われる[3]。こうして60年代前半期の米不足と米価上昇基調を背景にして，全国的には一方では稲作集団栽培という形態で米生産力のいわば内包的拡大が図られ，他方では開田，干拓，埋め立てによってその外延的拡大がなされたと言える。

2．稲作集団栽培の実態

(1) 稲作集団栽培の推進過程

　佐賀県の集団栽培面積普及率が1965年（13.0％），66年（23.6％），67年（29.8％），68年（33.5％），69年（43.2％）（農林省『地域農業の動向』）と県レベルでは全国一の水準を示した1つの大きな要因は，全県あげての「米つくり運動」の積極的な推進にあったとすることができる。

　このような県農政の動向の歴史的背景には，かつて1935年前後に「佐賀段階」を形成したにもかかわらず，戦後，東北地方の各県や長野県が水稲単収において佐賀県を追い越してさらに上昇傾向にあったのに対し，佐賀県を含む西南日本の水稲単収がかつての「佐賀段階」当時の水準にも達せず長い間停滞していたという深刻な事態が存在した[4]。このような中で，まず51年ころに県，農業試験場，系統農協，および普及所によって構成された施肥改善研究会が発足し，59年から普及所単位に多収穫を目的とした現地施肥試験圃が設置され，60年からは単位農協ごとに多収穫現地試験が実施されている。折しも，愛知県では集団栽培が成功裡に展開されていた。それに刺激されて，62年には県下の6集落（生産組合）においてモデル的に集団栽培が実施された。その結果，この試みは好成果を収めたので，翌63年には，県はモデ

ル地区を10に増やす一方，21地区を推進地区として指定し，集団栽培をさらに推進すると同時に，全県的な米増産運動として「米25万トン生産確保運動」を提起した。この「米25万トン生産確保運動」の実施過程で形成された組織体制や推進方法が，64年から開始される本格的な「米つくり運動」の実質的な基礎となっていった。つまり，「米25万トン生産確保運動」においては，県と農業団体で推進本部を結成し，県知事が本部長となり，その下に農林事務所単位に推進支部，さらに市町村単位に実践本部を置くという組織体制が作られ，これらの組織を通じて技術指導等がなされていったのである。

「米25万トン生産確保運動」は予想以上の単収増となって現れたため，県は1964年から全県的規模において「新佐賀段階米つくり運動」を開始するに至った。

こうして，佐賀県の「米つくり運動」が全県的に本格的に開始されたのは1964年からであるが，この「運動」は，上に述べた「米25万トン生産確保運動」の推進過程で準備された組織体制を基礎にして，さらにそれを充実させながら挙県一致の運動として推進された。すなわち，そこにおける組織体制としては，県に推進本部を置き，知事自らが本部長となり，その下に農林事務所単位に推進支部，市町村単位に実践本部を置き，末端には集落を基礎単位とする地縁的な生産組合が位置づけられた。この集落レベルの生産組合が集団栽培の実質的な担い手集団となったのである。この生産組合は「米つくり運動」の中では実践組合あるいは近代化集団と呼ばれていた。

ところで，この「米つくり運動」は周知のように10ヵ年で表2-1に示すような第1，第2の階梯を経て第3階梯に至るものとされた。各階梯は集団栽培の発展の階梯でもある。各階梯を集団営農の実体（第1章第1節参照）の視点から見るならば，第1階梯（実践組合）では，品種統一を起点にした稲作の栽培（技術）協定を中心にして，さらに一部に共同作業を加味していくような集団営農のあり方を追求し，次いで第2階梯（近代化集団）では，栽培協定のうえに共同作業が結合され，さらには機械化の進展に伴って一部には機械共同利用も加味されるような集団営農のあり方を模索し，最後に第3階梯（高度近代化集団）では，栽培協定と共同作業のうえに，土地基盤整備を前提とした中大型機械導入によって機械共同利用とさらにはそれをベースにした複合経営の確立を図っていく，という内容の計画であった。

また，この3つの階梯は，「米つくり運動」の3つの目標である①増収，②省力，③構造改善にそれぞれ対応するものでもあった。すなわち，第1階梯の栽培協定は米単収増加を目的とし，第2階梯の栽培協定＋共同作業（協業）は省力を狙いとしていた。そして，第3階梯の土地基盤整備と機械共同利用を槓杆とした複合経営の確立過程では当然従来の農業構造の大幅な変革を伴うものと考えられていた。

以上の諸点をシェーマ的に整理すれば，表2-2のようになろう。

(2) 稲作集団栽培の実態

では，この計画は実際どの程度進められたのか。つまり，集団栽培の普及実態について次に

表2-1　近代化集団の3階梯

	組織の名称および階梯	農民組織および農業生産の特色	集団活動の特色	指導と助成
運動以前	生産組合	(1) 地縁的，血縁的色彩の強い地域集団である。 (2) 1人または少数の幹部の奉仕的労力で組合は運営される。 (3) 局部的，臨時的に共同作業も行われるが，ユイの色彩が強く，小土地所有，家族労力総動員の下に小農的，個別的，分散的経営が行われる。 (4) 排他的篤農的小農技術が支配的で技術水準の個人格差，階層格差が大きい。 (5) 生産物は一部商品化し一部は自給的に消費される。	① 冠婚葬祭における相互扶助。 ② 病害虫防除，水管理，水路・道路補修などの共同施行。 ③ 役場，農協などの委託事業	① 農協の協力団体として農協の支援，助成がなされる場合が多い。 ② 役場の委託事業を行う場合の事業推進費の助成や委託費の交付がある。
新佐賀段階米つくり運動以後	実践組合 (第1階梯)	(1) 生産組合が目的集団として内部組織を整えたものである。 (2) 幹部の組織の管理運営の仕事は著しく多くなるので，仕事の分担が行われるとともに報酬が考慮され始める。 (3) 品種統一栽培，技術協定および作業協定等がなされ一部の共同作業も行われる。 (4) 集団栽培の第一歩が踏みだされ技術公開の結果戸別反収は接近し始める。 (5) 内部組織として研究グループの結成もなされる。	① 内部集会が数多く持たれ稲作改善意欲が高まる。 ② 品種統一，作業協定，技術協定等がなされ稲作ごよみが作成される。 ③ 部分的作業（種子消毒，病害虫防除，用水管理等）について共同作業が行われる。 ④ 坪刈り，互評会，反省会，視察会，研究会などが催される。 ⑤ 研究グループの育成，後継者育成等の措置がとられる。	① 実践組合は近代化集団の準備段階としての市町村の指定をうけ，助成期間は1年である。 ② 実践組合として指導推進をうける期間はおおむね1～2年である。
	近代化集団 (第2階梯)	(1) 目的集団であるとともに機能集団的色彩が強くなる。 (2) 幹部の運営管理の労働に対し正当な報酬が考慮される。 (3) 広い範囲にわたり共同作業が行われ内部労賃も作業別能力別に適性化されていく。 (4) 共同作業においても分業が取り入れられ，共同施設の整備や能率のよい共同利用の機械の導入がなされ生産性も高まっていく。 (5) 技術規模が拡大し，反収の水準が高まり，内部の戸別反収格差は解消していく。	① 圃場の測量や土壌調査，戸別営農の実態調査などが行われる。 ② 苗代の共同経営，田植，その他各種の共同作業が広く能率的に行われる。 ③ 試験圃の設置，共同炊事や託児所の経営，共同利用機械の導入がなされる。 ④ リーダー研修，後継者研修，専門技術研修，機械化研修などが積極的に行われる。 ⑤ 圃場整備計画，請負耕作，協業組織など集団活動の前進のための研究，企画。	① 近代化集団は県の指定をうけ，助成期間は3年である。 ② 近代化集団が各推進指導組織から指導をうける期間はおおむね3～4年である。
	高度近代化集団 (第3階梯)	(1) 機能集団であるとともに協業組織的性格をおびてくる。したがって基幹農家群が中心となって組織の再編がなされる場合も起こってくる。 (2) 経営能力と特殊の技能が重視され，専門化と仕事の分担がはっきりしてくる。 (3) 整備された圃場で体系化した大型機械を利用してかなり大規模な生産が展開され家族総動員は少なくなる。 (4) 反収の地域格差が近代技術の採用によって縮小する。 (5) 生産物（米）はすべて商品化し少なくともプール計算による共販が行われる。 (6) 労働力の余裕によっては複合部門の経営や農産加工が営まれる。	① 集団の活動は一般に協業組織の活動，特殊的には協業経営の活動の特色あるいは成果として現れる。 ② 集団の構成員は一般に減少するが粒揃いとなり，活動は活発になり，技術，経営，生活の各般に及ぶようになる。 ③ 新技術の開発と採用および投資がなされ，生産性，所得が高まるとともに社会生活環境の整備も行われる。	① 高度集団栽培の地区指定，農業構造改善事業実施地区指定，圃場整備等土地改良事業地区指定等をうけ逐次圃場，機械組織の整備を行う。 ② 高度近代化集団の完成した姿を実現するための客観条件は，現在なお未熟であるから相当期間が必要。

資料：新佐賀段階米つくり運動推進本部（1967），25～26頁。

表 2-2　集団栽培 3 階梯における集団営農の内容

階　　梯	営農集団の内容	目的（ねらい）
第 1 階梯 （実践組合）	栽培（技術）協定が中心だが一部に共同作業を加味	米単収増加
第 2 階梯 （近代化集団）	栽培協定＋共同作業 （単純協業） 一部に機械共同利用を加味	労働節約
第 3 階梯 （高度近代化集団）	土地基盤整備と中大型機械導入による機械共同利用と複合経営の確立 （分業に基づく協業）	農業構造再編

表 2-3　指定集団の状況　　　　　　　　　　　　　　　（単位：組合（集団），戸，ha，％）

				1964	1965	1966	1967	1968
第 1 階梯 （実践組合）	組合数	新規		305	317	233	378	267
		累計			622	855	1,233	1,500
第 2 階梯 （近代化集団）	集団数	新規		97	158	250	242	208
		継続					408	402
		累計			250	500	650	700
	参加 農家数	新規		2,403	5,024	8,188	7,687	7,124
		累計	A	2,403	7,427	15,615	23,302	30,426
	参加 面積	新規		1,747	4,578	6,667	5,480	6,087
		累計	B	1,747	6,325	12,992	18,472	24,559
佐賀県全体	水稲作付農家数		C	71,400	70,400	69,900	69,010	66,410
	水稲作付面積		D	55,100	54,900	54,700	54,500	54,000
組織化率	農家数		A／C	3.4	10.5	22.3	33.8	45.8
	面積		B／D	3.2	11.5	23.8	33.9	45.5

資料：宮島（1969），125 頁，坂本（1982），69〜70 頁および農林省『農業調査』。
註：集団数の計算に若干合わない部分があるが資料の数値をそのまま引用した。

見てみる。

　結論を先取りすると，この計画によって実際に進められたのは第 2 階梯までであって，第 3 階梯に至った稲作集団は一部のごく少数事例にとどまらざるをえなかった。その根拠は次のように考えられる。すなわち，1960 年代は土地基盤は未整備で中型機械化体系は未確立の段階にあり，また兼業化も本格的展開以前の端緒的段階にとどまっていたため，農民層の分化や生産力格差も顕在化することなく，第 1 階梯の目標である米単収増や第 2 階梯の目標である労働節約は全稲作農民の共通目標として受け入れられていった。しかし，第 3 階梯は「農業構造の再編」を課題とする点で，それ以前の諸階梯とは質的な差異が存在する。つまり，それは多数の零細経営の離農を前提条件として含んでいたのである。かつまた，それは有力な複合部門の存立をも前提条件とするものであった。しかし，これらの 2 条件は，その後の農業展開におい

表 2-4 「近代化集団」における栽培協定の状況　　　　　　　　　　　　　　（単位：集団, ha, %）

年次		総数	裏作統一	品種統一	田植期間統一	施肥統一	栽培様式統一	防除統一	水管理統一	刈取期間統一
1964	実施集団数	97	3	96	63	95	67	75	88	42
	その割合		3.1	99.0	64.9	97.9	69.1	77.3	90.7	43.3
	実施面積	1,747	105	1,712	1,353	1,723	1,345	1,406	1,607	978
	その割合		6.0	98.0	77.4	98.6	77.0	80.5	92.0	56.0
1965	実施集団数	250	32	241	234	238	221	242	237	176
	その割合		12.8	96.4	93.6	95.2	88.4	96.8	94.8	70.4
	実施面積	6,325	872	6,191	5,896	6,077	5,624	6,114	6,038	4,451
	その割合		13.8	97.9	93.2	96.1	88.9	96.7	95.5	70.4
1966	実施集団数	500	75	500	500	489	500	494	493	430
	その割合		15.0	100.0	100.0	97.8	100.0	98.8	98.6	86.0
	実施面積	12,992	2,230	12,992	12,992	12,726	12,992	12,798	12,827	11,434
	その割合		17.2	100.0	100.0	98.0	100.0	98.5	98.7	88.0

資料：新佐賀段階米つくり運動推進本部（1967），52 頁。

て決して一般化されることがなかったのである。

　表 2-3 に指定集団の推移を示した。この中で，たとえば「近代化集団」は 1968 年には 700 にのぼり，この集団に参加する水稲作農家数とその関係面積の割合は県平均でもそれぞれ 46％に達している。これは県によって指定された集団だけの数値であるから，集団栽培形成を目指す取り組みまで含めた集団数はもう一回り多かったものと考えられる。しかし，他方，県内の地域差も考慮する必要がある。米の増産運動が全県的に展開されたとはいえ，水利条件を含む土地条件がそうした全県的な運動の展開を阻む地域も少なくはなかったのである。この点は後に取り上げたい。

　「米つくり運動」の中身は集団栽培の推進であり，この運動の第 1 階梯，第 2 階梯の過程で推進された集団栽培の実体は，稲作の栽培（技術）協定と共同作業の実施を中心とするものであった。表 2-4 は「近代化集団」における稲作の栽培（技術）協定の中身を示したものだが，品種統一を基礎に，田植，施肥，防除，刈取時期の統一，栽培様式と水管理の統一というように，品種ごとの作期と肥培管理の統一が各集団とその実施面積においていずれも 100％かそれに近い割合で実施されており，「近代化集団」における徹底した栽培（技術）協定の実施状況をうかがうことができる。そして，この徹底した栽培協定は，佐賀平野独特のクリークによる水利条件を前提とし，少数の高収量品種への集中化を伴いながら実施された点に特徴がある。すなわち，栽培協定は，集落内の水と土地の存在状況に規定され，河川やクリークに規定された集落内の同一水系内の耕地を土地利用の基礎単位として，品種別団地を形成して実施されるという形態をとったわけだが，このような栽培協定のあり方は，もともと用水不足を伴うクリーク的水利条件下において，限りある用水の合理的で効率的な利用に資するものでもあっ

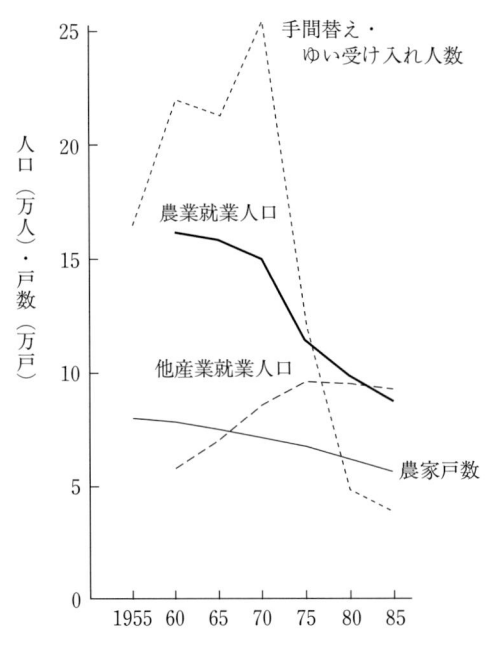

た。つまり，具体的には，土地基盤が未整備な状況下では用排水路は未分離にならざるをえないため，のちにみる水稲増収技術の1つである間断灌漑による水管理を合理的・効果的に実施するためには，同一水系内の水田における水稲の品種を統一して水稲の成育過程を整一化する栽培協定を実施しなければならなかったからである。つまり，それは個別的水利用のシステムができていない条件の下における土地・水利用の合理化であったのである。

なお，「米つくり運動」は水稲作に限定され，裏作物については何ら取り上げられることはなかった。1960年代における水稲作の躍進の一方で，麦作は後退の一途をたどり，それまでの伝統的な稲麦二毛作方式は衰退し，稲単作化傾向を強めた。この点は水田土地利用方式から見ても問題を残すものであった。この点は第3階梯の規定にかかわって重要な問題をはらんでいるため，後に関説したい。

図2-1 人口と戸数の推移（佐賀県）
資料：農業センサス。
註：他産業就業人口とは「兼業が主」＋「兼業だけに従事」。

また，このような栽培協定の徹底的実施の要因としては，品種が少数特定高収量品種に集中化していった点が挙げられる。米の高収量が実現できた技術的な要因は言うまでもなく短稈穂数型の高収量品種の開発・普及にあった。そして，「米つくり運動」による集団栽培を通じてこれら高収量品種を整一的に肥培管理することによって，この高反収が実現されたのであった。このような高収量品種を代表するものはホウヨク，コクマサリ，シラヌイであるが，これら3品種だけで1964年には県全体の水稲作付面積の55％を占め，65年には60％，66年には67％といっそう高い作付面積割合を占めるに至った（のちの図2-11参照）。とくに，集団栽培の主舞台であった佐賀平坦水田地帯の水田は当時これら3品種で埋め尽くされたと言われる。

集団栽培における集団営農の第2の特徴は共同作業である。図2-1に見られるように，佐賀県の農家において他産業就業人口が増加し農業就業人口が減少傾向に入った1960年代において，手間替え等の形で共同作業が増加していった。集団栽培が農家労働力の流出対応策としての側面を持っていたことを物語るものである。とくに，佐賀県の場合，従来，福岡県の筑後，柳川方面から供給されていた膨大な田植労働力が農外流出によって急速に減少していき，農業労賃が高騰したという事情がある。たとえば，男子1日当たり農業臨時雇労働賃金は60年の381円から70年には1,420円と3.7倍に上昇し，68, 69年は土工（日雇）賃金を上回るほどであった（農林省『農村物価賃金統計』）。そこで，集団栽培によって田植作業などを共同化

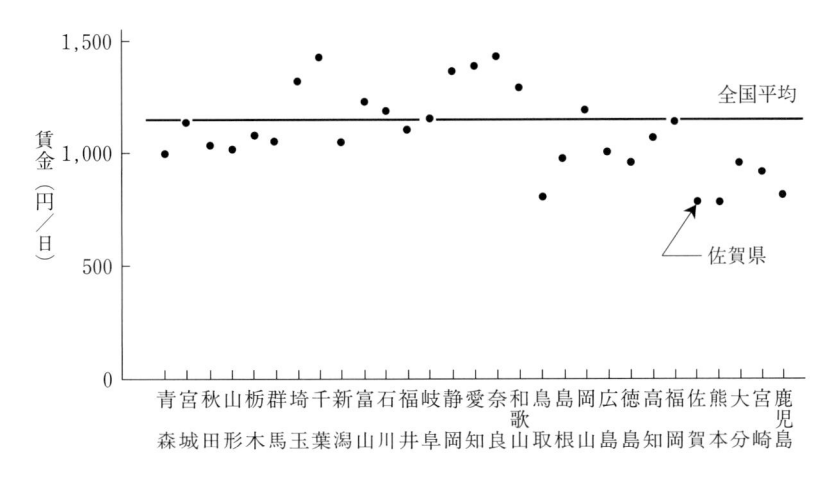

図2-2 土工(日雇)賃金(円/日)の分布(1965年度)

資料：農林省『農村物価賃金統計』(1965年度)。

し，農業臨時雇の払底と賃金高騰に対応した事例も少なくなかった[5]。

　しかし，1960年代における農家労働力流出の主流は新規学卒若年層であり，既就農中堅層の流出はまだ端緒的な段階でしかなかった。それは，当時の佐賀県下とその周辺の農外就業条件は概して狭隘で劣悪な状況だったと推定されるからである。すなわち，55年起点の日本経済の高度成長により北部九州においては福岡県の北九州市，久留米市，長崎県の佐世保市などの労働市場の拡大が見られたが，佐賀県下からのこれらの労働市場圏への通勤は当時の交通条件からは困難であったし，通勤圏内の地場の労働市場の形成は地場産業や工場進出が限られていたことから狭隘なままであった。それどころか，かつては県下に多数存在していた炭鉱が高度成長に伴うエネルギー転換により閉山を余儀なくされた時期でもあり，局地的には労働市場の狭隘化さえ見られたのである。図2-2は，集団栽培が最頂点にあった65年当時の佐賀県の土工賃金水準が全国最低レベルに位置していたことを示している。

　こうして，1960年代は，一般的には高度成長により農外労働市場の展開が見られた時期であるが，そこへ流出した農家労働力は主には学卒若年労働力であり，県内労働市場の形成は遅れていた。そうした中にあって，農業部門では，米不足と米価上昇による米作経済の相対的有利性の形成を背景に，むしろ米作生産の拡充強化の中に就業の機会を求めようとする動きが強かったと言えよう。

　以上の点は，農家経済の動向にも反映されている。1960年代には，農家所得の大半が農業所得によって構成され，農業所得による家計費充足率も70％以上を保持していた（図2-3を参照）。この農業所得の大半が米作所得であったことは言うまでもない。このように60年代の佐賀県の農家経済は平均的に見ても米作を基幹とする農業所得に大半を依存する構造にあったのである。

資料：農林（水産）省『農家経済調査』。

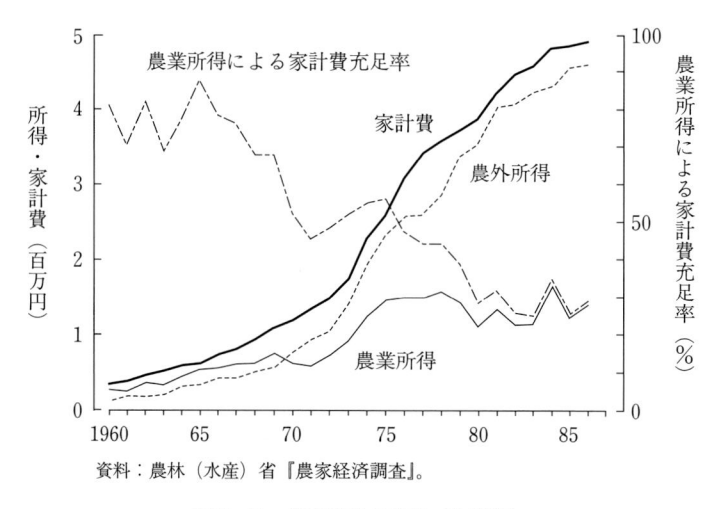

図2-3　農家経済の推移（佐賀県）

表2-5　「近代化集団」における共同作業・共同炊事等の実施状況　　　　　　　　　　（単位：集団，ha，戸，％）

年次		総数	種子消毒	苗代	耕起	田植	水管理	防除	刈取	乾燥調製	炊事	託児所	測量
1964	実施集団数	97	32	32	7	20	51	88	5	27	18	4	—
	その割合		33.0	33.0	7.2	20.6	52.6	90.7	5.2	27.8	18.6	4.1	—
	実施面積	1,747	624	609	195	381	1,075	1,623	106	857戸	442戸	153戸	—
	その割合		35.7	34.9	11.2	21.8	61.5	92.9	6.1	36	18	6	—
1965	実施集団数	250	196	89	25	55	198	197	11	45	59	18	—
	その割合		78.4	35.6	10.0	22.0	79.2	78.8	4.4	18.0	23.6	7.2	—
	実施面積	6,325	4,968	2,391	589	1,263	4,968	5,034	417	1,416	1,547戸	593戸	—
	その割合		78.5	37.8	9.3	20.0	78.5	79.6	6.6	22.4	21	8	—
1966	実施集団数	500	438	234	94	125	397	475	32	106	103	48	120
	その割合		87.6	46.8	18.8	25.0	79.4	95.0	6.4	21.2	20.6	9.6	24.0
	実施面積	12,992	349トン	274	1,476	2,268	10,059	12,155	667	2,344	1,923戸	1,030戸	3,302
	その割合		…	…	11.4	17.5	77.4	93.6	5.1	18.0	7	7	25.4

資料：新佐賀段階米つくり運動推進本部（1967），53頁。

　さて，「近代化集団」における共同作業の実施状況であるが，第1階梯の栽培協定の場合とは異なり，作業種類によってかなりのバラつきが存在している。表2-5に示したように，種子消毒，水管理，防除については共同作業を実施している集団や面積の割合が8～9割とかなり高いのに比べて，それら以外の諸作業を共同作業で行う集団の数やその面積の割合はそれほど高くはなく，なかでも耕起・田植，刈取という稲作の基幹的な春秋作業における共同作業の実施割合は3割以下という実態にある。こうして，集団栽培における共同作業の中心は種子消毒と水管理と防除作業に置かれていたと見ることができる。

　広範な共同作業の実施を「近代化集団」形成の契機としていたが，実態はそれとは程遠いも

のであった。この点に関しては，集団栽培の実施目的とそれを支えるべき機械化の進展度合を考慮してみる必要がある。すでに述べたように，集団栽培実施の要件は，水利条件，耕地条件によって区別される団地内での品種の統一と，それを条件にした整一的な肥培管理にあった。これには間断灌漑の実施のみならず，徹底した防除作業も含まれていた。短稈穂数型品種の密植多肥栽培，およびそれを効果的ならしめる用水管理と防除が高単収を実現したのであった。こうした集団栽培を支える条件は，集落ぐるみのムラ仕事であった。その典型は共同防除作業であった。こうした共同作業を中心とする方法によって，「近代化集団」の第2階梯に到達することができた。しかし第3階梯への進展は，そのような共同作業を中心とする取り組みでは実現できない要素を含んでいた。そこでは栽培協定や共同作業も集団栽培存立の要件とされてはいたが，何よりも機械化を軸とする生産力の飛躍的な上昇が課題とされていたのである。

佐賀県では1965年から県単の高度集団栽培事業を開始し，66年には麦生産対策事業および農業構造改善事業，68年には稲作総合改善パイロット事業を開始し，第3階梯をめざす「高度近代化集団」の育成に努めた。この集団の特徴は，トラクターやコンバインの共同利用を行う点にある。そして，このような集団は71年で延べ117集団，所属のトラクター台数も287台を数えるに至った[6]。これらの集団数や共同利用トラクター台数は決して少ない数値ではない。つまり，60年代の集団栽培の段階において，栽培協定と共同作業だけではなく，一部には機械共同利用を加味し，形の上では「米つくり運動」の第3階梯への歩みを開始した集団がかなりあったのである。

しかし，これらの集団に導入された機械の利用には問題があった。すなわち，機械利用の前提をなす土地基盤整備がまだほんの一部でしか着手されていなかったこと，また，機械化一貫作業がまだ未確立の段階にあったことから，これらのトラクター，コンバイン共同利用における実質的な組織の形成は小城郡三日月町（2005年小城市に合併）のように1960年代後半から県下ではいち早く圃場整備事業に取り組んだ地域に限られていたことである。表2-5が示すのは，機械化の遅れによる共同作業のアンバランスであった。ところで，機械利用の前提をなす土地基盤の整備が遅れていたという直接的条件のみでなく，第3階梯への移行は第2階梯までとは全く異質といってもよい条件を前提としていた。それは零細農家の離農である。しかし，この条件は具体化されることはなく，現実に現れたのは兼業化という形態での農家労働力の流出であり，それはそれまでの集団栽培の解体すら引き起こす性質の問題を投げかけたのであった。そこで，以下で，このような問題について見てみる。

3．稲作集団栽培の問題点 ──労働様式の視点から──

稲作集団栽培に支えられた「新佐賀段階」の形成は意外に短く，米単収を指標とするならば1965年と66年の2年間のみで終了し，その後は単収全国一の地位を山形県に譲った。それだけでなく，その後，単収水準は停滞ないし低下傾向を示し，現在においても「新佐賀段階」当時の水準を超えるに至っていない（図2-9を参照）。このような「新佐賀段階」形成期の稲作

生産力構造の問題点については，つとに宮島昭二郎によって「小農的集約技術」[7]として総括されているように，品種と肥料を中心とする多労多肥の極端に集約化された栽培技術の持つ限界性として指摘されている。すなわち，小農的集約技術の「極限状況」[8]と言われるように，米単収増を目的にした家族労働力のいわば惜しみない追加的投下であった。そして，このような生産力構造の下では，「この極限状況をさらに上へ押しあげることは意外に困難」[9]であるのみならず，むしろ「意外に早くその限界はくるのではないか」[10]と指摘されたとおり，早くも67年以降，米単収が停滞傾向（図2-9を参照）を示すようになったのである。

　また，この時期の水田作生産力構造の問題点としては，かつての伝統的な稲麦二毛作方式の後退による稲単作化傾向，つまり水田土地利用の粗放化現象がある。この点は「米つくり運動」の中で提唱された第3階梯の規定にもかかわる重要な点であるため，若干敷衍したい。すなわち，1960年代における裏作麦の減少は全国的・一般的傾向であり，その最大要因が「麦の外国依存」を進めるわが国の食糧政策に規定された麦作の収益性低下にあったことは言うまでもない。そのような政策下で，むしろ佐賀県は麦作を後退させながらも一定面積を維持し続けた地域だったと言ってよい。しかし，問題は，「米つくり運動」下の集団栽培において，水田利用が米作集約化に偏し，麦作を軽視してきた点にある。当時は米単収増が最大の課題とされたため，普及所などの技術指導では，「麦を作れば米単収が落ちる」ので「水田地力の利用は米に集中する」方法がよいとされたと伝えられている[11]。このような水稲作の独り歩きはまさに「稲作の独往性」[12]にほかならず，集団栽培によってこの独往性はさらに増幅され，そうでなくても後退しつつあった麦作の後退に拍車がかけられ，稲単作化傾向が支配的になっていったのである。この点は，稲麦二毛作を前進させながら米単収を向上させた戦前の「佐賀段階」との大きな違いであるし，複合経営を標榜する第3階梯との矛盾でもあった。「稲作の独往性」に立脚した「米つくり運動」が推進されるかぎり，第3階梯で言うところの経営の複合化は単なる空文句に終始していたと言わねばならない。

　以上，指摘してきた稲作集団栽培にかかわる生産力の問題点は，労働対象の側面に関するものが中心であった。しかし，このような「労働対象技術」的な問題点に加えて，ここで指摘したいことは，稲作集団栽培における労働様式のあり方に関する問題である。すなわち，この点はすでに述べたこと（第1章第2節2，同第3節2）と関連するが，稲作集団栽培における共同労働のあり方は構成員全戸からの平等出役を原則としており，しかもそれはいわばムラ仕事的性格が強いものであったという点である。したがって，出役に対しての賃金支払いはないか，あっても低水準のものにすぎなかった。もっとも，平等出役を原則とすると言っても，実際には，この共同労働の主要な部分は水稲作面積が多い専業的な上層農家によって担われていた。また，集団栽培をリードする役員も多くはこれら上層農家から出ていた。その意味では，共同労働には潜在的には質的相違が存在していたのである。

　それにもかかわらず，無償ないし低賃金の全戸平等出役を原則とする共同労働のあり方が踏襲された条件としては，農民層の分化が未展開にとどまっていたことが挙げられる。水管理や

共同育苗・共同防除が重要な役割を果たしていた段階では上層農家の労働力と下層農家の労働力の異質性はそれほど顕在化することはなかったのである。また，高度経済成長によって促進されつつある家計費の漸増傾向に対し，米単収増こそが農家経済を向上させる最も確実な方法であったという1967年ころまでの農業内外の経済状況の下では，稲作経営を営む農家ならば上層も下層もこぞって農家労働力の主要部分を稲作に集中的に投下できたわけである。

しかし，1967〜70年には，米の供給過剰問題にかかわって，それまでの経済的諸条件が大きく変化し，農民諸階層もそれらの変化に対応せざるをえなくなり，その過程で上述の労働様式のあり方にも内部矛盾が形成されてくる。そして，その矛盾が稲作集団栽培の崩壊条件となっていくのだが，その点については次節で考察したい。

第3節　稲作集団栽培の衰退と機械・施設共同利用組織の形成（1970年代）

1．稲作集団栽培の衰退メカニズム

既述のように，稲作集団栽培は1965，66年のピーク時には「新佐賀段階」を形成したが，67年以降は急速に衰退過程をたどり，それに伴い米単収もその後現在に至るまで停滞ないし低下傾向を示している（図2-9を参照）。その要因は前節3で指摘した生産力構造上の諸問題が農業内外の諸条件の変化に対応して発現してきたことによるととらえることができる。そこで，以下この点を敷衍しておこう。

1967年までは米不足・米価上昇基調を背景に，農工間の賃金・所得格差の縮小傾向が見られる中で[13]，全国各地で米つくり運動が展開されていたが，67，68年に米生産量が一躍1,400万トンに達するや，情勢は一転してにわかに米過剰問題が発生し，69年には自主流通米制度が発足し，69，70年産米の価格は連続して据え置かれ，ついに70年から有史以来の米の生産削減政策が開始されるに至った。それらを転機に，その後も生産者米価は基本的に据え置き基調で推移し，また米生産削減政策はますます強化されることになった。こうして，70年以降はまさに「米作破壊と解体」[14]と言われる一大転機に突入したのである。

このような1970年代の幕開けは佐賀平坦水田農業に一大ショックを与えた。米主産県，と言うより米以外に見るべき商品作目を持たなかった佐賀県にとって，なかでも佐賀平坦水田地域にとって，しかも，それまで他県には見られないほどの全県的な米つくり運動を推進してきた佐賀県にとって，70年からの米作削減政策は寝耳に水であり，まさに「減反ショック」[15]と言うべき性格のものだった。

佐賀県のそれまでの「米つくり運動」における集団栽培実施の最大目標は米単収増による農業所得増に置かれていたため，米生産調整は当然減産分の米作所得を減らすことから，集団栽培の実施を阻害する条件になる。まさに，米生産調整は集団栽培の展開にくさびを打ち込むものであった。このことは，表2-6からも明瞭である。集団栽培の解散数が1970年に飛び抜け

表2-6 集団栽培組織の解散状況（佐賀県）

		組織数	構成比
解散した組織体総数		929	100.0%
解散年次	1968年	47	5.1
	69	206	28.6
	70	599	64.5
	71	17	1.8
解散理由	生産調整のため	492	53.0
	栽培技術平準化	286	30.8
	発展的編成替え	32	3.4
	リーダーがいない	21	2.3
	その他	98	10.5
解散後の農家の状況	個別化に移行	650	70.0
	兼業に志向	268	28.7
	委託している	1	0.1
	他作物に転換	6	0.5
	その他	7	0.7

資料：農林水産省『農業生産組織調査報告書』1972年。

て多く，その理由の最大のものは「生産調整のため」とされている。加えて，生産者米価の据え置きは価格面からも米作所得増をストップさせ，集団栽培の推進にブレーキをかけた。さらに，過剰米の発生は，69年からの自主流通米制度の発足に象徴されるように，国民1人当たり米消費量の減少傾向の中で全国的に良質米生産の形での米の産地間競争を顕在化させたが，佐賀県の米作はこの点でも不利であった。すなわち，60年代に作付シェアを高めた短稈穂数型品種は単収は高いが食味が劣るため，米過剰条件の下では市場流通上の問題から，「米つくり運動」においても指定品種の転換を余儀なくされた。それまでのホウヨク，コクマサリ，シラヌイの増収性3品種は県の奨励品種からはずされ，それらに代わって70年以降は食味を重視した優良品種としてレイホウ，日本晴，トヨタマの3新品種が指定品種とされるに至った。しかし，レイホウ，日本晴等の新品種は60年代のホウヨク，コクマサリ等の品種に比べて収量性の点で劣るため，こうした品種転換は70年代以降の佐賀県の米単収の停滞要因の1つとなるとともに，そのことによって米作経済の悪化を促進する要因ともなった。

　こうして，1970年前後における米の生産・流通をめぐる諸条件の急変は，それまでの佐賀県挙げての「米つくり運動」を蹉跌させ，集団栽培の展開を阻むものとなったが，さらにその崩壊を決定づけたものは兼業深化に伴う農業労働力の流出であった。兼業形態による農業労働力の他産業への流出は，集団栽培における共同労働という労働様式の存続を困難とさせたのであった。すなわち，米過剰に伴う米価据え置き政策の下で，それまで縮小傾向にあった農工間の賃金・所得格差は68年以降，再び拡大傾向に転じたのである[16]。米作の拡充による農業所得追求の展望が後退する中で，米作への追加的労働は手びかえられたが，とくに米以外に見るべ

資料：農林（水産）省『農（林業）家就業動向調査』。
註：流出率＝$\dfrac{\text{流出者数}}{\text{主として農業に従事していた者}} \times 100$

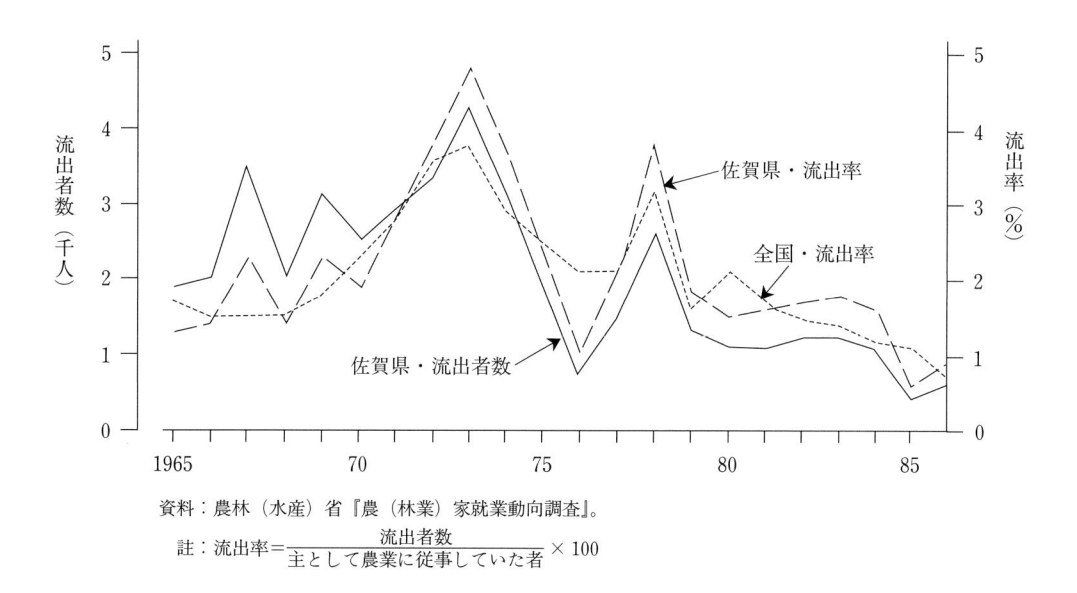

図2-4 「主として農業に従事していた者」の流出（佐賀県）

き商品作目のない佐賀県では勢い農外就業機会が求められることになった。当時は「日本列島改造政策」を背景とした公共投資に誘導された土建業等の興隆に伴う農外労働市場の拡大が見られたが，佐賀県では70年の九州縦貫高速自動車道路とインターチェンジの開通を契機とした県東部への工業立地と流通関連業種の進出となって現れ[17]，これらが農家労働力を吸収することになった。70年代前半における佐賀平坦水田地域における農業からの労働力流出は相当なもので，まさに堰を切ったようであった。しかも，60年代に比べて，すでに農業に従事していた中堅の農業就業者の流出が増加している点に70年代の特徴がある。その結果，農家1戸当たりの農業就業者数は，60年から65年の間は2.0人から2.1人に微増し，集団栽培時期における稲作への追加的労働力の増加を反映していたのに対し，70年の2.1人から75年の1.7人に，そして80年の1.6人へと減少し，とりわけ70年代前半期の減少がきわだっている点が注目される（図2-4）。

また，この時期は高度経済成長による国民所得の向上に伴い家計費の上昇が著しかった時期でもあり（図2-3を参照），このことが兼業化をさらに促進させる要因ともなった。

さて，こうした兼業化過程で，家計費上昇に対して集団栽培での低賃金の共同作業から手を抜きつつ相対的に高賃金の兼業就業を増加させることによって農家所得の向上を図る兼業農家層と，集団栽培の中核的存在として低賃金の共同作業の大半を負担する専業農家層との間の矛盾が表面化してくることになった。これら専業農家層の共同作業賃金はムラ仕事的観点から低レベル，ときには無償ですらあったのである。兼業労働市場の拡大は，それに携わり相対的に高賃金を享受する兼業農家と，集団栽培の中核的な担い手となりムラ仕事的条件でそれへの専

従を余儀なくされる専業農家層との間に矛盾を生じさせるに至った。一般化して言えば，新たな労働様式が古いムラ作業的な原則の下で運営されてきたことによる矛盾の顕在化であった。結果は集団栽培の中核的な担い手を構成していた専業的農家の集団からの撤退となって現れた。

こうして，集団栽培は1970年代に入ると急速に瓦解していった。他方，70年代には中型機械化体系の確立による稲作の機械化が急速に進められるが（図2-6を参照），それは農業の集約化よりもむしろ兼業化をさらに推進する要因ともなっていった。その結果，専業農家率は65→70→75→80年に，23.1→15.8→11.3→11.7％と減少し，逆にII兼農家率は37.2→42.4→53.4→59.0％と増加し過半数に達したのである。このような兼業化は農家経済の構成に象徴的に反映され，先の図2-3に見たように，60年代には農家経済において稲作を基幹とする農業所得が農外所得を上回っていたが，70年代に入るとその関係は逆転し，農家経済の平均像においても農外所得が農業所得を上回り，さらにその格差は広がる方向を見せるようになったのである。

2．機械・施設共同利用組織の形成条件

以上のように，1960年代半ばに興隆を見せた稲作集団栽培は70年代初頭に衰退したが，70年代には機械・施設の共同利用を中心に，それまでとは違った営農集団形成の動きが見られる。そこでまず，その形成条件から見ていく。

(1) 土地基盤の整備

1960年代の土地改良事業の性格の特徴は，嘉瀬川水利事業や白石平野での地下水利用といった用水改良を中心とする豊度増進的土地改良であり[18]，当時の米単収増を目的とした集団栽培の展開と合致するものであった。しかし，米増産という目標を引き降ろさざるをえなくなった70年代においては，土地改良も60年代とは内容と性格を大きく変えてきた。それは，佐賀平坦においても専ら機械化の前提としての生産基盤整備投資という性格を強めたのである。具体的には，耕地区画の整備・拡張，圃場の高低差の解消，農道の整備・拡幅，用排水路の分離等を主な内容とするものである。佐賀県下では，60年代後半からこのような内容と性格を持つ土地基盤整備事業が実施されていたが，70年代に本格化するに至った。具体的事業としては，圃場整備事業，土地改良総合整備事業，農業構造改善事業などである。なかでも事業規模の最大のものは66年開始の県営圃場整備事業であった。

図2-5によれば，水田総面積に対する圃場整備面積の割合は1970年にはまだ5％程度でしかなかったが，75年には14％，80年には27％になり，84年には37％に達している。この数値は九州内では熊本県に次いで高いが，全国的には平均的レベルにある。すなわち，83年における20a区画以上の水田面積割合を見ると，全国平均37％に対し，九州平均は29％と低く，その中では熊本県46％，佐賀県40％，大分県26％の順となっている（九州農政局

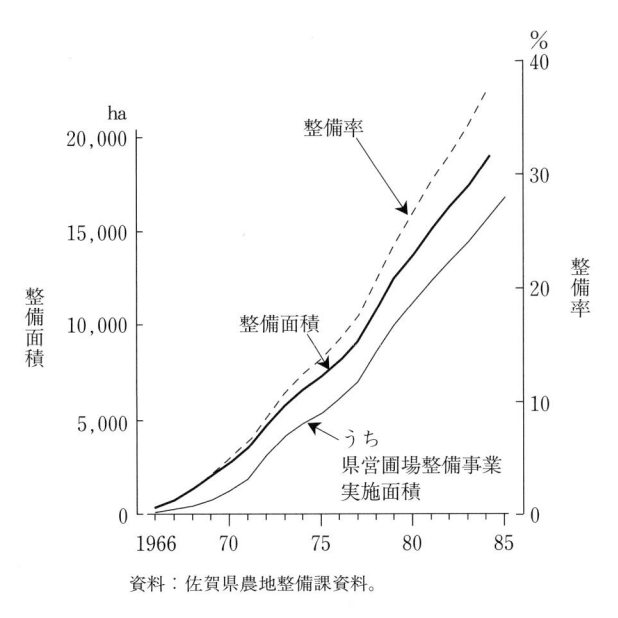

第2章　佐賀平坦水田地域における営農集団の展開　　　　53

図2-5　水田基盤整備の推移（佐賀県）

資料：佐賀県農地整備課資料。

表2-7　田の整備状況（1983年3月31日現在）　　　　（単位：ha，％）

	田の総面積	20 a 区画以上の田の面積	割合	用排水分離された田の面積	割合	地下水位70cm以深の田の面積	割合
佐賀平坦	31,150	14,411	46.3	13,799	44.3	19,245	61.8
多良岳	3,817	1,472	38.6	1,491	39.1	3,085	80.8
佐賀西部山麓	11,453	3,503	30.6	4,413	38.5	7,589	66.3
佐賀北部山間	1,513	167	11.0	71	4.7	1,045	69.1
上場	1,859	128	6.9	321	17.3	1,827	98.3
佐賀県平均	49,791	19,680	39.5	20,095	40.4	32,791	65.9
九州平均	380,657	109,938	28.9	128,134	33.7	265,424	69.7

資料：農林水産省九州農政局『土地利用基盤整備基本調査』1985年3月。

『土地利用基盤整備基本調査』1985年3月より）。基盤整備面積の割合が平坦地域と中山間，山間地域とで相違することについては言うまでもない。20 a 区画以上の水田面積割合は佐賀平坦では46％に達し，山間地域を含みながらも佐賀平坦部の延長線上に立地する多良岳では39％になるが，中山間地域を広くかかえる西部山麓では31％に低下し，山間に位置する北部山間と玄界灘半島部に立地する上場ではそれぞれ11％，7％と極めて低い状況にある（表2-7）。このような整備状況の地域差が機械化・施設化やその共同利用組織形成の格差，さらには水田生産力の格差となって現れていくのである。

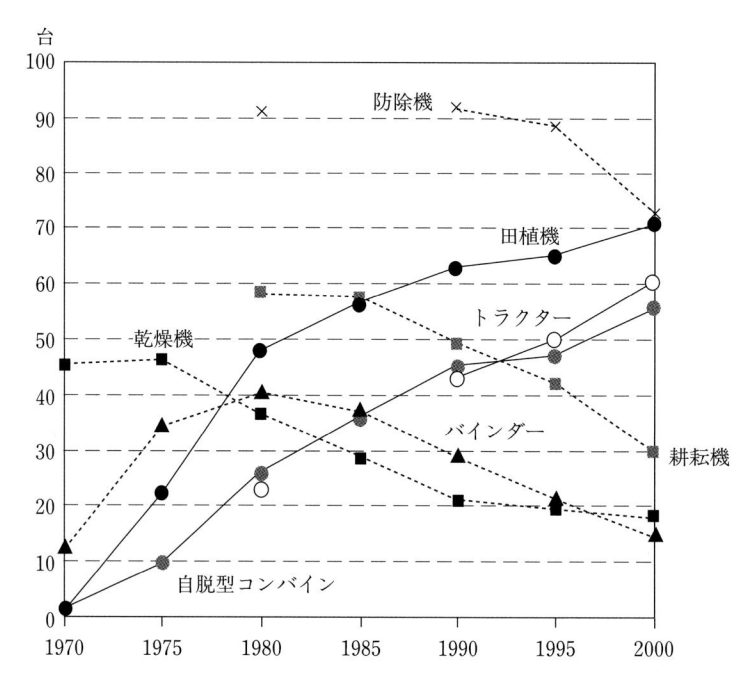

資料：農業センサス。
註1：個人有＋数戸共有。1995年までは総農家，2000年のみ販売農家。
註2：トラクターは1980年は15馬力以上，それ以外は15～30馬力。

図 2-6　農家100戸当たり農業機械台数の推移（佐賀県）

(2) 機械化・施設化の推進

1970年前後から普及をみた田植機，自脱型コンバインによって田植えと稲刈りの機械化が実現され，耕耘過程におけるトラクターの普及と相まって，若干の管理諸作業には手作業を残しながらも，基本的に稲作における機械化一貫作業体系が形成された。

図2-6は，機械化の展開を示したものだが，1970年代以降，トラクター，田植機，自脱型コンバインを中心とした中型機械化一貫体系の普及状況がうかがえる。また，その中で，トラクターの普及の影響で耕耘機台数が減少傾向に入り，90年代には耕耘機のトラクターへの転換が進んだことも見てとれる。さらに，すでに60年代に普及が進んだ防除機と乾燥機は台数を減らし，次第にヘリコプター（第4章第4節を参照）と共同乾燥調製施設（第3章第2節を参照）への依存が高まっていったことがうかがわれる。

また，機械化一貫体系の確立・普及と同時に進められたのがライスセンター，カントリーエレベーターなどの共同乾燥調製施設の設置である。表2-8からもうかがえるように，70年代以降，これら共同乾燥調製施設の設置状況はめざましい。なお，ライスセンターは1970年代を中心に90年代半ばまで設置されていったが，それ以降はカントリーエレベーターの設置に限られ，共同乾燥調製施設も90年代半ばを境にライスセンターからカントリーエレベーター

表 2-8　共同乾燥調製施設の設置状況（佐賀県）　　　　　　　　　　　　　　　　　　　　　　　　　（単位：基）

年次	ライスセンター			カントリーエレベーター			年次	ライスセンター			カントリーエレベーター		
	設置施設数	処分施設数	稼働施設数	設置施設数	処分施設数	稼働施設数		設置施設数	処分施設数	稼働施設数	設置施設数	処分施設数	稼働施設数
1970	3	1	2	1		1	1988			102	2		16
1971	10	5	7	1		2	1989	3		105	2		18
1972	10	4	13				1990	1		106			18
1973	21	8	26	3		5	1991			106			18
1974	9	4	31	1		6	1992	1		107			18
1975	10	4	37	1	1	6	1993	1		108	2		20
1976	12	6	43	1		7	1994	1		109	1		21
1977	10	3	50			7	1995			109			21
1978	8	3	55			7	1996			109	2		23
1979	7	2	60			7	1997			109			23
1980	9	1	68			7	1998			109	3		26
1981	5		73	1		8	1999			109	1		27
1982	6	2	77	1		9	2000			109			27
1983	6	1	82	1		10	2001			109	1		28
1984	3		85			10	2002			109			28
1985	7		92	1		11	2003			109			28
1986	3		95			11	2004			109			28
1987	7		102	3		14	2005			109			28

資料：『米麦大豆関係資料　平成16年度』佐賀県生産振興部農産課，45～48頁および聞き取り。

にシフトしつつ，大型化・高度化が推進されている様子が分かる。

　また，のちの図2-7にも見られるように，このような共同利用施設の濃密な設置が佐賀県水田農業の1つの特徴となっている。ちなみに，佐賀県はライスセンター設置数では75年で都府県で新潟県の84，富山県の73に次いで3番目に多く，80年では新潟県の119に次いで2番目に多い県となっていた。また，カントリーエレベーター設置数では同じく75年では7番目，80年では8番目に位置していた（農業センサスより）。そして2002年でも，佐賀県はライスセンター数では福島県，千葉県，富山県，山形県，新潟県，秋田県，宮城県，茨城県，岩手県，石川県，長野県に次いで12番目に多く，またカントリーエレベーター数は新潟県，山形県，滋賀県，秋田県，富山県に次いで多く，岩手県，岐阜県，愛知県と同数であり，6～9番目に多い県となっており（以上は表2-8の資料に同じ），ライスセンター数の順位は低下したが，カントリーエレベーター数では今日でも上位を保持しており，この点からも表2-8で見た共同乾燥調製施設がライスセンターからカントリーエレベーターにシフトしてきているという動向を確認することができる。また，先の図2-6で見た乾燥機台数の75年以降の減少は，実はこのようなライスセンター等共同乾燥調製施設の設置によって従来の個別経営の乾燥調製過程が共同利用に置き換えられていった結果である。このようなあり方は，70年代以降の米の生産・流通をめぐる諸条件の変化の下における集団栽培形態での「米つくり運動」の終焉に

対応する米主産県としての佐賀県の米つくり体制の再編を示すものにほかならないが，これはまた，のちに見る70年代半ばからの麦作回復・拡大の技術的条件の1つともなっている。

また，こうしためざましい機械化・施設化が先の水田基盤整備を条件として促進されてきたことは言うまでもない。さらに，この機械化・施設化と，のちに見るその共同利用組織の形成が県農政と農協系統組織の強力なバックアップの下でなされてきたことにも注意しておきたい[19]。

3．機械・施設共同利用組織の形成と実態

トラクター，田植機，自脱型コンバインを基軸とする中型機械化体系の確立は，技術的ないし経営的側面から適正稼働規模の拡大を要請する。しかし，この間，個別農家の経営規模にはほとんど変動が見られなかった。なかでも，佐賀県では経営耕地面積で見た階層分解は遅々としており，上層農の形成力は極めて弱い。2ha以上の農家数割合は1975年10.9％，80年12.6％，85年14.1％（都府県は同6.5％，7.3％，8.1％）と都府県平均より高いが，5ha以上層になると九州内でも低い方で，80年で0.1％，85年で0.2％しかなく，都府県平均の0.3％，0.4％の半分水準である。こうして，機械化体系の確立と個別経営の零細構造との間のギャップはますます拡大する。中型機械化体系1セットの要する適正稼働規模は7ha前後であると言われている[20]から，それに対して平均1ha規模の経営は言うまでもなく，3ha程度の中規模経営であっても機械・施設の過剰投資を免れない。もし，階層分解によって7ha程度の規模まで個別的な拡大が可能ならば，このような機械の過剰投資は個別経営内において農業内的に回避できるが，それが一般的に困難な状況下では，兼業化によって過剰投資を農外所得でカヴァーするか，機械・施設の共同利用等によって稼働規模を実質的に拡大する方向で農業内的に対応するか，どちらかの道をたどるしかない。そして，現実には，全国的にも佐賀県においても兼業化の下で前者のコースが大半を占めたことは周知のとおりである。しかし，本格的な機械化の展開を画した70年代には，前者のコースともダブリながら，数的には少ないながらも，後者のコースが着実に形成されてきた点を重視したい。とくに佐賀県においては，兼業化の中でも相当数の機械・施設の共同利用組織の形成が見られた点に注目したい。

表2-9は農業生産組織数の推移である。全国，九州，佐賀県において，1960年代から70年代にかけての集団栽培組織数の減少と共同利用組織数の増加傾向，とりわけ水稲部門において60年代の生産組織の主要な形態が集団栽培であったのに対して，70年代にはそれが共同利用組織に変化してきていることを確認することができる。九州や佐賀県では，60年代に集団栽培が盛んであったため，70年代にかけてのその減少の程度が著しい。ここに，60年代は集団栽培に見られる「労働力結合型」，70年代は機械共同利用に見られる「機械結合型」という磯辺俊彦の指摘する営農集団の展開過程の特徴を形態的には確認することができる。

また，表2-10は共有機械の台数とその割合の動向であるが，都府県，北九州，佐賀県において，中型機械化体系の基軸をなすトラクター，田植機，自脱型コンバインの共有台数の増加

第2章 佐賀平坦水田地域における営農集団の展開

表2-9 農業生産組織数の推移

年次		全国						九州						佐賀県					
		1968	1972	1976	1980	1985	1990	1968	1972	1976	1980	1985	1990	1968	1972	1976	1980	1985	1990
組織総数		20,626	28,064	38,150	45,613	55,169	46,877	3,857	3,939	4,745	5,959	8,072	6,584	1,210	587	683	860	1,020	1,288
共同利用組織数	計	13,410	13,025	20,148	31,641	27,719	39,247	1,416	1,735	2,165	3,826	2,395	4,661	185	270	396	716	425	1,201
	水稲	6,369	5,093	8,970	14,929			311	303	465	1,394			17	53	174	326		
	麦			150	1,619					10	301					-	136		
	果樹	3,377	4,482	4,848	4,268			886	1,134	973	672			160	194	176	125		
	野菜(露地)	315	378	702	2,103			13	44	77	316			2	-	2	13		
	施設園芸	201	531	564	1,214			50	136	142	348			1	13	10	32		
	養蚕	3,148	2,541	2,269	2,581			156	118	160	107			5	10	5	4		
	その他			2,645	4,927					338	688					29	80		
集団栽培組織数	計	6,323	6,275	5,519	3,037	15,453	14,844	2,441	755	852	619	5,039	3,950	1,025	191	163	22	547	549
	水稲	6,323	5,354	3,371				2,441	521	299				1,025	133	90			
	麦			212						40						4			
	果樹			255						80						3			
	野菜(露地)		921	916					234	189					58	43			
	施設園芸			548						203						18			
	養蚕			15						3						-			
	その他			202						38						30			
受託組織数		893	2,788	4,569	4,058	9,682	8,642	-	165	379	470	892	980	-	31	36	36	120	289
畜産生産組織数			2,614	4,108	3,139	5,839			634	740	558	1,104			36	25	26	100	
協業経営組織数			4,511	3,806	3,738	3,655			698	609	486	404		(81)	86	63	60	48	

資料：1968, 72, 76, 85年は農林(水産)省「農業生産組織調査報告書」、80, 90年は農業センサス「農業集落調査」、農業経営は農業センサス「農家以外の農業事業体調査」。
註1：1985年の数値は他の数値と比較可能なものに計算し直してある。( )は1970年、空欄は項目なし。
註2：重複組織があるため組織総数は合計と一致しない。
註3：1976年の佐賀県の集団栽培組織のうち麦、果樹、施設園芸、養蚕は単一作物の組織(重複組織)と比べて少なめに出ていると推測される。
註4：施設園芸は野菜と読みかえた。
註5：1990年センサスの「栽培協定」を「集団栽培」と読み替えた。

表 2-10 共有（数戸共有＋集落等有）機械台数とその割合の推移　　　　（上段：台数，下段：割合）

| | 年次 | 動力耕耘機・農用トラクター | | | | | 動力防除機 | 動力田植機 | 刈取機・バインダー | 自脱型コンバイン | 米麦用乾燥機 |
		計	15 ps 未満	15～20 ps	20～30 ps	30 ps 以上					
都府県	1960	68,862 13.7					172,350 44.0				
	1970	123,449 3.7	106,191 3.2	5,706 17.9	5,094 32.5	6,458 65.4	221,436 10.1	4,651 14.1	36,542 14.7	8,292 18.4	31,455 2.6
	1980	174,929 4.3	118,688 3.2		38,407 13.5	17,834 30.6	87,222 4.1	195,515 11.3	94,321 5.9	88,045 10.1	38,923 2.6
	1990	142,205 3.4	50,914 1.8	65,409 5.2		25,882 17.2	45,884 2.5	130,075 6.6	36,996 2.9	80,096 6.7	34,489 2.8
北九州	1960	4,527 11.2					15,631 46.3				
	1970	9,673 2.7	8,320 2.4	438 10.7	494 25.7	421 55.2	23,990 7.6	227 8.5	2,332 7.5	1,613 18.7	3,456 1.7
	1980	17,460 3.8	10,704 2.6		5,065 12.7	1,691 29.5	7,543 2.4	20,265 9.8	6,962 4.5	12,619 10.5	3,758 1.7
	1990	12,689 2.9	4,265 1.6	6,565 4.3		1,859 14.0	3,591 1.4	13,502 6.1	2,561 2.2	9,159 6.1	2,557 1.7
佐賀県	1960	1,294 13.6					2,423 42.3				
	1970	1,545 3.0	1,271 2.5	73 20.4	160 60.4	41 54.7	4,557 8.1	5 4.0	694 7.6	129 20.5	591 1.8
	1980	3,168 5.3	1,546 3.0		1,241 18.5	381 59.8	1,175 2.1	3,400 11.2	1,326 5.2	2,068 12.3	335 1.5
	1990	2,081 3.7	458 1.4	1,209 5.5		414 26.2	383 0.8	1,880 5.9	311 2.1	1,554 6.7	131 1.2

資料：農業センサス．
註：割合は総台数を100として算出．空欄は不明．

傾向が1970年代に認められる。また，20 ps以上トラクターでは90年においても10％を超える共有割合を持ち，さらに高馬力になるとその割合はかなり高くなり，佐賀県ではそのような傾向が強い。また，田植機，コンバインも無視し得ない共有割合を保持している。なお，米麦用乾燥機の共有割合は低いが，これはライスセンター等共同乾燥調製施設の利用組織に未加盟の農家，ないし加盟していても別途個別処理のために所有している農家の乾燥機の存在を反映して低くなっているものと考えられる。ともあれ，70年代における共有機械台数の増加傾向がこの期の機械共同利用組織の形成の反映であることを確認しておきたい。

図2-7は1976年における水稲作部門の機械共同利用組織の県内分布を示したものだが，先に表2-7で見たように，土地基盤整備割合の高い佐賀平坦地域に数多く分布していることが

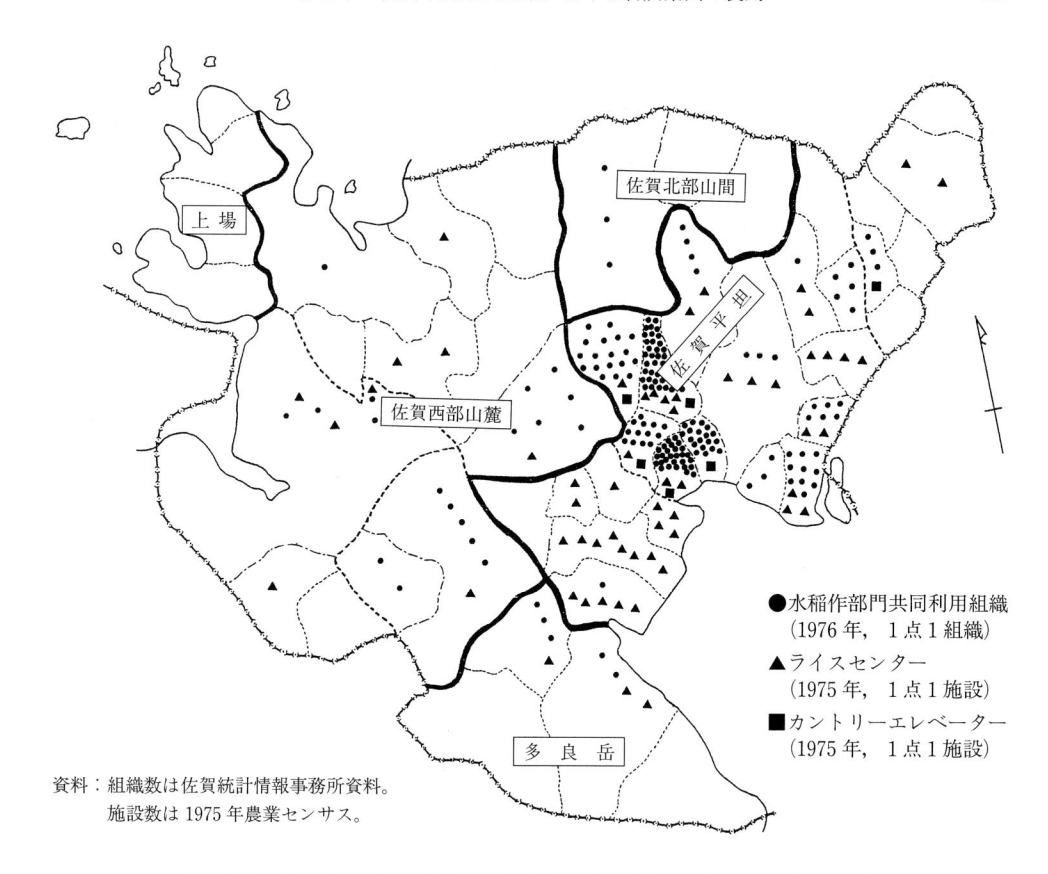

図2-7 水稲作部門共同利用組織と共同乾燥調製施設の県内分布（佐賀県）

資料：組織数は佐賀統計情報事務所資料。
施設数は1975年農業センサス。

●水稲作部門共同利用組織
（1976年，1点1組織）
▲ライスセンター
（1975年，1点1施設）
■カントリーエレベーター
（1975年，1点1施設）

明瞭で，機械共同利用組織が土地基盤整備の進展を条件として形成されていることが読み取れよう。また，これら機械共同利用組織の形成と重なってライスセンターやカントリーエレベーターが設置されている点にも注意しておきたい。

この点は図2-8からも読み取れる。この図は1985年のものであるが，機械化・施設化とそれに伴う共同利用組織の形成においては80年代も70年代と同様のあり方をとっているため，この図に見られる傾向は70年代においても共通しているものと考えられる。図から，ライスセンター，カントリーエレベーターの利用農家数割合と水稲生産組織（稲作営農集団）参加農家数割合に極めて強い相関が認められる。このことは，水稲作農家が集落等の水稲生産組織に参加するのみならず，同時にライスセンター等の広域的な利用組織にも加入していることを示している。事実，多くの実態調査報告[21]から，佐賀県下にはライスセンター等共同乾燥調製施設の利用組織の傘下に多くのトラクター・コンバイン等共同利用組織が存在していることを確認することができる。

なお，水稲生産組織参加農家数割合が100％を超えている市町村も多く，傾向線の勾配が1.27と1.0よりも大きくなっているのは，複数の水稲生産組織に参加している農家が少なく

(佐賀県・市町村別，1985年)

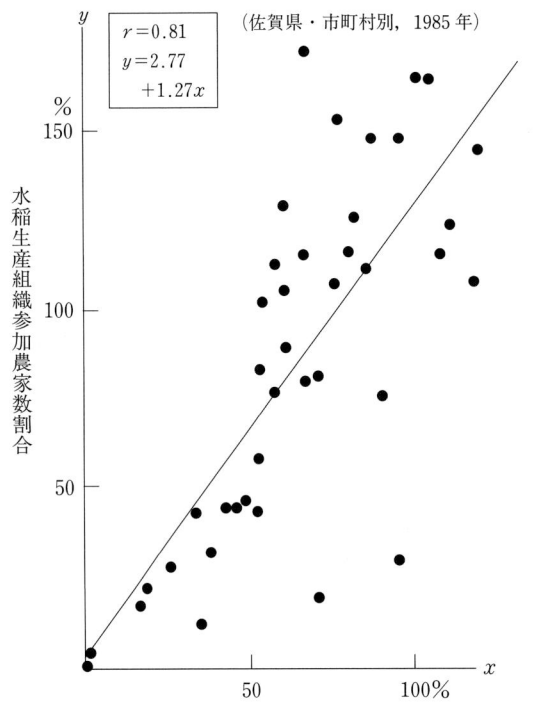

$r=0.81$
$y=2.77+1.27x$

横軸：ライスセンター・カントリーエレベーター利用農家数割合
縦軸：水稲生産組織参加農家数割合

資料：佐賀統計情報事務所資料による。

図2-8 ライスセンター・カントリーエレベーター利用農家数割合（x）と水稲生産組織参加農家数割合（y）の相関

ないことを現しているものと考えられる。

以上，本項で見てきた1970年代における機械・施設共同利用組織の形成とその実態は80年代以降においても基本的に同様のあり方を示している。そこで現段階におけるその実態については第3章以降の3つの章において事例分析を通じて考察する。

4．生産力展開上の問題点

本項では機械・施設の共同利用組織の性格と関連して1970年代の機械化段階における水田作経営の生産力構造の特徴について考察する。それは，この点が第3章で取り上げる平坦水田地域における機械・施設共同利用組織を基軸とする現段階の営農集団がかかえている問題点ともなってくるからである。

1970年代の水田作経営の生産力展開を見る場合，まずその前提としての技術展開が注目される。それは，先述のように，土地基盤整備と一体化した中型機械化技術体系の確立・普及であり，日本の水田作経営の技術展開上の一大画期をなすと言える性格のものである。佐賀県では，そのうえに，ライスセンター，カントリーエレベーターといった大型共同乾燥調製施設が濃密に設置され，技術的側面での「近代化」，「装置化」の1つの典型事例を示すまでに至った。

しかし，このような機械化・施設化の飛躍的展開のうえで形成された1970年代の佐賀県の水稲生産力展開の特徴と問題点は，10a当たり収量の停滞・減少と「省力」化の進行であった。図2-9のように，65，66年の「新佐賀段階」形成後，全国平均や山形県等の東北の米主産県での米単収の漸増傾向に対して，佐賀県のそれは漸減ないし停滞傾向を示す。そして，その過程で山形県に追い越され，全国平均水準に近づいていっていると言ってもよい。また，図2-10のように，「新佐賀段階」形成期には，増収偏進的性格を強く持ちながらも，基本的には土地生産性，労働生産性の併進構造を示していたが，70年代以降はそれが大きく転換し，単収の停滞・漸減傾向の中で，もっぱら労働生産性のみを上昇させる構造になっている。このような生産力構造は，磯辺俊彦の言う「省力偏進・単収停滞段階」[22]を典型的に示すものだし，

第2章　佐賀平坦水田地域における営農集団の展開

資料：農林水産省『作物統計』。

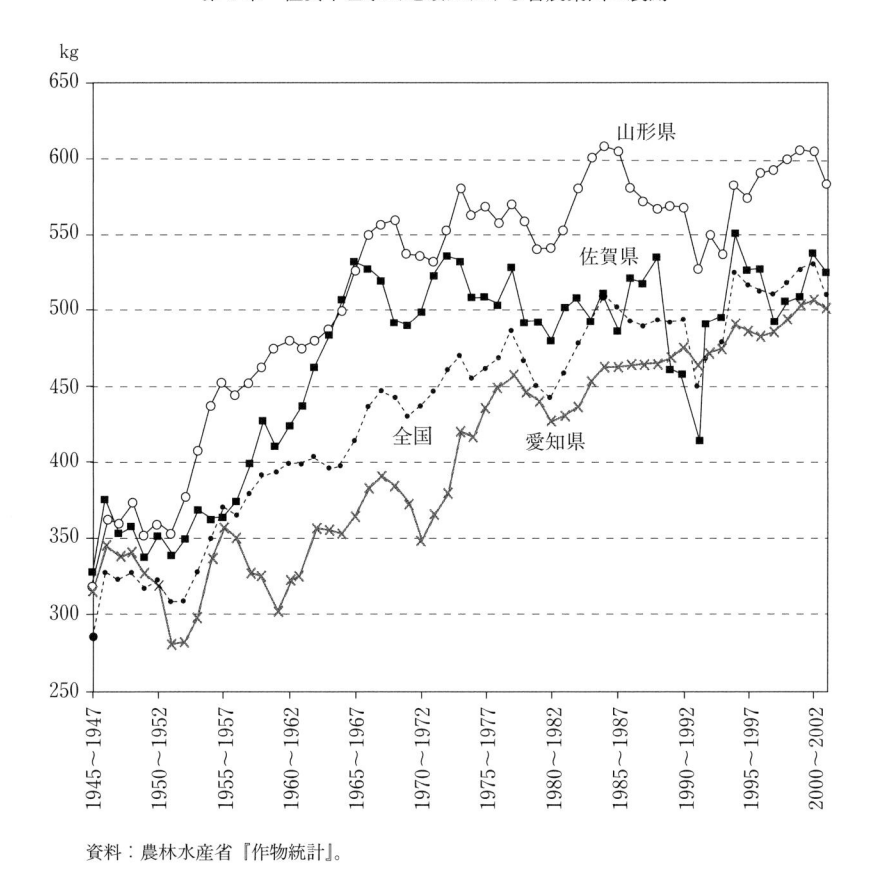

図2-9　水稲10a当たり収量の推移（3ヵ年移動平均）

また花田仁伍が「手抜きの論理」[23]と指摘するとおりの内容を持つものである。

　また，この稲作の「省力偏進・単収停滞」や「手抜きの論理」に伴って進行した現象は少数特定品種への集中化傾向である。この現象は図2-11に見られるとおりで，1970年代の品種構成の特徴は，レイホウ，日本晴，ツクシバレの3品種への集中化傾向である。71～78年にこれら3品種合計の作付面積シェアは90％を超え，なかでもレイホウのシェアはとりわけ高く，70年代の6年間はレイホウ単独で50％を超え，70年代はまさに「レイホウの時代」だと言ってよいほどであった。ところで，このような少数特定品種への集中化傾向は，既述のように60年代の「新佐賀段階」期にも見られたが，70年代のこの傾向は60年代を上回るものであることに注目しておきたい。そして，このような70年代の特定品種へのきわだった集中化傾向は機械化と兼業化が一体的に結びついて形成されたものだと理解される。すなわち，70年代には，機械化が合理的な労働節約を通じての農業経営の再編による経営複合化という農業展開の本来的なあり方に結びつくことなく，農業部門は稲作への専作化と，稲作の「手抜き」と「省力偏進・単収停滞」を強めることによって，農家労働力の大半を農外部門に流出させて

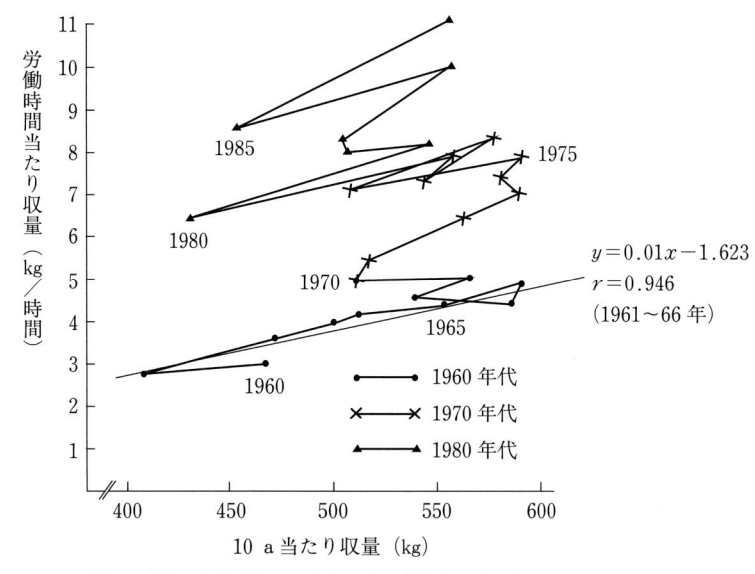

資料：農林水産省『米及び麦類の生産費』全調査農家。

図 2-10 水稲生産力の展開（佐賀県）

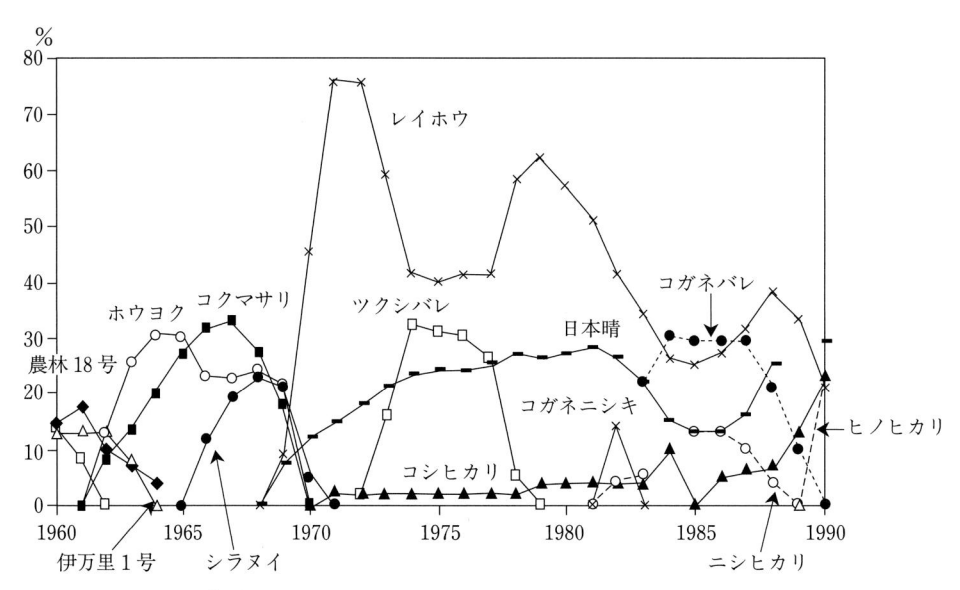

$y = 0.01x - 1.623$
$r = 0.946$
（1961～66 年）

資料：農林水産省『作物統計』。
註：モチ米は含まれていない。

図 2-11 ウルチ米主要品種の作付面積割合の推移（佐賀県）

いくというメカニズムが形成されたのである。こうして，このような兼業化に伴う「手抜き」＝「省力偏進」的な稲作の生産力構造が品種の集中化＝単純化傾向と結びつくことは容易に理解しうることである。この点に60年代と70年代の品種集中化傾向の形成メカニズムの違いを見ることができる。

次いで，1970年代の佐賀県の水田作の生産力展開の特徴として指摘したいのは，70年の稲作「減反ショック」後，久しく水稲以外の商品作目を定着させずに推移したことである。ただ，麦類は機械化体系の確立と圃場整備および排水対策事業の推進等の基盤整備，さらには75年以降の国の麦作振興政策によって回復過程をたどり，稲麦二毛作方式を機械化段階に即応させて再編しつつある点は注目してよい。しかし，70年代の兼業化の大流の下では，それ以外の作目は稲作生産調整政策が強化される80年代（水田利用再編対策第2期対策）まで基本的に定着することなく推移した。このことは，稲作転作条件が若干緩和された76，77年（水田総合利用対策）に佐賀平坦では再び水稲の作付面積が増加したことにも現れている[24]。このような佐賀平坦水田地域の生産力展開の基本的性格をいかに転換するかが今まさに水田作経営ないし水田作営農集団に問われている。

第4節　小　　括

わが国農業において営農集団の活動が本格的に展開されたのは1960年代に入ってからである。60年代の営農集団活動は稲作集団栽培と呼ばれ，その実体は稲作の栽培協定と共同労働であった。稲作集団栽培の形成の一般的要因は米不足・米価上昇基調の下で米作所得が相対的に高かったこと，兼業化がまだ初期的段階にあって農家労働力が豊富であったことなどによっていた。このような一般的条件の下で，稲作集団栽培は大なり小なり全国に普及していったが，佐賀県では稲作に依存する2～3haの中規模階層農家の割合が高いことや，全県的な「米つくり運動」の推進などによって全国でも最も活発なあり方を示した。しかし同時に，この集団栽培における稲作生産力展開には，「小農的集約技術」と呼ばれる品種と肥料に著しく偏した「労働対象技術」の限界性と，ムラ原則に起因する無償ないし低賃金の全戸平等出役による共同労働という労働様式のあり方における問題性が内在していた。そして，これらの限界や問題が70年前後の農業内外の経済条件の一大転換を契機に内部矛盾となって発現し，集団栽培を崩壊に押しやるに至る。すなわち，70年代に入るや否や米過剰を契機とする米作生産削減・米価抑制・食管制度改編による米生産・流通政策の転換の下で，米作経済は悪化傾向に転じたため，折しも拡大してきた農外労働市場に向かって急速に兼業化が進み，その過程で，それまで主として専業農家によって担われてきた集団栽培における低賃金出役労働と兼業農家が取得する相対的に高い農外兼業賃金との間の矛盾が発現し，そのことを媒介として集団栽培の存立条件は崩れていくことになったのである。

こうして迎えた1970年代の大きな特徴は中型機械化体系の確立・普及であり，この点が機

械・施設の共同利用というその後の営農集団の基本的な活動内容を規定づけることになった。佐賀県では,この時期に稲作集団栽培の崩壊過程の中で,それに対する米生産体制の立て直し対策として水田基盤整備と施設化(ライスセンター,カントリーエレベーターの設置)が行政的に強力に推進され,そして佐賀平坦にはそれらを受け入れる米作に依存する中規模階層農家群が分厚く形成されていたために,トラクター,コンバイン,ライスセンター等を共同利用する営農集団が数多く形成されることになったのである。しかし,70年代の機械化段階における佐賀県の水田作生産力の性格は,兼業深化と結びついた稲作専作化,「手抜き」,「省力偏進・単収停滞」というあり方の典型事例を示し,今日に至っている。したがって,このような生産力展開のあり方をどのように再編し高度化するかが現段階の水田作経営および水田作営農集団のかかえる問題点となっている。

註

1) 磯辺 (1985), 520 頁。
2) 同上, 521 頁。
3) この点を指摘しているのは保志 (1975), 132 頁。
4) 宮島 (1969)。
5) 坂本 (1982), 56 頁。
6) 花田 (1972), 113 頁。
7) 宮島 (1969), 128 頁。
8), 9) 同上, 113 頁。
10) 同上, 130 頁。
11) 秋山 (1985), 97 頁。
12) 金沢 (1971), 第 3 章。
13) 田代 (1980 b), 261 頁。
14) 花田 (1978), 379 頁。
15) 陣内 (1983), 468 頁。
16) 田代 (1980 b), 261 頁。
17) 小林 (1977), 72 頁。また本書第 5 章を参照。
18) 梶井 (1967), 11 頁。
19) 小林 (1988), 404 頁。
20) 倉本 (1988), 15 頁。
21) 花田 (1980), 相川 (1980, 1981), 陣内 (1983), 磯田 (1990) など。
22) 磯辺 (1985), 48 頁。
23) 花田 (1978), 第 7 章第 2 節。
24) 田中 (1984), 4 頁。

第3章

平地農業地域における営農集団の展開と構造

オペレーターによる麦収穫作業（K機械利用組合，2005年6月）

第1節　本章の課題

　前章では，高度経済成長期以降の佐賀平坦水田地域における営農集団の歴史的展開メカニズムを明らかにした。しかし，以上の考察はまだ一般的なものにとどまっており，具体的で実証的なものであったわけではない。また，序章で述べたように，営農集団の機能・役割は歴史的に変化するだけでなく，地域条件によっても大きく異なるため，地域的考察を加えなければ営農集団論は完結しない。

　そこで，本章以下の3つの章は，序章で述べた3つの地域類型における営農集団の考察に充てられる。その中で，まず本章では，平地農業地域における事例の分析を通じて営農集団の諸問題を検討することにする。なお，前章においても佐賀平坦水田地域，すなわち平地農業地域における営農集団の歴史的概括を行ったため，本章では比較的早い時期に形成・展開を見せた営農集団の諸事例を取り上げ，そこにおける営農集団の形成・展開メカニズムに関する具体的検討を通じて前章での歴史的概括を検証し，また，その後今日に至る展開過程を確認し，現状の分析と問題点の析出を行うことを課題とする。

第2節　兼業農家主導型営農集団の展開と農業経営
　―――佐賀県小城市・K営農集団―――

1．調査地の概況

　調査対象地のK集落がある佐賀県小城市小城町（人口1万8千人弱，2005年）は，佐賀市の北西部に隣接し，北部にはミカン畑が広がる山麓部も相当存在するが，中南部は純平坦水田地域となっている。この純平坦水田地域は，佐賀平坦（佐賀平野）の北西最奥部に位置し，そこから南東部に佐賀平野が開けている。小城市には佐賀市と唐津市を結ぶ国道203号線とJR唐津線が平行に走り，また佐賀市（人口16万6千人強，2005年）に隣接するため，その通勤圏内に包摂され，そのベッドタウンとしての性格を強め，人口も増加傾向を示している。

　調査対象地のK集落は小城市小城町のほぼ中央部の純平坦水田地域に位置する。佐賀平坦（佐賀平野）の一角に位置するため，水田率は100％に近い。かつてのクリーク地帯にも位置するが，基盤整備後は図3-5に見られるような再編・整備された圃場・用排水路の形態を呈している。集落の水田面積は約30ha，畑地等は宅地周辺に若干散在するが，それらは合計しても1haにも満たない。1985年までは非農家が全く存在しない農家ばかりの集落だったが，その後95年までの間に4戸が離農したため，調査時点（95年9月）の農家数は18戸であった。その後，さらに3戸が離農し，2005年現在の農家数は15戸に減少した。

　兼業化の中でも1985年ころまでは第Ⅰ種兼業農家が大半を占め，農業的色彩の濃い純農村集落であったが，その後，兼業化がますます進展した結果，今日では大半の農家が第Ⅱ種兼業

第3章 平地農業地域における営農集団の展開と構造

表3-1 K集落の農家・農業の変化　　　　　　　　　　　　　　　　　（単位：戸，a，頭，台，人）

		1960	1970	1975	1980	1985	1990	1995	2000
農家数	専業（男子生産年齢人口がいる専業）	13	6	-(-)	1(-)	4(-)	2(1)	2(2)	5(4)
	第Ⅰ種兼業	5	10	14	14	10	3	6	2
	第Ⅱ種兼業	3	6	8	7	8	15	9	10
非農家数（総戸数）			-(22)		-(22)		-(21)		3(21)
経営耕地面積	田	3,041	3,000	3,012	3,020	2,939	2,925	2,768	2,740
	畑	136	110	72	44	61	92	91	-
	樹園地	-	-	20	27	15	20	-	-
作物種類別収穫面積	稲	3,041	3,000	3,005	2,743	2,531	2,263	2,541	2,492
	麦類	1,876	1,891	1,769	2,633	2,751	2,799	2,540	2,141
	豆類	32	1	1	100	214	568	74	-
	野菜類	108	50	14	11	23	73	114	-
	花き類	-	-	1	-	14	1	-	26
	飼料用作物	143	230	152	41	107	111	71	…
施設園芸	農家数	-	-	1	1	2	2	2	2
乳用牛	飼養農家数（頭数）	6(13)	11(50)	7(44)	4(45)	3(47)	2(x)	2(x)	1(x)
肉用牛	飼養農家数（頭数）	3(3)	-(-)	1(x)	1(x)	1(x)	4(25)	3(27)	3(26)
農産物販売額第1位の部門別農家数	稲作		22	22	21	18	16	13	13
	施設園芸・施設野菜		-	-	-	1	2	-	-
	花き		…	…	…	…	…	2	2
	酪農		-	-	1	1	2	2	1
	肉用牛								1
農業経営組織別農家数	単一経営　稲作		…	…	14	-	-	1	1
	単一経営　施設園芸・施設野菜		-	-	-	-	1	-	-
	単一経営　花き		-	-	-	-	-	1	2
	複合経営（うち準単一複合）		…	…	8(8)	20(16)	19(13)	15(13)	14(11)
経営耕地面積規模別農家数	0.5 ha未満	2	3	4	3	3	1	1	1
	0.5～1.0 ha	5	5	3	5	3	4	2	4
	1.0～2.0 ha	8	8	9	8	10	9	8	5
	2.0 ha以上（うち3.0 ha以上）	6(1)	6(-)	6(-)	6(-)	6(-)	6(-)	6(-)	7(-)
借入耕地のある農家数・面積	農家数	-	10	2	1	2	1	3	6
	面積		265	133	28	69	55	71	237
貸付耕地のある農家数・面積	農家数		…	3	1	2	1	-	2
	面積		…	91	28	69	25	-	81
水稲作作業を請け負わせた農家数	実農家数		7	22	22	4	18	17	16
	乾燥・調製を請け負わせた農家数		…	…	…	…	14	17	16
稲作機械所有台数（個人＋共用）	耕耘機・トラクター		耕耘機2	総数14	総数15	4・2	13・3	11・5	11・5	8・7
	田植機		-	11	16	18	15	16	15
	バインダー		11	12	4	7	1	-	-
	自脱型コンバイン		-	1	-	1	1	1	1
	米麦用乾燥機		18	5	2	1	1	1	1
農家人口（うち65歳以上）	男	63	52(…)	48(8)	57(7)	51(5)	53(4)	46(8)	39(9)
	女	79	62(…)	57(11)	51(10)	50(11)	48(8)	44(10)	38(15)
農業従事者数	男	33	…	…	…	29	30	29	28
	女	42	…	…	…	29	33	30	25
農業就業人口（うち65歳以上）	男	27	24(6)	13(4)	16(2)	15(2)	9(3)	11(6)	14(9)
	女	41	39(10)	19(5)	20(2)	24(6)	24(5)	19(7)	20(11)
基幹的農業従事者数	男	26	16	8	12	12	5	9	6
	女	28	27	10	11	10	8	10	6
農業専従者数（うち65歳以上）	男		15(…)	3(…)	8(…)	8(-)	5(1)	5(2)	5(4)
	女		23(…)	-(…)	10(…)	6(-)	4(-)	9(2)	6(3)
農業専従者がいる農家数			20	3	10	8	7	8	5

資料：1960年は『1960年世界農林業センサス結果報告〔2〕農家調査集落編』佐賀県，それ以外は農業センサス集落カード。
註1：1985年までは総農家，90年からは販売農家。ただし総戸数に含まれる農家は90年以降も総農家。
註2：-は該当なし，空欄ないし…は項目なし，xは秘匿。
註3：1960年の経営耕地面積，作物種類別収穫面積はaに換算したが，経営耕地面積規模は町・反単位である。
註4：ゴチック体は増加した注目数値。

農家となるに至った。こうして，85年ころまでは概して変化が少なかったK集落においても，その後の20年間で，兼業がさらに深化し，これまでなかった離農も出現するというように，かつてない大きな変化が起こっていることを確認することができる（表3-1）。

もちろん，このような動向はK集落特有のものではなく，むしろ佐賀平坦農村の一般的な動向として把握することができよう。

2．営農集団の形成条件

(1) 水田基盤整備と機械化・施設化――機械・施設の共同利用の形成――

K営農集団における集団的営農の中身は主要機械・施設の共同利用・共同作業と集団転作（栽培協定）の2つであるが，時期的には前者が先行し，後者はその後の状況変化の中で後続して成立しているため，このような展開過程に沿って，形成条件とのかかわりで，これら2つの活動内容をそれぞれの項目に分けて述べていくことにしたい。

ところで，集団の活動内容においてこのようなK営農集団とほぼ同様のあり方を示す営農集団は，小城市小城町内にも数事例存在する。なかでも小島や門前の事例は有名である[1]。これらの集団が形成される過程において，まず共通して見られた条件の1つは水田基盤整備とそれに伴う機械化・施設化である。表3-2に示したように，小城市小城町の水田基盤の整備は，1963年の炭坑閉山に伴う石炭鉱害復旧事業に始まり，その後，県営圃場整備事業，第2次農業構造改善事業等が積極的に取り組まれることによって，圃場の面的整備が進められただけでなく，同時に，暗渠埋設による排水改良事業も行われたため，農地基盤の整備状況は量的にも質的にも急速に改善されてきた。その結果，現在では小城市の中南部の平坦水田地域の水田はほぼ100％基盤整備を完了するに至っている。K営農集団の立地する小城郡農協管内三里支所（2001年に広域合併し佐城農協三里支所となったが本書では当時の旧農協名を使用する）では圃場整備実施面積割合，排水改良事業実施面積割合とも今日では100％を達成している。

この水田基盤整備とともに推進されたのが自脱型コンバインと田植機の導入および耕耘機の

表3-2 小城市小城町における水田基盤整備事業の推移

事　業　名	実　施　年	実施面積
石炭鉱害復旧事業	1964～72年	272.0 ha
非補助小規模土地改良事業	1968	4.3
県営圃場整備事業	1971～78	183.0
第2次農業構造改善事業	1975～78	43.2
新農構地区再編事業	1979～81	25.0
新農構農村地域事業	1981～84	46.3
新農構石体区画整理事業	1984	2.4
新農構晴田中部区画整理事業	1984	5.5
中山間地域農村活性化総合整備事業	1992～96	26.0

資料：小城市役所資料。

表 3-3　米麦用共同乾燥調製施設の設置・統合状況（小城市）

施　設　名	設置年次	補助事業名（当初）	利用農家数	利用面積	統合内容
①中部ライスセンター	1969 年	麦生産対策事業	65 戸	60 ha	1996 年に⑱に統合
②カントリーエレベーター 1 号	1970	米パイロット事業	344	396	
③東部ライスセンター	1971	麦生産対策事業	96	131	1996 年に⑱に統合
④カントリーエレベーター 2 号	1971	米パイロット事業	513	425	1995 年に⑯に統合
⑤北部ライスセンター	1972	農業構造改善事業	158	205	1996 年に⑱に統合
⑥浜枝川ライスセンター	1972	高能率事業	95	115	1999 年に⑲に統合
⑦西部ライスセンター	1973	農業構造改善事業	152	165	1996 年に⑱に統合
⑧砥川ライスセンター	1973	高能率事業	290	217	1996 年に⑰に統合
⑨芦刈東部ライスセンター	1973	高能率事業	180	217	1999 年に⑲に統合
⑩カントリーエレベーター 6 号	1973	広域米総事業	321	300	1996 年に⑰に統合
⑪岩松ライスセンター	1974	高能率事業	298	112	1995 年に⑯に統合
⑫織島ライスセンター	1974	農業構造改善事業	138	119	1996 年に⑱に統合
⑬カントリーエレベーター 3 号	1974	広域米総事業	375	344	1999 年に⑲に統合
⑭カントリーエレベーター 5 号	1975	広域米総事業	388	405	1999 年に⑲に統合
⑮晴田ライスセンター	1976	農業構造改善事業	209	80	1995 年に⑯に統合
⑯小城町カントリーエレベーター	1995	農業生産体制強化総合推進対策事業	794	541	④，⑪，⑮を統合
⑰牛津カントリーエレベーター	1996	農業生産体制強化総合推進対策事業	414	465	⑧，⑩を統合
⑱三日月町カントリーエレベーター	1996	農業生産体制強化総合推進対策事業	517	510	①，③，⑤，⑦，⑫を統合
⑲芦刈カントリーエレベーター	1999	農業生産体制強化総合推進対策事業	565	467	⑥，⑨，⑬，⑭を統合

資料：『農協の概況』小城郡農業協同組合（発行年不明）および佐城農業協同組合資料。
註：利用農家数・面積は米基準。ゴチック体は 2005 年現在稼働中の 5 施設。

トラクター化，すなわち中型機械化体系の整備であった．1970 年代以降におけるこのような水田基盤整備とそれに伴う機械化・施設化それ自体はわが国水田農業に共通する一般的な動向であるが，本地域において特徴的なことは，機械化・施設化が農協を媒介にしたライスセンター，カントリーエレベーターの濃密な設置とそれにかかわる集落（生産組合）単位のコンバイン，トラクター等の機械共同利用組織の形成という形態で推進されたことである．

表 3-3 は小城郡農協管内の小城市（かつての小城町，三日月町，牛津町，芦刈町）におけるライスセンター等米麦用共同乾燥調製施設の設置・利用およびその後の統合状況を示したものである．米過剰を契機に食管制度が改編され，また米価が据え置かれた 1969 年にライスセンターを設置したのを皮切りに，米生産調整開始の 70 年にカントリーエレベーター 1 号（第 2 章扉写真を参照）を設置し，その後 70 年代半ばにかけて次々にこれらの共同乾燥調製施設を導入していった様子が分かる．その結果，70 年代半ばにおいて小城郡農協管内の 9 割を超える農家がこれらの共同乾燥調製施設を利用するまでになったため，それ以降は共同乾燥調製施設の新たな設置は行われなくなった．それに対し，その約 20 年後の 90 年代半ば以降は，これまでのライスセンターおよびカントリーエレベーターの老朽化に対し，新たなカントリーエレ

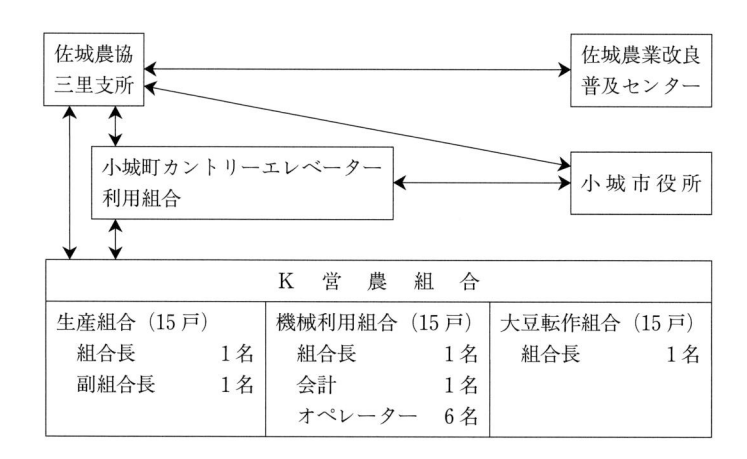

```
┌──────────┐                    ┌──────────┐
│ 佐城農協  │ ←――――――――――――――→ │ 佐城農業改良│
│ 三里支所  │ ←―┐                │ 普及センター│
└──────────┘   │                └──────────┘
    ↕          │                     ↑
    │     ┌────┴─────────────┐       │
    │     │小城町カントリーエレベーター│ ←――→ ┌────────┐
    │     │利用組合            │       │小城市役所│
    │     └──────────────────┘       └────────┘
    ↕          ↕
┌────────────────────────────────────────────────┐
│              K  営  農  組  合                  │
├──────────────┬──────────────┬──────────────────┤
│生産組合（15戸）│機械利用組合（15戸）│大豆転作組合（15戸）│
│  組合長  1名 │  組合長    1名│  組合長    1名    │
│  副組合長 1名│  会計      1名│                  │
│              │  オペレーター 6名│                  │
└──────────────┴──────────────┴──────────────────┘
```

図 3-1　機械・施設利用組織の配置（2005年）

ベーターを設置することによって老朽化した施設と旧農家組織（利用組合）を統合するという段階に至った。折しもこの時期はガット・ウルグアイ・ラウンド合意関連対策としての基盤整備投資が全国的に推進されていた時期であったため，新たなカントリーエレベーターの設置はこの関連対策の一環として実施されることとなった。表3-3に示した90年代半ば以降の4つのカントリーエレベーターの設置もすべてこの関連対策としての「農業生産体制強化総合推進対策事業」によってなされており，この点で，第1章第2節5で述べたことが確認されよう。

また，このようなライスセンター等共同乾燥調製施設の濃密な設置と併せて，小城郡農協は自らが事業主体となってトラクター，コンバイン等を積極的に導入し，これらを集落の生産組合（実行組合）に貸与し機械共同利用組合を組織していった。たとえば，当初管内の145集落中約100集落にトラクターやコンバインの利用組合が結成されたと言われる。なお，これらの機械共同利用組合の運営方式はそれぞれ様々であったし，その後多くの組合が解体したり，特定少数グループへと再編されたりして今日に至っているが，1980年時点で小島，門前，K等の生産集団（集落）において，農協有の貸与トラクター165台（管内総台数の7％），コンバイン144台（同6％）が存続していた。

こうして，1970年代において農協主導によってライスセンター等共同乾燥調製施設の濃密な設置と集落でのトラクター，コンバイン等の共同利用組織の形成がタイアップされて推進されてきたわけであるが，その具体的なあり方をK営農集団に即して示したものが図3-1である。すなわち，K営農集団は小城郡農協の三里支所に設置された小城町カントリーエレベーター（図3-5等も参照）の施設利用組合に参加する1つの生産組合であり，同時に生産組合単位ではトラクター，コンバイン等の機械を農協から借用し共同利用組織（機械利用組合）を結成しているのである。

以上の動向は，1970年代以降の米生産調整期において，農協によって管内農家の米麦作の

第3章　平地農業地域における営農集団の展開と構造

農業経営および管内水田農業の再編・強化対策が推進されたことを意味しよう。すなわち、これまで米麦以外に見るべき有力作目を持たなかった本地区のような平坦水田地域の一地区においては、米生産調整と米価据え置きはそれ自体で大きな経済的衝撃だったが、加えて60年代末から70年代初頭にかけて同時進行した自主流通米制度および政府米の類別格差の導入等の食管制度の改編は、東日本と異なって良質米生産が困難な立地状況下にある佐賀平坦部にはさらなる衝撃として受け止められた。そこで、このような「米作経済の解体化」[2]と言われるような米作収益性の悪化と米流通の変化に対し、本地区の米生産体制ないし経営構造を当時確立しつつあった中・大型機械化体系に対応させたのが共同乾燥調製施設利用組合と機械利用組合のワンセットの結成という小城郡農協の地域水田農業再編策だったと評価することができる。もちろん、その前提として農地の基盤整備が行われたことは言うまでもない。その結果、これら施設・機械の共同利用体制は米麦作の生産コスト節約を通じて米麦作経済の悪化傾向に対抗・対応する機能を果たしし[3]、また、その後70年代半ばからの麦作の拡大による米麦二毛作方式の復活を生産体制の面から準備していく要因ともなっていったのである。

(2)　農協主導による地域農業組織化の推進――栽培協定の実施――

K営農集団におけるもう1つの集団的営農の内容は集団転作（栽培協定）である。上述のように、K営農集団における機械・施設の共同利用の形成には農協の役割が不可欠であったが、本地区において集団転作を中心とする栽培協定の実施を強力に推進してきたのも農協であった。

小城郡農協が提起した水田利用における栽培協定の推進は「四転輪作方式」と呼ばれるものである[4]。「四転輪作方式」とは、1978年からの水田利用再編対策の開始による水田面積の2割に及ぶ米生産調整の強化に際し、小城郡農協によって提起された水田利用方式の1つのモデルである。これは表3-4に示したように、四転というのは転作面積割合を25％に想定した場合のブロックローテーションによる土地利用方式の1つのモデルであり、転作面積割合が20％ならば五転、33％ならば三転ということになり、現実的にはもっと多様でありうる。作付序列としては、転作地以外はビール麦＋水稲であり、転作地には転作物として大豆を作付けするが、作期の関係でその前作は小麦とするものである。また、佐賀平坦は北海道と並ぶモチ

表3-4　四転輪作方式のモデル

年　次	A　団　地	B　団　地	C　団　地	D　団　地
第1年目	小麦＋大豆	ビール麦＋水稲	ビール麦＋水稲	ビール麦＋水稲
第2年目	ビール麦＋水稲	小麦＋大豆	ビール麦＋水稲	ビール麦＋水稲
第3年目	ビール麦＋水稲	ビール麦＋水稲	小麦＋大豆	ビール麦＋水稲
第4年目	ビール麦＋水稲	ビール麦＋水稲	ビール麦＋水稲	小麦＋大豆
第5年目	小麦＋大豆	ビール麦＋水稲	ビール麦＋水稲	ビール麦＋水稲

資料：『第2次総合3カ年計画書』小城郡農協, 1980年, 40頁。

米主産地であるため[5]，水稲作においてもウルチ稲とモチ稲の団地化を組み入れるように農協は指導している。もし，このように転作作物だけでなく稲作の品種別団地化まで含めた作物全体ないし土地利用全体にわたる作付協定がなされるならば，それこそは集団的土地利用の典型事例と言ってよいものである。その意味で，小城郡農協によって推進されている四転輪作方式と呼ばれる土地利用のあり方は集団的土地利用であるとしてよい。ただ，小島営農集団などの場合は水稲品種の作付協定まで実施されているため，名実ともに集団的土地利用と評価しうる土地利用方式を実現しているが，本節で取り上げるK営農集団の場合は，作付協定はまだ転作物と麦（ビール麦）に限られているため，厳密な意味での集団的土地利用とまでは言えない実態にある。

なお，先にライスセンターやカントリーエレベーターの設置動向を米の生産・流通対策との関連で述べたが，大豆作に関しても，1978年から転作強化を内容とする水田利用再編対策事業が開始されたため，今後とも相当面積の大豆転作を受け入れざるを得ないという判断の下で，小城郡農協によって84年に小城市（旧三日月町）内に受益農家数670戸，受益面積267 ha規模の大豆共同乾燥調製施設が建設された（第1章扉写真の左側の施設を参照）。これは，上述の四転輪作という水田利用方式における大豆作の展開を推進するための農協による地域農業組織化の1つにほかならない。

米生産調整政策への対応が契機であったとはいえ，この四転輪作方式は生産力的にも大きな意味を持つ。すなわち，このような土地利用方式は転作方式として見ても，それまでの零細分散錯圃制に規定された個別的な転作（バラ転）の持つ不合理性を克服し，合理的な団地的土地利用を形成するものであるからである。また，この方式は1970年代半ばまで後退させてきた稲麦二毛作方式を回復し，土地利用の高度化を図るものでもある。さらに，稲麦二毛作方式における夏作の一部に大豆等の畑作物を導入し，地目変換による田畑輪換方式を導入することによって，新たな水田土地利用方式を確立していく可能性を持つ。併せて，農地の所有と利用の調整が図られることを通じて，経営構造の再編に結びつく可能性も存在する。そこで以下，これらの点を具体的に見ていく。

3．営農集団の展開過程と組織構造

以上のような諸条件の下でK営農集団は形成され，展開してきた。図3-2はK営農集団の形成・展開過程を示したものである。すなわち，1972年に石炭鉱害復旧事業によって集落内の水田30 haの基盤整備が行われ，それを前提として73年にトラクターとコンバインが導入され，ここに集落の全農家22戸（73年当時）によって構成されるK機械利用組合が結成された。なお，K機械利用組合結成の2年前にK集落を含む市中央部（旧小城町南部）地区を対象にカントリーエレベーター2号が設置され（その後95年に増改築され，他の2つのライスセンターを吸収合併＝統合して「小城町カントリーエレベーター」に名称変更。表3-3を参照），K集落の農家はこのカントリーエレベーター利用組合に加入している（図3-1および図3-5も参照）。そ

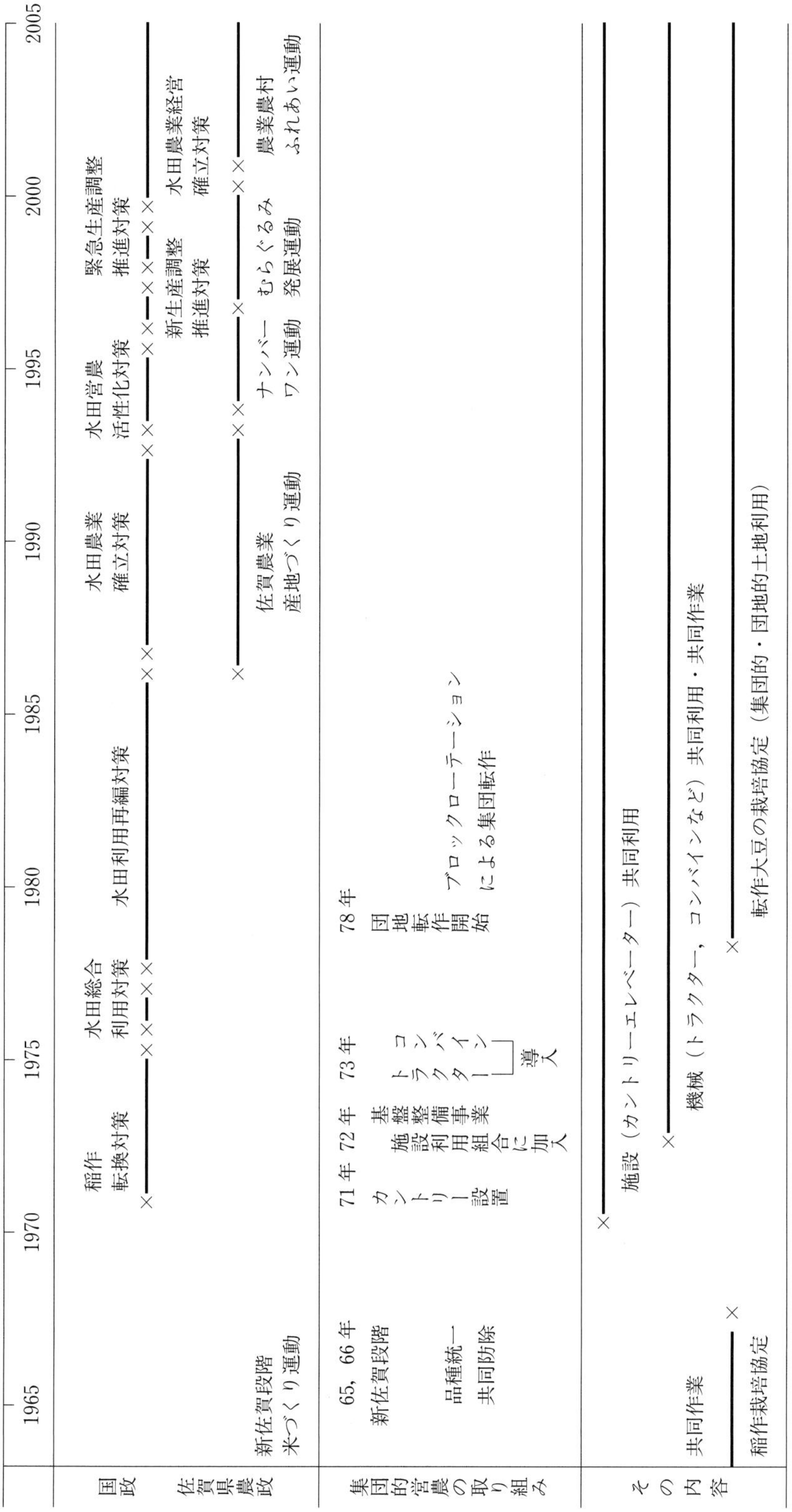

第3章 平地農業地域における営農集団の展開と構造

図3-2 K集落における集団的営農の展開過程

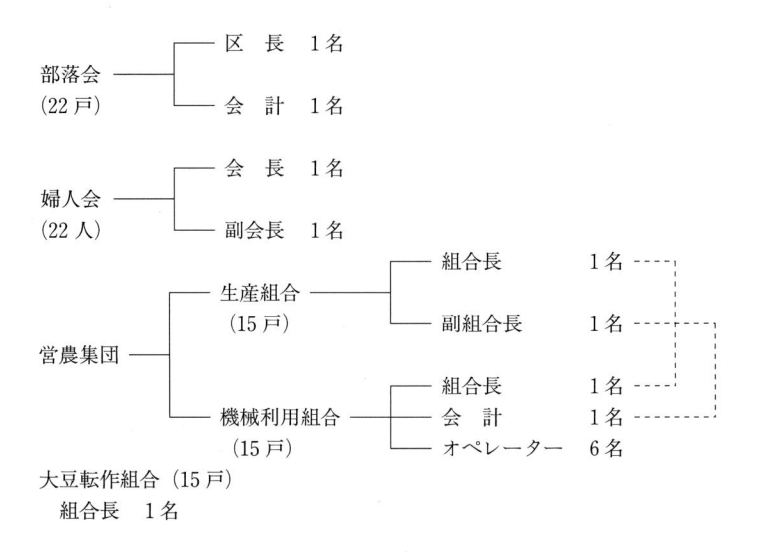

```
部落会 ─┬─ 区　長　1名
(22戸)  └─ 会　計　1名

婦人会 ─┬─ 会　長　1名
(22人)  └─ 副会長　1名

営農集団 ─┬─ 生産組合 ─┬─ 組合長　1名
          │  (15戸)     └─ 副組合長　1名
          └─ 機械利用組合 ─┬─ 組合長　1名
             (15戸)        ├─ 会　計　1名
                           └─ オペレーター　6名

大豆転作組合（15戸）
　　組合長　1名
```

図3-3　K集落の組織機構（2005年）

の後，78年からの水田利用再編対策の実施に際し，K生産組合は農協が提起した上述の四転輪作方式による集団転作を採用した。こうして，ここに生産組合と機械利用組合を組み込んだK営農集団が形成されるに至ったのである（図3-3）。

ところで，K営農集団結成の合意形成にかかわって重要な事柄は「三夜待講」の存在である。三夜待講とは佐賀平坦の農村集落に広く存在する年齢階層別の親睦的な寄り合い集団である。K集落には，当時40歳代前半の働き盛りの5名（表3-11のB, C, E, F, Jさん）の三夜待講があり，彼らは集落では経営面積の上位階層に位置し，しかも生産組合（農事実行組合）の役員等を務め，集落の農業推進における中核的存在であったわけだが，水田基盤整備の実施と機械利用組合の結成を推進する担い手の中心となったのも彼らであった。そして，このメンバーのうちのAさんとJさんの2名は当時から1995年まで機械利用組合のオペレーターを担当していた（表3-7を参照）。

こうして結成されたK営農集団の組織的特徴の1つは，集落の全農家22戸（2005年現在は15戸）がすべて参加した集落ぐるみの集団であることである。その根拠は以下のように考えられる。すなわち，表3-11のように，集落で最大の経営耕地規模を持つ農家はA農家（262a），稲作面積が一番多いのはB農家（259a）だが，この程度の規模では中型機械化体系でもって自立しうる条件はなく，また農家数の変化が少なく農地流動性が乏しい本地区では個別的な耕地拡大の可能性も乏しい。そのような状況の下で，彼らを含め経営耕地および稲作面積が1ha半ばから2ha半ばの零細規模ないし中規模の農家が過半数を占め，さらに1ha以下層も含め全農家が稲麦作を栽培しているため，米作経済の悪化傾向が進行する1970年代以降においては，集落の農家のすべてが稲麦作所得の維持・向上を図ることを目的とする機械利用組合の結成に参加する条件をそなえていたことによる。

また，K営農集団のもう1つの組織的特徴として，農家実行組合（生産組合）と機械共同利用組織（機械利用組合）とが合体している点が挙げられる。それは，生産組合長が機械利用組合長を兼ねたり，生産組合の役員（副組合長）が機械利用組合の役員（会計）を兼ねるケースが多いことに端的に示されている（図3-3）。したがって，K営農集団は機械利用組合としては機械共同利用にかかわるオペレーターの作業編成等の任務を遂行すると同時に，生産組合としては集団転作を担っているわけである。では次に，その具体的な活動内容を見てみよう。

4．営農集団の活動内容

(1) 機械利用と労働様式

① 機械利用と労働様式

　表3-5はK機械利用組合の機械・施設の装備状況である。これらの機械・施設は農協が事業主体となった補助事業によって導入されたため，所有者は農協で利用組合がそれらをリースし利用料を納入する形をとっている。

　機械利用組合による共同作業は，稲作では育苗と田植と管理作業以外の機械作業（耕起，代かき，収穫，運搬），麦作ではすべての機械作業において行われ，また転作作物（大豆）栽培の耕起作業において行われている。稲麦の乾燥・調製作業はカントリーエレベーターを，また大豆の乾燥・調製作業は大豆共同乾燥調製施設（第1章扉写真の左側の施設を参照）を利用している。

　共同作業の形態としては基本的には専任オペレーター方式をとっていると言われるが，後掲の表3-11に見られるように，1995年の調査時点では集落の総農家数18戸の中で，出役可能な12戸から12人のオペレーターが出ていたため，現実的には全農家出役型を原則としていると見ることができる。しかし，これまでずっとこのような全農家出役型の形態がとれていたわけではなく，一時は8名に減少した時期もある（表3-7参照）。その後，それが1995年の調査時点のような形態をとるに至ったこと，さらにはその後どうなったかについては，営農集団とその構成員農家との相互作用という本書の主要課題と密接にかかわるため，③で改めて後述したい。

表3-5 K機械利用組合の機械・施設整備状況（2005年）

機　種	型　　式	台数	導入年次
トラクター	48 ps，48 ps	2台	1996，2002年
コンバイン	4条刈	2	1997，1999年
麦播種機	8条	2	1995，1996年
石灰散布機	3 m	1	1973年
弾丸排水機	PD110	2	1978年
大豆播種機		2	1995，2004年
格納庫	165 m²	1基	1981年

資料：K機械利用組合資料。

```
コンバイン1号機（4条刈） ──── オペレーター1名

コンバイン2号機（4条刈） ──── オペレーター1名

トラック（2トン） ──── 運転手1名（カントリーエレベーターまで籾・玄麦を運搬）
```

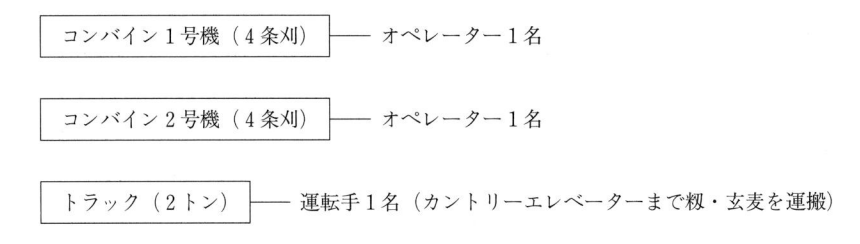

図3-4　米麦収穫・運搬作業におけるオペレーターの労働様式（2005年）

表3-6　10a当たり作業料金（2004/2005年）

部門	作業種類	K機械利用組合	標準料金
米	耕起・代かき	3,200円	8,800円
	収穫	5,000	18,000
麦	耕起・播種	3,200	7,500
	収穫	3,000	10,000
弾丸排水施工		600	2,600

資料：K機械利用組合資料，小城市小城町水田農業推進協議会資料．

　さて，オペレーターの具体的な労働様式としては，適期作業を要求される米麦の収穫においては図3-4のように，2名のオペレーターが2台のコンバインをそれぞれ操作し，1名のオペレーターがトラックを担当し，満載された籾ないし玄麦をカントリーエレベーターまで搬入するという形で計3名のオペレーターが組作業（分業に基づく協業）を行っている（カバー表の左上写真）。一方，稲作と大豆作の耕起はコンバイン作業ほど適期を要求されないため，班編成（分業に基づく協業）をとる必要はなく，オペレーターが自分の都合に合わせて独自に操作すれば足りる。したがって，2台あるトラクターが2名のオペレーターによって2台とも同時に利用されることもあるし，1台だけが1名のオペレーターによって利用されることもある。

②　作業料金とオペレーター賃金

　専任オペレーターによる機械利用に際し，集団構成員はオペレーター農家も非オペレーター農家も各耕作面積に応じて作業料金を支払い，オペレーターは機械操作時間に応じて労賃を受け取る仕組みになっている。なお，このような仕組み自体は佐賀県に限らずおおかたの機械共同利用組織で採用されている一般的な方式である。

　K機械利用組合の作業料金は表3-6に示したように，2005年で稲作の耕起・代かきが10a当たり3,200円，収穫が5,000円，麦作の2004年秋の石灰散布が600円，弾丸排水施工が600円，耕起・播種が3,200円，2005年春の収穫が3,000円となっている。そして，これらの料金水準が，この20年間，石灰散布と弾丸排水施工において3倍化している以外は維持され

ていることが注目に値する。

　ところで，K機械利用組合の作業料金の中身は，オペレーター賃金，燃料費，部品代，修繕費などの流動費から成る。一方，機械施設の固定費（リース料）については別途構成員農家の耕作面積に応じた費用負担がなされている。したがって，これらの数値を表3-6にある小城市小城町の標準料金とただちに比較することはできない。後者には機械施設の固定費や経営者報酬等の利潤部分も含まれている可能性があるからである。そこで，比較のための数値を後掲の表3-12に示したが，表3-6で耕起，刈取作業について見ても，K機械利用組合の作業料金は稲麦とも標準料金の2分の1ないし3分の1の水準にすぎないという低水準の構造を見て取ることはできよう。なお，K機械利用組合での作業料金の決め方は，機械利用組合結成当初は作業費用を作業面積で除して事後的にその都度算出していたが，その後は経験的に一定水準の料金が形成されるに至ったので，現在では過去の実績を考慮しつつ事前に設定する方式を採用している。

　オペレーター賃金は，2005年現在，各作業とも1時間当たり1,200円としている。この水準はほぼ地場の臨時雇用賃金に相当するため，決して高いとは言えないし，なかでも恒常的に農外就業に就いている青壮年層にとっては特にそうである。しかし，ここでは，オペレーター数が12人＝12農家というように集団構成員農家数の7割近くを占め，これらの農家は「いえ」単位として見れば，オペレーター賃金を受け取ると同時に作業委託者としては作業料金を支払うといういわば労働者と地主の二重人格を持っており，受け取るオペレーター賃金を高くすると支払う作業委託料も上げざるをえないという仕組みとなっていることに注意したい。したがって，このような矛盾の存在の下では，オペレーター賃金を上げればことは済むという状況にはない。

　問題は，このような実態をどのように評価し，性格づけるかということになる。基本的には，労賃（V）に対し地代（R）を優先させる原理の下で集団的営農が形成・展開していると言うことができよう。しかし，実際は，上述のように，集団の大半の構成員農家が「いえ」単位で見ればオペレーター＝労働者と作業委託者＝地主という2つの性格を併せ持っているため，本来は矛盾関係にあるはずの両者の関係が顕在化せず内向化している実態にある。そして，このことは，多人数オペレーター制をとる営農集団のいわば宿命的な性格であると言うことができる。また，実はこのことが，このような営農集団が矛盾を表面化させずに長期に存続・展開してきた要因であると考えることもできる。したがって，もし構成員農家の性格がこれまで同様であり，その他の変化が基本的にないならば，このような営農集団は今後とも長く継続していく可能性が高いと考えられる。しかし，農家の性格に変化が出てくるならば，営農集団の組織と運営方法の再編が迫られることになろう。

③　オペレーターの世代交替とその要因

　K機械利用組合は，設立以来，上述のような活動内容と性格を基本的に変えずに2005年の今日まで実に32年間の長きにわたって継続・展開してきている。したがって，当然，このよう

なK機械利用組合の長期継続・展開要因は何なのかが注目されることになる。とりわけ注目されることは，1990年を画期に機械利用組合の担い手であるオペレーターの世代交替がスムーズに行われてきたことであるため，この時期に焦点を当てて検討してみたい。

表3-7にK機械利用組合のオペレーターの変遷を示してみた。1973年の発足以来，K機械利用組合のオペレーターは上述の三夜待講に集う当時40歳代のB，C，E，F，Jさんの5名を中心とした農業専従的な中堅世代によって担われてきたが，その後，K集落で唯一農業専業的な若手のiさんがオペレーターに参加した以外は，しばらくは上述の5名を中心としたオペレーターグループのメンバーに変化がなかったため，発足後10年の83年ころになると，オペレーターグループはiさんを除けばすべて50歳代と60歳代に高齢化し，世代交替の必要性が現実的な課題となってきた。このような状況下で，85年に43歳のLさんがオペレーターとして参加し，次いで87年にはLさんが一時抜けるのに代わって，それまで3年間オペレーターを中断していたCさん（58歳）が復帰すると同時に，Mさん（54歳）とGさん（47歳）が加わるというように，40歳代，50歳代の中堅どころがオペレーターに参加することによって機械利用組合を維持しつつ，88年ころから結成当時からのオペレーター世代が60歳余に達したのを機に引退するのに合わせて，b，k，f，dさんといった30歳代の当時のあとつぎ世代がオペレーターを引き継ぐことによって，ちょうど90年を画期にして，K機械利用組合はオペレーターの世代交替を成功裏に達成したのである。なお，30歳代の彼らは，それまでオペレーターを担ってきた昭和1ケタ世代のあとつぎ世代でもあり，オペレーター2世と呼ぶにふさわしい世代でもあったのである。

では，その理由であるが，1995年現在のオペレーター12人の中で，発足当初からの2人を除いた10人からオペレーターを引き受けた理由を聞き取ったものを表3-8に掲示した。

オペレーターの世代交替が1990年前後に行われたことは今述べたが，当初からのオペレーター世代の高齢化を目の当たりにして，まず85年にオペレーターに参加したのはタクシー会社勤務の43歳のLさんであり，次いで87年に参加したのは電気関係会社勤務の54歳のMさんと銀行勤務の47歳のGさんであった。また，それに少し遅れて90年に印刷会社勤務の48歳のPさんがオペレーターとなった。これらの4人は当初から参加していた昭和1ケタ生まれ世代の1つ後の世代，つまり昭和2ケタ世代であり，95年現在50歳代ないし60歳代になる経営主世代であった。さて，彼ら昭和2ケタ世代は，オペレーター参加の理由を，「他の人も勤めのかたわら引き受けているので」（P），「組合存続のため」（G，M）と答えている。彼らは，当初からの9名の昭和1ケタ生まれのオペレーター世代，いわば先輩世代に対し1つ後の後輩世代であるため，当初からのオペレーターが高齢化したことに対し，それをカヴァーするためにオペレーターとなったわけである。

次いで，1990年以降，d，e，f，kといった，当時主に30歳代前半のあとつぎ世代がいわばオペレーター2世としてオペレーターに参加したわけであるが，彼らは「集落の農業を守っていくため」（d），あるいは「他出中のお世話に報いるため」（k）と，長期的視点で，違和感

表３－７　オペレータの変遷

オペレーター名／年次	世帯主													あとつぎ						オペレーター人数	オペレーター平均年齢
	H	I	E	B	C	F	J	D	A	M	G	L	P	b	k	d	i	f	e		
1973	52コ		48コ	48コ	44ト	44ト，コ	42ト，コ	42ト，コ	40ト，コ											8人	45歳
74	53コ	50コ	49コ	49コ	45ト	45ト，コ	43ト，コ	43ト，コ	41ト，コ											9	46
75	54コ	51コ	50コ	50コ	46ト	46ト，コ	44ト，コ	44ト，コ	42ト，コ											9	47
76	55コ	52コ	51コ	51コ	47ト	47ト，コ	45ト，コ	45ト，コ	43ト，コ											9	48
77	56コ		52コ	52コ	48ト	48ト，コ	46ト，コ	46ト，コ	44ト，コ								22ト，コ			9	46
78	57コ		53コ	53コ	49ト	49ト，コ	47ト，コ	47ト，コ	45ト，コ								23ト，コ			9	47
79	58コ		54コ	54コ	50ト	50ト，コ	48ト，コ	48ト，コ	46ト，コ								24ト，コ			9	48
80	59コ		55コ	55コ	51ト	51ト，コ	49ト，コ	49ト，コ	47ト，コ								25ト，コ			9	49
81	60コ		56コ	56コ	52ト	52ト，コ	50ト，コ	50ト，コ	48ト，コ								26ト，コ			9	50
82	61コ		57コ	57コ	53ト	53ト，コ	51ト，コ	51ト，コ	49ト，コ								27ト，コ			9	51
83	62コ		58コ	58コ	54ト	54ト，コ	52ト，コ	52ト，コ	50ト，コ								28ト，コ			9	52
84	63コ		59コ	59コ		55ト，コ	53ト，コ	53ト，コ	51ト，コ								29ト，コ			8	53
85	64コ		60コ	60コ		56ト，コ	54ト，コ	54ト，コ	52　コ			43　コ					30ト，コ			9	53
86	65コ		61コ	61コ		57ト，コ	55ト，コ	55ト，コ	53　コ			44　コ					31ト，コ			9	54
87	66コ		62コ	62コ	58ト	58ト，コ	56ト，コ	56ト，コ	54ト，コ	54ト，コ	47ト，コ						32ト，コ		27ト，コ	12	53
88			63コ	63コ	59ト	59ト，コ	57　コ	57ト，コ	55ト，コ		48ト，コ	46　コ		38　コ			33ト，コ			11	53
89					60ト	60ト	58　コ	58ト，コ	56ト，コ	56　コ	49ト，コ			39　コ			34ト，コ			9	52
90					61ト		59　コ	59ト，コ	57ト，コ	57ト，コ	50ト，コ	48　コ	48　コ	40ト，コ	35ト，コ		35ト，コ	33ト，コ	30ト，コ	13	47
91							60　コ	60ト，コ	58ト，コ	58ト，コ	51ト，コ	49ト，コ	49ト，コ	41ト，コ	36ト，コ		36ト，コ	34ト，コ	31ト，コ	12	47
92							61　コ		59　コ	59ト，コ	52ト，コ		50ト，コ	42ト，コ	37ト，コ	37ト，コ	37ト，コ	35ト，コ	32ト，コ	11	46
93							62　コ		60　コ	60ト，コ	53ト，コ		51ト，コ	43ト，コ	38ト，コ	38ト，コ	38ト，コ	36ト，コ	33ト，コ	11	47
94							63　コ		61　コ	61ト，コ	54ト，コ		52ト，コ	44ト，コ	39ト，コ	39ト，コ	39ト，コ	37ト，コ	34ト，コ	11	48
95							64　コ		62　コ	62ト，コ	55ト，コ	53　コ	53ト，コ	45ト，コ	40ト，コ	40ト，コ	40ト，コ	38ト，コ	35ト，コ	12	49
96										63ト，コ	56ト，コ	54　コ	54ト，コ	46ト，コ	41ト，コ	41ト，コ	41ト，コ	39ト，コ	36ト，コ	10	47
97										64ト，コ	57ト，コ	55　コ	55ト，コ	47ト，コ	42ト，コ	42ト，コ	42ト，コ	40ト，コ	37ト，コ	10	48
98										65ト，コ	58ト，コ	56　コ	56ト，コ	48ト，コ	43ト，コ	43ト，コ	43ト，コ	41ト，コ	38ト，コ	10	49
99										66ト，コ	59ト，コ	57　コ	57ト，コ	49ト，コ	44ト，コ	44ト，コ	44ト，コ	42ト，コ	39ト，コ	10	50
2000										67ト，コ	60ト，コ	58　コ	58ト，コ	50ト，コ	45ト，コ	45ト，コ	45ト，コ	43ト，コ	40ト，コ	10	51
01										68ト，コ		59　コ	59ト，コ	51ト，コ	他出	46ト，コ	46ト，コ	44ト，コ	41ト，コ	8	52
02													60ト，コ	52ト，コ		47ト，コ	47ト，コ	45ト，コ	42ト，コ	6	49
03													61ト，コ	53ト，コ		48ト，コ	48ト，コ	46ト，コ	43ト，コ	6	50
04													62ト，コ	54ト，コ		49ト，コ	49ト，コ	47ト，コ	44ト，コ	6	51
05													63ト，コ	55ト，コ	帰郷(オペ)	50ト，コ	50ト，コ	48ト，コ	45ト，コ	6	52
2004年度のオペ出役時間													152時間	28	0	89	141	2	71		

資料：K機械利用組合資料。
註：オペレーターの記号は表３-11の農家記号に対応。小文字は大文字のあとつぎを意味する。数字は年齢を示す。トはトラクターの，コはコンバインの，ト，コは両者のオペレーターを意味する。表３-11も同じ。

表3-8 オペレーターを引き受けた理由

オペレーター記号	理由
G	組合存続のため。勤務は土日は休めるし，平日でも有給休暇が取れるので協力する
L	皆で協力してやっているので，ひとりだけ参加しないわけにはいかない
M	これまでのオペレーターが高齢化したので，組合存続のため
P	他の人も勤務のかたわら引き受けているので
b	誰かがやらねばという使命感から。また慣習・伝統から
d	集落の農業を守っていくために必要だから
e	親の引退に対し交替
f	婿養子なので農業を知るため
i	あとつぎだったから
k	他出中オペレーターに支えられていたため，それに報いるためUターン後協力。慣習化し当然と思うので違和感はない。

資料：1995年農家調査。
註：記号は表3-11に対応。

なくオペレーターを引き受けている。また，専従的な農外就業サイドにおいて，週休2日制の普及や年次休暇制度の改善等によって，オペレーター作業に参加できる条件が拡大してきたことも，あとつぎ世代がオペレーターに参加できた背景として重要な要因と考えられる。さらには，bさんのように，土日が多忙であるのに対し，平日が休日となる職種に就いているため，かえって平日にオペレーター作業に出られる人もおり，このように各人がそれぞれ置かれた条件を活かしつつ，オペレーターに参加していることにも注目したい。

以上のように，K機械利用組合のオペレーターの世代交替は，極めてスムーズに行われたことが分かる。そこで，問題は，その要因ないし背景である。

それは，通俗的な表現だが，集落構成員農家のまとまりの良さであり，そして，そのまとまりは，構成員農家の農業経営の類似性，兼業農家としての類似性，各世代層（年齢別）の共食集団＝三夜待講の存在，さらには戦前同一地主の小作人が多かったこと，などに起因しているものと考えられる。その内容は以下の通りである。

まず第1に，K集落の構成員農家の保有耕地面積にはもちろん差があるが，しかしその差は大きなものではなく，今日ではすべて中規模ないし零細規模と言わねばならず，まずこの点で概してフラットな農家が存在していたと言うことができる。また，それに規定されて，農業経営の中身としても，全農家が中規模ないし零細規模の米麦経営という類似の経営内容を持っている。

第2に，H農家とM農家は高齢専業農家なので，実質的に専業的に農業を経営する農家は施設園芸（花き）を営むI農家のみであり，その他の農家の大半は第Ⅱ種兼業農家である。つまり，K集落は第Ⅱ種兼業農家が大半を占める兼業農家集落（集団）であり，このような点でもおおかたの農家が類似性を持っているのである。

第3に，佐賀平坦の農村集落に広く見られる年齢別の親睦組織である「三夜待講」がK集落

にも存在し，機械利用組合結成において当時40歳代の三夜待講が大きな役割を果たしたことは既に述べたが，彼ら昭和1ケタ世代の高齢化に伴うオペレーターからのリタイアに合わせて，今度は上記あとつぎ世代が彼らの三夜待講における日常的な話し合いを母体として，違和感なくスムーズにそろってオペレーターの交替を引き受けたわけである。

第4は，戦前K農家は約30 ha規模の大地主であり，K集落の農家のほとんどはその小作人であったと聞く。そして，この点がまたK集落の「まとまりのよさ」の遠因ともなっていると言われる。

その後，高齢化に伴ってオペレーターの引退が続く一方で，新規参入は見られず，2005年現在ではオペレーターの数が6名に減少してきている。しかし，このことが即K機械利用組合の存続の危機を意味しているわけではない。その理由は次のとおりである。

1つは，他集落からの入作の増加によってK集落の農家の経営面積が減少し（図3-5，表3-9），K機械利用組合の対象面積が減ったため，面積規模的にむしろ6名のオペレーターで足りる状態となったことである。

2つは，その証拠に，2004年度に最も出役時間数の多かったJでもそれは150時間，すなわち20日に満たないという状況にある。また，そのことは，人数が減ったといっても，特定のオペレーターにとりわけ出役の負担が掛かっているわけではないことをも意味している。

3つに，6名の中で出役時間数が比較的多いのはJとiの2名であるが，Jは2005年現在63歳の定年帰農者で，かつて他産業勤務中もオペレーターを務めていたが，2002年に60歳で定年帰農した後は，オペレーターを中心的に担うようになり，今日では最大の出役者となっている。しかし，比較的高齢でもあるため，体調と天候との兼ね合いで，適期作業にあまりとらわれない稲作と大豆作のトラクター作業（耕起）を中心に担っている。一方，i（2005年現在50歳）は花き専業農家であるが，自家経営の合間を見て，J同様，トラクターを中心とした作業を担うとともに，その他の作業も積極的に他のオペレーターとともに行い，献身的に機械利用組合に貢献している。

(2) ブロックローテーション方式による集団転作とその担当者

機械の共同利用・共同作業の実施に加えて集団転作の実施がK営農集団の2番目の主要な集団営農活動の中身である。集団転作の実施は，転作面積割合が強化された1978年からの水田利用再編対策の開始を背景とし，先述の郡農協からの「四転輪作方式」の提起を契機としている。また，集団転作の形態はブロックローテーション方式だが，転作団地を比較的スムーズに形成しうるような水田の耕地基盤がすでに整備され，さらに転作作物の耕起作業を担いうる機械利用組合がすでに結成されていたことも集団転作実施の大きな推進要因であった。

そこでまず，ブロックローテーション方式による集団転作の実態から見てみよう。図3-5に2001年以降05年までの5年間の推移を示した。転作団地は転作面積と農家の経営面積，さらには団地に入った農家の稲作面積等との兼ね合いから必ずしも1ヵ所にまとまっているわけ

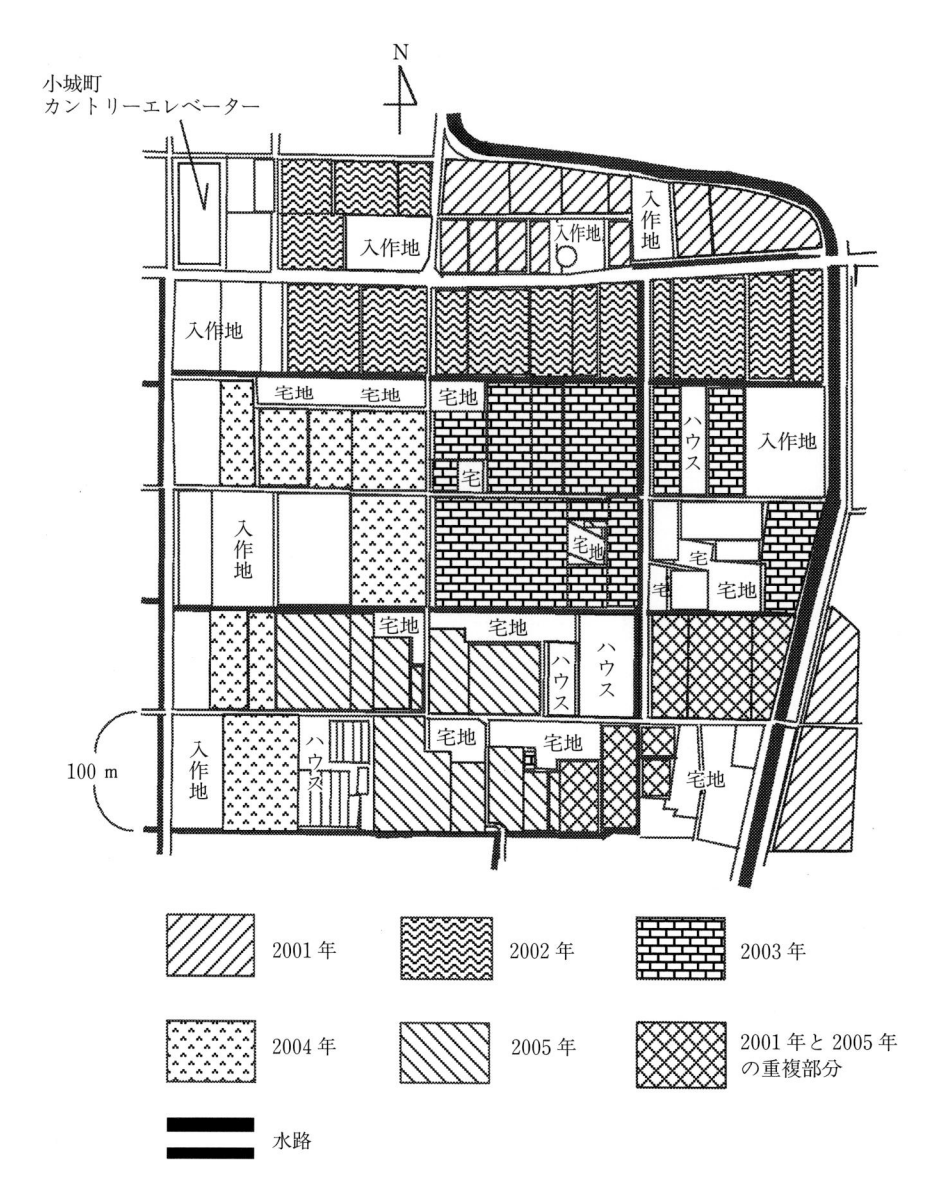

図3−5　K集落の転作団地の推移

ではなく，2〜3ヵ所から成る年もある。2000年以前の状況は省略するが，これまでのローテーションを振り返るならば，1978年の集団転作の開始から84年までの7年間で集落の約30haの水田がすべて1回は転作団地となって一巡し，その後も同様に85年から89年で再巡回し，さらに90年代にほぼ2回巡回し，そして図3−5に見られるように2001年から現在までに1巡し，これまでに5回転した。

次いで転作作物とその担当者について見てみる。表3−9は転作作物を含めたK集落におけ

第3章 平地農業地域における営農集団の展開と構造

表 3-9 K集落（属人）における作物作付面積の推移　　　　　　（単位：a）

収穫年次	夏作				冬作	収穫年次	夏作				冬作
	水稲	転作			麦類		水稲	転作			麦類
		大豆	飼料	花き				大豆	飼料	花き	
1980	2,522	337	94	44	3,054	1993	2,092	462	22	39	2,597
81	2,499	275	182	44	3,054	94	2,572	73	39	39	2,531
82	2,475	342	121	54	2,805	95	2,348	290	-	145	2,262
83	2,392	441	121	53	2,832	96	2,144	519	-	223	2,309
84	2,302	480	110	60	2,788	97	2,124	502	-	223	2,309
85	2,471	329	80	64	2,822	98	1,963	575	-	223	2,067
86	2,444	373	53	66	2,741	99	1,653	608	-	225	2,017
87	2,269	566	41	63	2,741	2000	2,312	639	-	225	2,203
88	2,241	606	30	63	2,710	01	1,833	650	-	215	2,222
89	2,248	594	43	66	na	02	1,705	510	-	227	2,085
90	2,227	590	29	91	na	03	1,240	548	-	227	1,770
91	2,235	586	15	101	2,496	04	1,153	323	-	227	1,660
92	2,282	438	23	38	2,647	05	na	464	-	227	1,504

資料：K営農集団資料，小城市役所資料。
註：na は不明。

るすべての作物の作付面積の推移を示したものである。転作作物は，大豆，飼料作物，花きなどであるが，面積が最も大きいのは大豆である。飼料作物は1984年までは1haを超えていたが，その後面積を減少させ，ついに95年に消滅し，今後とも作付けはないと言われている。それは，後述のように，かつて佐賀平野において盛んであった水田酪農がK集落でも行われていたが，担い手の高齢化と経営悪化でK集落では87年時点で酪農家は3戸に減り，95年時点でも表3-11に見るように，3戸が継続しているが，担い手の高齢化に伴って頭数を減らしてきているという実態が反映されているからである。他方，転作作物としては花き栽培面積が存在し，それは近年増加傾向にある。それは，I農家とO農家の2戸が花き栽培をしているためだが，なかでも専業的に花き栽培を行っているI農家が花き栽培の施設を拡大していることの反映である。これらの動向の結果，86年以降は上記の飼料作面積が急減したため，花き栽培面積が大豆作面積に次ぐ第2の転作作物となり，95年以降は飼料作物の消滅により，K集落の転作作物としては土地利用型の比較的粗放作物である大豆と，施設ものの花きというように，いわば両極に分化した作付方式の下において2つの作物が選択されてきているということができる。

転作作物の大宗をなす大豆の栽培においては，転作地の所有者と耕作者は全く別人であり，まさに耕地の所有と利用が分離されている点が転作におけるK営農集団のまず第1の特徴である。これは借地の一形態であるとも言えるが，いわゆる農民層分解によって特定農家が利用権を集積して規模拡大を行うという一般的な借地の形態とは異なっている。そして，このような形態をとる根拠は，「集落ぐるみ集団」としてのK営農集団の基本的性格に求めることができ

る。

　転作における第2の特徴は，大豆作がＫ営農集団構成員農家全戸による共同経営とされている点である。大豆作の共同経営の作業に誰が参加しているかは表3-11に示したが，図3-1，図3-3にも示したように，全農家が大豆転作組合を結成し，転作団地の大豆の栽培を請け負って共同経営を行っているのである。なお，かつてＫ集落の酪農経営が一定の展開を見せ，転作作物として飼料作物が一定面積作付けされていた1994年までは，これら数戸の酪農家と上記花き経営農家のＩ農家は大豆転作組合には参加していなかったが，酪農経営の縮小に伴い転作作物として飼料作物が消滅した今日では，酪農家も大豆転作組合に参加し，またＩ農家も含めて全農家が転作大豆の共同経営に参加するようになっている。

　さて，転作の大豆栽培に参加しているメンバーは，表3-11のように1995年現在25人であるが，彼ら・彼女らの顔触れはほぼ固定化しているようである。そして，これらメンバーの出役労働時間に応じて報酬を分配する仕組みになっているが，93年の場合，25名中，出役労働時間の最も多かった人は48時間，最も少なかった人は2時間であったが，農家単位で見るとほぼ平均的となり大きな差はなくなっている。

　大豆の単収は1980年代は概して300kg前後（表3-15を参照）で県・町平均を上回っていたが，90年代に入るとその半分に減少してきている。その原因は天候不順による発芽不良と言われているが，自然条件のせいだけにできない栽培技術上の問題点もあるように思われるが，この点の解明は今後の課題としたい。

　ところで，転作の団地化を支える条件として互助方式に注意しておく必要がある。全国的に見て，転作における互助方式の採用率は水稲単収と正の相関があるとされる[6]。その根拠は，東北，北陸，北九州等の米単収の高い地域は米作依存割合が高く，かつ遠隔地帯として農外就業条件が狭隘なため，転作が極めてむずかしい状況下にあるからである。つまり，農業（家）所得における稲作所得の重さにある。北部九州の中でそのような性格を最も強く持っている地域は佐賀県，なかでも佐賀平坦水田地域である。その意味で，佐賀平坦の一角に位置するＫ営農集団の転作に採用されている互助方式は，このような現段階における転作方式の性格と問題点を体現しているものである。そこで，この点をＫ営農集団において具体的に見ると以下のようになっている。

　Ｋ営農集団では，1999年までは転作団地提供者（その水田の経営者）に稲作所得相当額として米6俵分が支払われていた。これは稲作所得補償としての性格を持つ。見方を変えれば，稲作所得相当分の6俵分が「稲作権」[7]として「地代」化されていると見ることもできる。そして，米6俵分と転作奨励金との差額が互助金で埋め合わされる。次いで，この互助金の総額を総耕作面積で除した金額を拠出金として全農家から耕作面積に応じて徴収するのである。この点を1993年の場合で見ると，まず10a当たり米6俵分の金額が87,800円であったため，これを転作団地提供者に「地代」として「とも補償」するために，この金額から転作奨励金27,000円を差し引いた60,800円（互助金）の総額をＫ集落の全農家の総耕作面積で除した10

表3-10 K集落における転作団地への奨励金等の補償方法の推移　　（単位：円）

年次	補償額	奨励金	互助金	拠出金	年次	補償額	奨励金	互助金	拠出金
1981	105,618	73,200	32,418	4,768	1992	90,720	51,000	12,810	12,810
82	106,638	73,200	33,438	5,682	93	87,800	27,000	11,763	11,763
83	108,912	74,600	34,312	6,375	94	87,800	7,000	3,361	3,361
84	111,270	66,000	45,270	8,102	95		50,000		
85	111,270	66,000	45,270	10,108					
86	111,270	66,000	45,270	10,316	2000	73,000	73,000	—	—
87	111,270	52,000	59,270	13,468	01	73,000	73,000	—	—
88	99,690	52,000	47,690	12,602	02	73,000	73,000	—	—
89	104,664	52,000	52,664	13,950	03	73,000	73,000	—	—
90	97,664	45,000	52,664	13,900	04	50,000	50,000	—	—
91	97,664	45,000	52,664	13,808	05	53,000	53,000	—	—

資料：K営農集団資料。
註：1995～99年は不明。

a当たりの金額が11,763円となることから，この金額を全農家から耕作面積に応じて「拠出金」として徴収したということである。この場合，「地代」は稲作所得相当額以外の何物でもなく，転作作物の所得は全く考慮されていない。このように，互助金算定において転作作物の収益を考慮しない事例は現在のところ全国的にも圧倒的に多い[8]。しかし，こうした方式については問題点が残る。つまり，現在，一方で転作面積割合は増加傾向を示しているのに対し，転作奨励金は減少傾向にあるため，その他の条件に変化がなければ，互助金，ひいては拠出金の額がどんどんふくれ上がっていかざるをえないからである（表3-10）。したがって早晩，稲作所得の割合の見直しや転作作物の収入の組み込みが迫られる状況にあった。

その後，このような状況に変化が生じた。それは，1999年制定の「食料・農業・農村基本法」に基づいて策定された2000年の「食料・農業・農村基本計画」に掲げられた食料自給率の向上を目的に2000年から開始された「水田農業経営確立対策」に伴う転作補助金のかさ上げと，併せて同年から開始された大豆交付金の支払いを契機とする大豆収益性の向上を背景に，転作団地への稲作所得相当額を補償するという上述の互助方式は取りやめられることとなったからである。

こうして，たしかに転作大豆作への補償額は増加したことを意味する。しかし，その後2005年に改訂された「食料・農業・農村基本計画」において，2007年以降の転作奨励金の廃止ならびに一定要件をクリアした認定農業者と「集落営農経営」のみを経営安定対策の対象とするという対策が示された段階で，K営農集団は新たな対応を迫られている。

5．構成員農家の性格と集団活動の経営的効果

K営農集団の基本構造と活動実態は以上のとおりであるが，次に課題となるのは構成員農家の個別経営・経済の視点からの分析である。そこで，本項において構成員農家の個別農業経営

ないし個別農家経済の実態とそれらにとっての集団活動の意義について考察する。

(1) 構成員農家の性格

K集落の農家構成を経営耕地面積順に示したのが表3-11である。経営面積が最大規模の農家はA農家で，それは2.62 haであるが，これは今日では決して大規模とは言えない。また，このA農家を筆頭に2 ha規模の農家が6戸存在し，1 ha以上の農家が14戸と集落農家数の大半を占めており，中規模ないし零細規模を中心とした比較的フラットな農家構成となっている。なお，1戸当たりの平均経営面積は1.59 haである。

このような経営面積の下で，K集落の農家のほとんどは共通して米と麦を栽培し，米麦の主要作業が機械利用組合によって担われていることは上述したとおりである。なお，佐賀平野は北海道と並ぶモチ米主産地であり，K集落を含む小城市も県内においてモチ米の作付が比較的多い地域であることを反映し，K集落の稲作付面積の5割近くがモチ稲となっている。

次いで指摘すべきK集落の農業の特徴は水田酪農経営の展開であった。佐賀平坦は戦後いちはやく水田酪農が展開し，それに注目した調査研究も多くなされた地域であるが，しかし同時に，それが急激に衰退した典型的な地域でもあるとされる[9]。その中で，小城市小城町の酪農経営は1985年で10戸，120頭（2歳以上90頭）に激減しているが，そのうち4戸がK集落に属していた。そして95年には，小城町で5戸，101頭（同71頭）になったが，うち3戸がK集落に属しており，K集落の酪農はいわば町の酪農の最後の砦的存在となっていた。具体的にはA農家は成牛15頭，F農家は同6頭，H農家は同12頭であり，現在ではいずれも中小規模経営に属するが，これまで長く水田作と結合した水田酪農経営として存続し，営農集団の集団転作の重要な作物としての飼料作物栽培を担い，また，その際，堆厩肥を集落の水田に広く投入することによって地力維持機能を果たし，同時に四転輪作による田畑輪換農法を補完・充実させ，さらに3戸の経営主はともにこれまで機械利用組合のオペレーターを担当するなど，営農集団の中核的部分としてその存在意義は大きかった。そして，K集落の酪農は1戸当たり頭数を60年の2.2頭から75年に6.3頭，85年に15.6頭と増頭させてきたが，依然中小規模にとどまり，しかも，その主たる担い手が昭和1ケタ世代であったため，彼らの高齢化および酪農経営の悪化の下で，85年以降は飼養農家数が減少するだけでなく乳牛頭数も減少し，95年では1戸当たり頭数は14.6頭に減少した。85年以降の転作飼料作面積の減少（表3-9）は，このような動向の反映にほかならない。K集落の酪農が1つの転機にさしかかっていることをうかがわせた。事実，A農家のあとつぎは酪農にはタッチせず運送会社に勤め，F農家のあとつぎも農協勤務というように，あとつぎには酪農継続の意志はなさそうに見える。したがって，昭和1ケタ世代の農業引退に伴って，K集落の酪農は消滅する可能性が極めて高い。

さらに，K集落の特徴として，後述するように全般的な兼業深化の中で唯一農業専従の後継者夫婦を保有しているⅠ農家の存在が注目される。Ⅰ農家はもともとは経営主が工務店に長年勤務する第Ⅱ種兼業農家だったが，後継者が農業高校を卒業後アメリカ研修（2年間）を経て

自家就農することによって実質専業農家化した。現在，後継者は花き（花壇苗中心）を専門とし，1994年に有限会社化し，常勤者1名（男子），臨時者10名（女性）を雇用しつつ，花き用施設を拡大中である。また，後継者 i さんは父親に代わって77年からK機械利用組合のオペレーターの有力メンバーとなり，これまで28年間オペレーターを続け，K機械利用組合の活動を中心的に担っていることは特筆すべき事柄である。

なお，H農家とM農家は専業農家だが，老人専業農家であるため，K集落で実質的に専業的に農業を経営しているのは上記 I 農家のみである。

それ以外の農家ではあとつぎがすべて専従的に農外就業に就いているばかりでなく，経営主の多くも常勤的な農外就業に就いている。さらに，表出は省略したが，それのみならず，経営主の妻やあとつぎの妻の多くも農外就業を行っている。したがって，これらの兼業農家は，ほとんどが第Ⅱ種兼業農家と考えられる。

こうして，経営面積の差はあるものの，米麦等の土地利用型大規模経営は存在せず，I農家を例外として，K集落の農家のほとんどは，1～2ha台の中規模ないし零細規模の農業経営を営む兼業農家であると言うことができる。

K集落の農家の性格を以上のように把握できるならば，K営農集団が全戸参加型であること，機械利用組合が多人数オペレーター制をとっていること，および転作大豆栽培が全農家参加型の共同経営形態をとっていることなどの根拠も，その線上において理解することができよう。すなわち，K集落の農家はすべて経営面積が中規模ないし零細規模であり，しかも米麦価の低下傾向の下で米麦作収支が悪化してきているため，むしろ米麦作の委託を希望する農家がいるのが実態である反面，このような米麦経営を引き受ける大規模経営農家が集落内に存在しないため，集落を単位として米麦作の生産規模を実質的に拡大して米麦経営費の節減を図ることによって，米麦所得を維持することを目的とする機械利用組合を結成するという方向を選択したわけである。そして，その場合，機械利用組合に全農家が参加した根拠としては，そのようなメリットをK集落のすべての農家がほぼ共通して享受しうるためであると考えることができる。また，機械利用組合のオペレーターが多人数である根拠も，構成員農家の米麦経営面積が比較的類似しているため，基本的に構成員農家が平等の立場で営農集団に参加したためと考えられる。また，そのことが構成員農家1戸当たりの出役負担を軽減することにもつながることが考慮されていることは言うまでもない。さらに，転作大豆栽培が全農家の共同経営形態をとっている根拠も，同様の事情によっており，I農家を含め，K集落には転作を引き受けられる土地利用型の中核農家層が存在しないために，全農家で行わざるをえなかったためである。

(2) 営農集団の経営的効果——米・麦・大豆の収益性分析——

構成員農家の個別経営にとって集団活動の経営的意義は何か。それは，機械共同利用によってスケールメリットが発揮された結果としての米麦の生産費の節減，共同作業による作業効率の向上，および作付協定に基づく団地的土地利用による転作物（大豆・飼料作物）の収量の増

表 3-11 K集落の農家経営概況 (1995年9月現在)

(単位：a、歳、日)

農家記号	経営耕地面積	同居直系家族員年齢 世帯主	同居直系家族員年齢 世帯主の妻	同居直系家族員年齢 あとつぎ	同居直系家族員年齢 あとつぎの妻	同居直系家族員年齢 その他	年間農業従事日数 世帯主	年間農業従事日数 その妻	年間農業従事日数 あとつぎ	年間農業従事日数 その妻	年間農業従事日数 その他	機械利用組合のオペレーターの年齢と種類	大豆作業出役者年齢 男	大豆作業出役者年齢 女	稲作付面積 ウルチ	稲作付面積 モチ	作麦作付面積	麦米以外の部門	農外就業状況 世帯主(常勤)	農外就業状況 あとつぎ
A	262(-)	62-59	34			32長女	350	350	10		10	62コ	62	59	53	73	139	乳牛(経産15頭、育成5頭)		運送会社(常勤)
B	259(29)	70	45-40				100	80	100			45ト	45		259					建設会社(常勤)
C	250(-)	66-63	40-35				230	200	100	30		40ト、コ	40		220	30	220			販売店(常勤)
D	246(10)	63-62	40-38				100	50	50	100		40ト、コ	40	38	75	160	246	和牛(親10頭、子3頭)		販売店(常勤)
E	232(-)	70-67	35-33				20	70	35			35ト	35		90	30	228	和牛(親3頭、子2頭)		自動車整備工(常勤)
F	214(59)	66-62	38-39				350	350	50			38ト	38		214		214	乳牛(経産6頭、育成6頭)		農協(常勤)
G	195(30)	55-52				27長女	40	60	50		5	55コ	55	52		194	194	乳牛(経産12頭)	銀行(常勤)	長女：医院(常勤)
H	178(13)	74-71				57弟	350	350			350	74ト	74	71	130	44	164	花き栽培(花壇苗中心)		
I	178(-)	65	40-38					200	300	250		40ト	40		72		72		建設業(常勤)	印刷会社(常勤)
J	176(-)	64-63	37-34				60	30	20			64ト	64	63	176		176			
K	144(-)	77-70	40-37				10	30	60	30		40ト	40	37	87	45	132		タクシー会社	農協(常勤)
L	112(-)	53-48				75母	14	14			14	53		48	112		112			
M	111(-)	62-61					200	200				62ト	62	61	60	18	111			
N	99(-)	69	45-45					100	250						52	46	98		妻：造園業(臨時)	食品会社(常勤)
O	67(-)	69-66	36-34				70	250	70					69	30		30	施設菊20a、露地菊14a	商事会社(自営)	商事会社(常勤)
P	61(20)	53-53					20	20				53ト、コ	53	66	61		58		印刷会社(常勤)	電力会社(常勤)
Q	46(-)	64-71	34				15						64			46	46		食品会社(常勤)	
R	30(-)	66	43-42				10	5						66	30		30			レストラン(常勤)

資料：1995年9月実施K集落農家悉皆調査。
註1：経営面積の( )内は借地面積の内数。
註2：オペレーター種類のトはトラクター、コはコンバインのオペレーターを示す。

第3章 平地農業地域における営農集団の展開と構造

表3-12 米の収益性　　　　　　　　　　　　　　　　　　(単位：a, 円／10 a, %)

		K組合構成員 D農家	佐賀県 平均	九州 平均	九州 1.5~2.0 ha	都府県 平均	都府県 1.5~2.0 ha
作付面積		196.0	90.7	71.1	169.2	82.1	169.4
粗収益*1　A		166,545	175,665	164,797	170,340	169,166	176,045
物財費	種苗費	2,080	1,765	2,136	1,813	2,906	2,248
	肥料費	6,662	6,922	9,669	10,137	11,092	10,925
	農薬費	9,994	13,109	11,024	10,089	7,743	7,027
	光熱動力費	335*2	2,777	3,465	3,448	3,473	3,460
	諸材料費	483	1,559	1,823	1,264	2,283	2,032
	賃借料料金	14,470*3	9,834	8,412	6,588	9,402	6,815
	水利費	600	3,320	4,427	3,496	5,784	6,350
	土地改良費	2,769	3,149	3,483	1,909	4,292	3,543
	農機具費 個人	10,153	35,656	43,365	29,101	45,346	39,382
	組合	3,239*4	—	—	—	—	—
	計　B	50,785	78,091	87,804	67,845	92,321	81,782
A－B		115,760	97,574	76,993	102,495	76,845	94,263
所得		115,760	96,069	75,823	101,888	75,874	93,445
所得率		69.5	54.7	46.0	59.8	44.9	53.1

資料：D農家のものは1986年産についての実態調査，その他は農林水産省『米及び麦類の生産費』1986年産全調査農家。
＊1：粗収益には副産物は含まない。
＊2：田植えと防除の個人作業に関するもの。
＊3：機械利用組合の作業料金とカントリーエレベーターの利用料金。
＊4：現在の共有機械費の分担金（補助金圧縮計算）と購入予定コンバインの積立金。

加と安定化である。

　スケールメリットの発揮は米作において明確に認められる。すなわち，現在の中型機械体系1セットの適正稼働面積が6～7 haであるとされている[10]ことからすれば，K機械利用組合の場合は，1995年の水稲作面積約24 ha，麦作面積約23 ha（表3-9，表3-11）に対し，中型トラクター2台，自脱型コンバイン2台が使用されているから，1台当たり稼動面積は，トラクター，コンバインともに約12 haとなり，適正面積水準ないしそれ以上の操業度を確保しているものと判断される。その結果は米の機械費用の節減効果として現れている。この点を示したのが表3-12である。これは86年産について調べた若干古いデータ[11]ではあるが，機械費用にかかわる賃借料と農機具費の合計において，農林水産省調査（以下，「米生産費調査」）の10 a当たり佐賀県平均4万5千円，九州平均5万2千円，九州1.5~2.0 ha 3万6千円，都府県平均5万5千円，都府県1.5~2.0 ha 4万6千円に対し，K営農集団構成員であるD農家（表3-11参照）の場合は2万8千円と明らかな差が認められる。このことは上述した表3-6の作業料金の安さに現実的には示されており，実際，K機械利用組合構成員農家の多くが「作業委託料金が農協標準料金の半分で済んでいる」と回答していた。その結果，物財費合計において，「米生産費調査」の佐賀県平均7万8千円，九州平均8万7千円，九州1.5~2.0 ha 6万

表 3-13 ビール麦の収益性　　　　　　　　（単位：a，円／10 a，％）

		K組合構成員 D農家	佐賀県 平　均	九　州 平　均	都府県 平　均
作付面積		238.0	125.7	151.4	105.6
粗収益　　　A		63,819	52,322	43,008	55,370
物財費	種苗費	2,353	1,498	1,801	2,527
	肥料費	11,435	8,571	8,285	8,775
	農薬費	555	1,990	914	1,034
	光熱動力費	19	1,823	1,411	2,066
	諸材料費	—	—	28	182
	賃借料料金	14,277	6,291	9,308	3,848
	土地改良費	1,846	1,825	818	937
	農機具費　個人	5,483	24,509	18,329	18,904
	組合	2,159	—	—	—
	計　　B	38,127	46,507	40,894	38,273
A－B		25,692	5,815	2,114	17,097
所得		25,692	5,596	2,023	16,883
所得率		40.3	10.7	4.7	30.5

資料：D農家のものは1986年産についての実態調査，その他は農林水産省
　　　『米及び麦類の生産費』1986年産。
註1：費目は表3-12に同様。
註2：粗収益に奨励金は含まない。

　8千円，都府県平均9万2千円，都府県1.5〜2.0 ha 8万2千円に比べ，D農家の場合は5万1千円と大幅に低くなっている。これらの差は結局所得差となって現れ，「米生産費調査」の場合の所得6〜9万円台に対し，D農家のそれは11万円余となっている。この点をさらに所得率で見るならば，「米生産費調査」の場合が40％から50％台（九州1.5〜2.0 haは61％と比較的高い）であるのに対し，D農家の場合は70％を維持している。ここに機械利用組合の結成・展開の最大の意義があると見られる。

　他方，麦については，残念ながら農家調査結果からは機械費用節減効果が必ずしも明白には認められなかった。それは表3-13に示したように，D農家の10 a当たり物財費3万8千円が農林水産省調査の佐賀県平均よりは低いものの，九州平均および都府県平均とほぼ同水準になっているからである。その要因については，D農家の場合の賃借料とりわけカントリーエレベーターの利用料金の高さにあるように思われるが，その詳細については目下不明である。しかし，このことから麦については機械共同利用によるスケールメリットが発揮されていないと即断することはできない。それは，たとえばK機械利用組合とほぼ同様の機械共同利用を行っている小城市小城町内の小島営農集団の調査結果からは麦の生産費節減効果が認められているからである。すなわち，串木（1988）によると，小島営農集団の同年産のビール麦は10 a当たり粗生産額77,610円，物財費26,176円，所得51,434円，所得率66.3％とされ，物財費軽減，所得維持効果が示されている[12]。

表 3-14 作業時間の一例　　　　　　　　　　　　　　　（単位：時間／10 a）

		K組合 (1981年)	都府県 (1981年)	九　州 (1981年)	小島集団 (1983年)
稲　作	耕起	2.4	8.5	9.2	1.5
	収穫	6.9	15.1	16.6	4.0
麦　作	耕起	2.0	3.1	3.2	
	収穫	3.9	11.9	9.6	
		K組合 (1993年)	全　国 (1993年)	九　州 (1993年)	小城町 (1993年)
全作業	稲作	32.0	39.6	42.1	43.0
	麦作	8.5	7.4	13.5	10.0

資料：K機械利用組合作業日誌，農林水産省『米及び麦類の生産費』の全調
　　査農家，佐賀農業コンクール大会参加調書（小城農業改良普及所），
　　横尾（1987），32頁。
註：麦はビール麦。

　機械の共同利用の多くは専任のオペレーターによる協業体制（組作業）で行われるため，米麦作ともその作業効率は高い。表3-14はトラクターとコンバインの作業時間を示したものだが，その効率の高さは明白である。ただ，作業効率についてはK機械利用組合ではまだ水稲の作付協定がなされておらず，ウルチ・モチ品種が構成員農家の各圃場ごとに入り組んでいるため，コンバインがそれらの品種の熟期に合わせて細切れ的に移動するための作業ロスが見られるという欠点を残している。それに対し，水稲作においても品種別団地が形成されている小島集団では，水稲刈取時間において九州平均16.6時間，K組合6.9時間に対し，4時間とさらに短縮されている。

　こうして，米麦の機械費用が節減され，また共同作業によって作業効率の向上が図られていることが，機械利用組合の経営的効果であると結論づけることができる。

　一方，ブロックローテーション方式による団地での転作物の大豆の栽培は，共同経営による集団栽培・管理とあいまって，たしかに1880年代には単収の安定的増収をもたらした。すなわち，K集団では84年から89年までは概して300 kg前後の大豆の単収を記録し，それは県・町平均を上回る高い成果であった。ところが，90年代に入ると，大豆単収は100 kg台に半減してしまっている（表3-15）。その原因は天候不順による発芽不良と説明されているが，緊急に解決を迫られている課題と言える。というのは，大豆の単収の動向は，上述のように集団転作を遂行するための重要な経済的条件の1つとなっており，集団転作の将来性を左右する性格のものであるからである。そこでの検討課題は，単収を左右する栽培方式のあり方であるが，その際，これまで通りの全農家出役制による共同経営方式がよいのか，小島営農集団のような特定農家による受託方式がよいのか，といった点の検討も改めて必要となろう。

表3-15　大豆10a当たり収量の推移　　　　　　　　　　　　　　　　　　　　（単位：kg）

	佐賀県平均	小城町平均	K営農集団	小島集団		佐賀県平均	小城町平均	K営農集団	小島集団
1983	158	176	169	310	1994	144	210	293	
84	164	232	298	297	95	219	251	294	302
85	92	145	260	226	96	227	264	274	321
86	191	261	300	315	97	157	175	205	253
87	140	188	246	246	98	203	240	177	
88	216	264	320		99	157	200	215	237
89	200	230	272		2000	246	266	271	259
90	142	158	132		01	231	245	294	299
91	74	107	152		02	296	321	351	234
92	207	243	136		03	161	191	191	242
93	74	107	101		04	93	112	143	85

資料：K営農集団資料，佐城農協大豆共同乾燥調製施設資料，小島営農集団資料，『佐賀農林水産統計年報』佐賀農林統計協会．
註：空欄は不明．

6．長期存続要因と今日の問題点

　本節の最後に，K集団の長期存続要因と今日における問題点を確認しておきたい．

　K集団の実態分析から，農家のほとんどが兼業農家，しかもそのほとんどが第II種兼業農家であり，また彼らの農業が概してフラットな中規模ないし零細規模の土地利用型農業であるような集落において，ほぼ全員が参加した集落型の兼業農家主体の営農集団が形成された場合，構成員農家の農業の類似性から，構成員農家の集団営農への求心力が比較的強く働くため，このような営農集団は形態や内容を余り変化させずに長期に存続することができたと考えられる．また，専従的な農外就業においても週休2日制の普及など，あとつぎ世代がオペレーターに参加しうる条件が拡大されてきている点も，その一因として指摘しておかなければならない．

　しかし他方で，このような集団では，機械利用組合によって省力化され解放された米麦生産からの労働力がさらに農外就業に向かってしまうため，農業生産が高度化されないという欠点を持つ．近年における転作大豆の単収低下もそのことと無関係とは思われない．そして，このことは集団転作の効果を減殺するのみならず，将来の集団転作条件を切り崩すことにもなりかねない重大な問題点を内包している．このような点をいかに克服するかが，これまで長期に存続してきた兼業農家主体の集落型の営農集団がいま直面している課題であると考える．

第3節　専業・兼業農家混在型営農集団の展開と農業経営
　　　　──佐賀県東与賀町・N機械利用組合──

　前節で述べたように，佐賀平坦では一般的には営農集団の形成を契機に稲作作業から解放さ

れた労働力の多くは農外部門への兼業深化と結びついていったが，それとは異なる方向として，事例的には多くないが，営農集団の形成を契機に農業経営に集約作目を取り入れようとする動きも見られる。そこで，本節では機械共同利用やライスセンター等共同乾燥調製施設利用を中心に形成された営農集団の構成員農家における農業経営の集約化のメカニズムについて検討してみたい。

1. 東与賀町農業の展開と現状

東与賀町は佐賀市南部に隣接し，有明海に面する干拓地帯に立地する。佐賀市に隣接する点では農地転用に伴う代替地取得による地価高騰圧力を受けて土地問題を顕在化させ[13]，干拓地帯である点では1戸平均経営耕地面積が広く（2000年で191a），かつ土地生産性も高いという特徴を持つ。なお，1戸平均経営耕地面積の広さの要因は干拓のみでなく，戦前の佐賀段階形成期以来の自小作前進にも負っている[14]。

このような条件を考慮しつつ，町農業の戦後過程を見ると，1955～65年にかけては水田酪農の展開が認められたが，しかしそれも65年以降には衰退し，その後今日まで後述の施設園芸以外は主要作目の定着を見ることなく，稲麦二毛作構造の下で兼業化の大波に飲み込まれているのが実態である。

東与賀町の農業展開の特徴は，前節の小城市におけるような濃密な営農集団形成路線ではなく，個別的展開を基本路線としている点である[15]。たしかに，1977～82年に5ヵ所のライスセンターの設置と併せて町内のほぼ全集落においてトラクター・コンバインの共同利用組織が結成されたが，残念ながらそれらの大半は根づくことなく，10年たらずの間に消滅ないし縮小再編という過程をたどってきている。本節で取り上げるN機械利用組合はこのとき結成され現在も活動中の町内では数少ない集団の1つである。

東与賀町においては，これまでずっと稲作主体の農業展開が支配的であったが，低経済成長期以降，麦作と施設園芸の展開が見られるようになった。麦作は1975年の収穫農家数515戸，面積648haが80年には474戸，854ha，85年には496戸，943haと面積拡大が著しかったが，その後は90年879ha，95年728ha，2000年597haと減少傾向を見せている。また，本町の施設園芸の中心作物であるイチゴ等のハウス面積は75年の12haから80年には19ha，90年には30haへと伸張したが，2000年には25haへと若干減少し，施設園芸の厳しさを暗示してい

表3-16 農業粗生産額の部門別構成比の推移（東与賀町）

年次	米	麦類	雑穀・豆類	野菜	果実	畜産	その他
1970	73.0	10.8	0.2	2.9	0.1	8.7	4.3
1980	49.0	19.3	0.6	16.6	1.1	11.6	1.9
1990	45.0	15.5	1.2	26.4	0.9	8.8	2.2
2003	50.2	9.5	6.2	25.5	0.0	5.3	3.3

資料：農林水産省『生産農業所得統計』。

るように見える（以上，農業センサス）。いま見てきた動向は表3-16の農業粗生産額部門別構成比の推移にも反映されている。

2．水田圃場整備と麦作・施設園芸の展開——機械利用組合結成の背景——

N集落は，明治初年までにできあがった町中央部の古い干拓地＝揚(あげ)に立地する。2000年現在，農家戸数は34戸で佐賀平坦では比較的大きな集落に属する。1戸平均経営耕地面積は229aと大きく，干拓地農業の典型例を示している（表3-17）。

N集落では，1970年からの米生産調整政策の開始による「減反ショック」を背景に，71年に21，26，31番農家の3戸の経営主が集落で初めてイチゴ作を開始した（農家番号は表3-18を参照）。また，74年には4番農家もイチゴ作に加わった。そして67年から開始された東与賀町における県営圃場整備事業がN集落に及んだ75，76年を契機に，77年には1，11，13，17番農家の4戸でもイチゴ作を導入し，ここに現在のN集落の10戸のイチゴ作メンバーのうちの8戸が出そろうことになった。

ところで，この時点までの8戸のイチゴ作導入者は昭和1ケタ世代の経営主であり，彼らの大半は米生産調整の開始を契機に一時は地場の土建業等の日雇兼業に出ていた人たちであったが，イチゴ作導入を契機にいわばUターン就農したのであった。それに対し，その後にイチゴ作を開始した21番農家（80年）と28番農家（86年，しかしその後に止めた）の場合，その担当者は後継者に移行していた。その背景には，この時点ではすでに活動していたN機械利用組合（その活動実態については後述）の存在がある。この点は施設ナスを開始した18（81年），14（82年），3番（84年）の各農家についても同様である。

圃場整備事業を契機に伸長したもう1つの作目は麦作であった（表3-17）。なお，麦作展開の条件としては圃場整備だけでなく，75年以降の国の麦作振興に伴う収益性の向上と後述のN機械利用組合の結成があったことは言うまでもない。

3．ライスセンターの設置とN機械利用組合の結成

表3-18に見られるように，N集落のイチゴ作農家は同時に1.5～3.0 haの稲・麦を作付けしているが，イチゴ作は言うまでもなく極めて労働集約的な部門であるため，1977年に集落のおおかたのイチゴ作メンバーが出そろったということは，複合部門である稲・麦作の省力化・合理化の必要性を高めたことを意味する。まずこの点の存在を翌78年のN機械利用組合結成の背景として指摘しておきたい。

このような状況下で，以下の点を直接的契機としてN機械利用組合は結成されることになった。すなわち，1978年に本地区にライスセンターが設置された際，このライスセンターはN集落を含む関係3集落の129戸の農家の自主運営によるため，関係農家からライスセンターのオペレーター要員を調達する仕組みになっていたが，オペレーター要員として男手を出した農家は自家経営での稲・麦収穫作業が困難になるという事態に遭遇した。そこで，収穫作業を

第3章 平地農業地域における営農集団の展開と構造

表3-17 N集落の農業・農家の変化 (単位：戸，a，台，人)

		1960	1970	1975	1980	1985	1990	1995	2000
農家数	専業（男子生産年齢人口がいる専業）	28	11	4(4)	8(8)	9(9)	11(10)	10(8)	9(7)
	第Ⅰ種兼業	13	27	28	23	19	18	9	7
	第Ⅱ種兼業	7	13	10	7	9	7	16	18
非農家数（総戸数）				10(61)		26(64)		34(70)	37(72)
経営耕地面積	田	7,026	7,700	9,184	7,856	8,156	8,550	7,989	7,766
	畑	183	60	-	2	11	7	21	-
	樹園地	-	-	-	106	88	17	16	15
作物種類別収穫面積	稲	7,026	7,690	7,133	7,173	6,820	6,617	7,218	5,805
	麦類	5,057	5,158	6,484	**7,782**	7,625	7,507	5,730	3,716
	豆類	53	4	15	20	732	850	-	643
	野菜類	109	10	35		39	12	7	56
施設園芸	農家数		1	3	10	14	16	14	11
	面積		…	69	237	348	393	344	288
農産物販売額第1位の部門別農家数	稲作		51	42	28	26	21	24	22
	施設園芸・施設野菜		-	-	9	11	15	10	10
	花き		…	…	…	…	…	1	1
農業経営組織別農家数	単一経営 稲作				3	1	1	9	13
	単一経営 施設園芸・施設野菜				-	-	-	-	1
	複合経営（うち準単一複合）				34(25)	36(26)	35(29)	25(22)	19(19)
農産物販売金額別農家数	100万円未満（うち自給農家）	45	14(-)	3(-)	2(-)	-(-)	1(-)	3(-)	4(1)
	100～300万円		27	21	8	9	11	12	14
	300～500万円	3	8	16	6	8	7	5	5
	500～1,000万円		2	2	17	9	4	5	1
	1,000万円以上（うち1,500万円以上）				-(-)	5(1)	11(3)	13(4)	10(8)	10(4)
経営耕地面積規模別農家数	0.5 ha未満	9	10	2	1	-	-	1	1
	0.5～1.0 ha	5	5	4	2	2	2	3	2
	1.0～2.0 ha	18	21	16	17	12	12	11	12
	2.0～3.0 ha	13	12	11	12	17	14	10	9
	3.0 ha以上（うち5 ha以上）	3(…)	3(…)	9(…)	6(…)	6(1)	8(-)	10(-)	10(-)
借入水田のある農家数・面積	農家数		2	24	1	9	10	8	7
	面積		95	1,612	…	440	646	761	653
稲作機械所有台数（個人＋共有）	耕耘機・トラクター	耕耘機29	総数40	総数42	24・36	55・25	13・36	6・38	2・31
	田植機		3	32	36	34	25	28	23
	バインダー		22	30	9	13	1	-	-
	自脱型コンバイン		1	23	19	9	6	5	12
	米麦用乾燥機		38	39	9	3	2	1	1
米乾燥・調製作業を請け負わせた	農家数						26	35	34
	面積						2,523	7,218	…
農家人口（うち15～29歳）	男	126	133(30)	117(21)	108(19)	107(26)	94(23)	95(25)	86(14)
	女	157	155(39)	136(37)	111(26)	105(24)	94(23)	87(13)	86(12)
農業従事者数	男	67	…	…	…	61	53	55	62
	女	74	…	…	…	55	50	40	52
農業就業人口（うち15～29歳）	男	61	50(9)	40(5)	41(5)	39(6)	41(4)	34(2)	30(-)
	女	73	72(18)	50(8)	47(8)	46(4)	47(4)	37(1)	42(2)
基幹的農業従事者数	男	57	45	35	37	30	38	30	23
	女	55	44	34	33	28	18	18	21
農業専従者（うち15～29歳）	男		39(7)	31(3)	36(4)	24(5)	34(3)	22(1)	20(-)
	女		36(10)	10(-)	30(3)	20(2)	28(1)	15(-)	19(-)
農業専従者がいる農家数			35	30	31	16	25	15	17

資料：表3-1に同じ。
註1：-は事実のないもの，空欄ないし…は項目なしか不明のもの。
註2：年齢別は1990年以前は16歳以上，95年以降は15歳以上。ただし「農家人口」の70年，75年および80年については15歳以上である。
註3：ゴチック体は増加した注目数値。

表 3-18　N 機械利用組合構成員農家の概要（2000年度）

(単位：a、歳、時間)

班番号	農家番号	経営耕地面積			同居直系家族員の年齢と就業状態（2001年1月）				農業部門の概要				オペレーター出役時間数		農外就業の概要			農家の性格
		経営耕地（うち通年借地）	期間借地	世帯主―妻	あととり	一妻	父―母	水稲	麦類	その他		稲刈	麦刈	世帯主	あととり	父	
1	1	425(85)		51A―51A			84F	300	360	イチゴ30 a		57	42		(23歳・大学生)		夫婦 2 名農業専従
	2	340(160)		68A―70E	39D―39D			300	300			55	42		JA単協		安定勤務 II 兼農家
	3	315		64A―63A	31A			240	190	ハウスナス15 a		62	46				2 世代 3 名農業専従
	4	260		64A―59A	37A			180		イチゴ28 a		64		畳床製造自営	(30歳・隣町他出)		2 世代 3 名農業専従(1班班長)
	5	187		59D―63A'				128							会社員		会社勤務 II 兼農家
	6	172		73C―66C	38D―39D			107	167	大豆60 a		5	12	車販売会社勤務自営			会社勤務 II 兼農家
	7	150		40D―33E				130	150				11	土建業自営	(他出自営会社員)		自営業自営
	8	126		63D―58D			65E	35				5		建設会社勤務	(娘 2 人嫁出)		会社勤務 II 兼農家
	9	66		55D―56D				35		大豆30 a							
小計		2,041(245)	―					1,455	1,167								
2	10	440		42A―38A			70A'―63A	320	370	ハウス花33 a		49	46			町会議員	2 世代 2 名農業専従
	11	335		59A―57A				275	280	イチゴ25 a		49	46	電気会社勤務	25歳三女会社員		夫婦 2 名農業専従
	12	294(28)		48D―51A'			74A'	210	260	大豆56 a		17	13		(19歳・農業大学)		会社勤務 II 兼農家
	13	270		53A―51A	24D―26D		87F―81F	140	270	ハウスナス23 a、タマネギ5 a		49	45	〈認定農業者〉	JA県連		大規模稲作・あととき勤務組合員
	14	255	95	47A―45A			78A'	161	297			49	43		(37歳・福岡他出)		夫婦 2 名農業専従(2班班長)
	15	161(84)		65A―62A'				226	160			30					定年帰農
小計		1,755(112)	95					1,226	1,637								
3	16	403(44)		51D―49D	26D		80A'―76E	251	350	大豆150 a		52	23	JA県連	(23歳・大阪)		安定勤務 II 兼農家
	17	316		56A―53A			65F―67A	246	246	イチゴ26 a、大豆48 a		52	18	〈認定農業者〉	鉄鋼所勤務		夫婦農業専従・あととぎ勤務
	18	304	110	40A―38A			69A'―66A'	212	370	ナス26 a、大豆48 a		47	23	町役場職員			2 世代 3 名農業専従(3班班長)
	19	267		40D―36A'				210	267	大豆40 a		48		県職員	情報会社勤務		会社勤務 II 兼農家
	20	235		68A―59A'	32D―31D		66A―64A	135	230	アスパラガス23 a、大豆30 a		48	23	タクシー会社勤務	(23歳・名古屋市)		2 世代 4 名農業専従
	21	230		40A―40A				165		イチゴ30 a		38	12		会社員		2 世代 4 名農業専従
	22	157		58D―52E			94F	120				19	6	町役場職員			安定勤務 II 兼農家
	23	138		57D―54E	29D			100				52	3	建設会社勤務			会社勤務 II 兼農家
小計		2,050(44)	110					1,439	1,463								
4	24	400(170)		59C―54A'	27D		83E	240	253			68		建設会社作業員	(29歳・佐賀市)		会社勤務 II 兼農家
	25	253(48)		43D―35D			70C―67A'	168				46		町役場作業員			安定勤務 II 兼農家
	26	209		55D	26F		90F―85F	126				36		建設会社作業員	病気で休業中	建設会社作業員	会社勤務 II 兼農家
	27	205		42D			71A―68E	130		ブドウ15 a		50		造園業自営			自営栽培農家(ブドウ栽培)
	28	190(40)		66A―64A				120	190			93			(39歳・隣町)		定年帰農(4班班長)
	29	188		63C―59C	32D			173		タマネギ90 a		34		建設会社勤務			勤務・自営 II 兼農家
	30	98		75A―72A'				84				18			(43歳・大阪)		高齢専業農家
小計		1,543(258)	―					1,041	443								
合計		7,389(659)	205					5,161	4,710								
参考：非機械利用組合員																	
	31	130		67A―64A	36D―36D			98	98	イチゴ13 a				市役所職員			夫婦農業専従・あととき勤務
	32	57		72C―66A	40D―40E			45	57	大豆12 a				鉄工所自営			自営業専従

資料：2001年 1 月実施の集落農家悉皆調査結果。 註 1：学生はあととぎには含めていない。 註 2：就業状況は A：農業のみ(150日以上)、A'：農業のみ(100日未満)、B：農業が主だが農外就業もする、C：農外就業が主だが農業も手伝う、D：農業・修業、E：家事育児、F：その他。 註 3：経営耕地面積には期間借地面積は含めていない。 註 4：ゴチック体はオペレーターまたは補助作業者。 註 5：オペレーター出役は2000-2001年。 註 6：あととぎの ( ) は他出者。

第3章　平地農業地域における営農集団の展開と構造

共同化することによってこの問題の解決を探った。すなわち，ライスセンターに男子オペレーターを出す農家も出さない農家も含めて，つまり，そのとき収穫労働力を持つ農家も持たない農家も，共同作業によって自他ともに収穫作業を済ませることができる仕組みが形成されたわけである。こうしてN機械利用組合が結成された。

4．組合の活動内容と労働様式の問題点

N機械利用組合（以下，N組合と略称）は結成当初（1978年）構成員農家数は27戸であったが，漸次加入者が増え，現在は30戸になっている（表3-18）。その間離脱農家はなかったが，集落の中でイチゴ作経営を含む2戸が非構成員であるため，N組合は厳密には完全な「ぐるみ組織」ではないが，集落農家のほとんどを組織する地縁的組織であり，その意味で集落基盤型の営農集団であると言ってよい。

N組合は図3-6のように4班構成となっている。各班ともそれぞれ6〜9戸の農家数および15〜20 haの水田面積で構成され，それぞれ10〜14 haの稲作と4班を除けば11〜16 haの麦作を行っている。運営は班単位に独自に行われている。機械類として当初各班にトラクター，

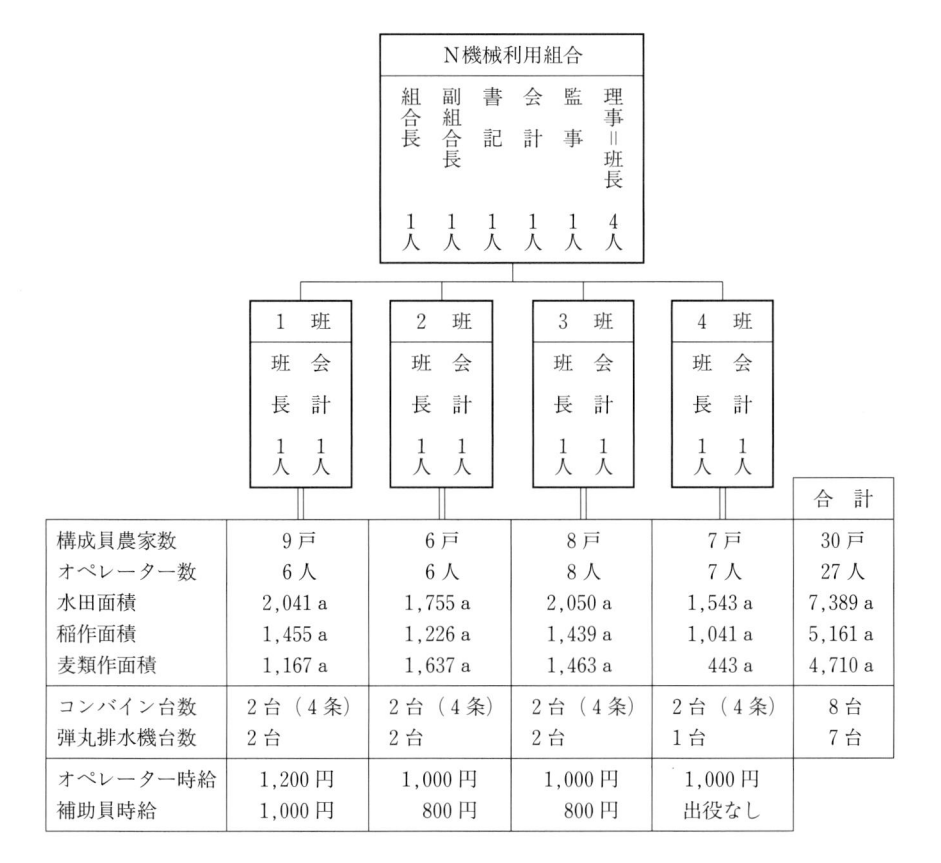

	1班	2班	3班	4班	合計
構成員農家数	9戸	6戸	8戸	7戸	30戸
オペレーター数	6人	6人	8人	7人	27人
水田面積	2,041 a	1,755 a	2,050 a	1,543 a	7,389 a
稲作面積	1,455 a	1,226 a	1,439 a	1,041 a	5,161 a
麦類作面積	1,167 a	1,637 a	1,463 a	443 a	4,710 a
コンバイン台数	2台（4条）	2台（4条）	2台（4条）	2台（4条）	8台
弾丸排水機台数	2台	2台	2台	1台	7台
オペレーター時給	1,200円	1,000円	1,000円	1,000円	
補助員時給	1,000円	800円	800円	出役なし	

N機械利用組合の組織：組合長1人，副組合長1人，書記1人，会計1人，監事1人，理事＝班長4人。各班に班長1人，会計1人。

図3-6 N機械利用組合の組織機構と活動内容（2000〜2001年）

コンバイン，弾丸排水機を1セットずつ装備したが，その後の追加や更新によって現在は図のようにそれぞれコンバイン2台を中心とした「コンバイン組合」という実体となっている。つまり，N組合の活動内容は各班ともライスセンター利用と結合させたコンバインによる稲・麦作収穫作業の共同を主体としたものである。

収穫作業では全構成員が平等に出役することを原則とし，それに対してはオペレーター労賃が支払われる。各農家の出役状況は表3-18に示しておいたように，大半のオペレーターは稲刈りで30～50時間程度，麦刈りはばらつきが大きいが大半は20～40時間出役しており，この出役時間数と稲作および麦作面積との関係は薄い。このようなあり方がとれる条件は，構成員農家の耕作規模が比較的大きく専業農家割合が高いことによる農業労働力の豊富さにある。

しかし，この全戸平等出役の原則は，現在，次第に崩れようとしている。そのことは表からも分かるように，1班の6，7番農家，2班の12番農家において出役時間数が若干少ない点や，「出役なし」あるいはそれに近い農家も3戸ほど出現してきている点に現れている。「出役なし」の農家はそれぞれ稲作面積が128a，35a，35aというようにN組合内では零細層に属する。また，これら出役時間の少ない，あるいは「出役なし」の農家の世帯主の主な就業状況は，それぞれ自営業（畳業），会社員，会社員，および会社員，自営（土建業），会社員である。つまり，彼らがオペレーター出役時間を減らす要因として，まず農外就業の存在を挙げることができる。また，N組合の出役オペレーター賃金（1時間1,000円）が地場の日雇労賃水準より低めであることも，このような農外就業農家が出役時間を削減する要因ともなっている。そこで，N組合内では，目下このような低水準のオペレーター労賃の引き上げとオペレーターの全戸出役原則の見直し（たとえば現在の4班編成を一元化し，専任オペレーター制に移行することなど）の問題が検討されようとしている。労働様式問題にかかわって今後の動向が注目されるところである。

5．組合結成後の施設園芸・麦作の展開と農業青年のUターン
——経営複合化と農業専業化——

N組合の活動は構成員農家の施設園芸と麦作の拡大を促進した。N組合の共同（収穫）作業は青壮年男子労働力によって担われるため，従来個別経営で行われていた作業時間総数を短縮し，また従来の婦人・老人の収穫労働を解放したため，それらを通じて生み出された余剰労働力はイチゴ作労働に向かった。その結果，イチゴ作農家は従来の1戸700坪レベルのハウスを900～1,000坪レベルへと拡大させた。また，N組合結成後新たに施設イチゴ作農家2戸（21，28番農家）と施設ナス作農家3戸（3，14，18番農家）と施設花き（カーネーション）農家（10番農家）が出現した。

さらに，コンバインの共同利用を媒介とするスケールメリットによる機械費用の節減効果，なかでも麦作ではそのことによる所得向上効果が大きいことから，零細階層でも麦作を続けることが可能になる一方，期間借地によって麦作面積を増やす農家（14，18番農家など）も出

現している．その結果，構成員農家の麦作面積が拡大してきている（センサス数字は1年前のものと言われることから，表3-17の2000年を1999年とみなすと，麦作面積は1999年産が37haで調査年の2000年産は47haに増加したと考えられる）．

こうして形成された「施設（イチゴ，ナス，トマト，カーネーション）＋稲・麦」作経営では，その後あとつぎのUターン就農も少なからず見受けられ，専業農家化を促した．たとえば，1番農家のあとつぎ（2001年の調査時点では51歳，以下同様）は農業高校卒業後10年ほど世帯主同様自家農業を手伝いながら日雇仕事にも出ていたが，1977年のイチゴ作導入を契機に父子とも自家農業に専念した．また，21番農家のあとつぎ（同40歳）は農業高校卒業後，作業服製造工場に5年間通勤していたが，80年に世帯主がイチゴ作を導入したのを契機に退職し自家農業を加勢するに至った．さらに，18番農家のあとつぎ（同40歳）は工業高校卒業後5年間自動車整備工場に勤めていたが，84年に日雇を辞めた世帯主と一緒に施設ナス作を開始した．

こうして，N集落の施設園芸経営では農業後継者を確保した2世代専従の専業農家が一般的形態となり，施設園芸部門の有無が専業農家と兼業農家を分ける指標となってきている．

6．追　補

その後，米麦コンバイン組合としてのN組合自体のあり方は2005年現在でも基本的に変化ないが，稲作生産調整（転作）方式が，これまでの集落レベルでの対応——といってもほとんどが個別的なバラ転であったが——から2001年以降は，集落レベルではなく町一円を範囲とした揚水機単位ごとのブロックローテーション方式に変化した．すなわち，それまで転作の方式は各集落ごとに行われ，N集落でも農家ごとの持ち分に応じて個別的な対応がなされてきた．それは，東与賀町には干拓地が多いことから，水田の集落境界が明確ではなく，出入作も多いため，もとより集落ごとに転作団地を形成することが困難であったことによるものである．しかし，1999年の「食料・農業・農村基本法」と2000年の「同・基本計画」にうたわれた食料自給率の向上を図るために2000年からの新設された交付金制度によって大豆の収益性が向上し，また転作奨励金も積み増しされたため，大豆生産が刺激されたためと推測される．そのうえで，さらに大豆の収量を向上させる手段として前節で見たブロックローテーション方式が有効であると認識されたためと思われる．

なお，町内の集落数は30，揚水機は100余存在する．農地の集落領域は不明確なため，集落の農家の属人単位ではなく，したがって集落の農家の農地の分布とは別個に，揚水機単位の属地に基づく転作大豆栽培のブロックローテーションが形成されたわけである．転作面積割合がほぼ30数％であったため，100を超える町内の揚水機単位のブロックにおいて，転作大豆の栽培が2001～2003年にほぼ一巡し，2004年から二巡目に入っている．

また，2005年改訂の「同・基本計画」で描かれた2007年からの品目横断的経営対策の対象となり得る集落営農経営に対しては，目下，町および農協支所としては，平均して経営面積が

ほぼ100 haとなる，かつて5つあったライスセンターの範域を新たな対象地区として経営体を育成することを構想している。しかし，それは農家の対応と政策動向に伴って変化しうる流動的な性格のものである。

第4節 小　括

　1980年代に入り，中型機械化体系が確立・普及の段階から成熟期へ移行し，水田利用再編対策や水田農業確立対策により米減反政策が強化されてくる条件下で，それ以降の現段階の営農集団は機械・施設の共同利用を基軸に，さらに集団転作等の栽培協定などを行うことを特徴としているが，このような集団の形成が最も盛んなのは平坦水田地域である。それは，現段階の営農集団の主要な活動内容である機械・施設の共同利用と集団転作（栽培協定）の形成には，ともに水田基盤整備とそれを前提とする中型機械化・施設化の推進が不可欠な条件となっている下で，このような条件が最も整備されている地域は平坦水田地域であると一般的に言えるからである。

　こうして形成される水田平坦地域における営農集団について，まず確認できることは，1960年代の稲作集団栽培の主な担い手が当時40歳代で現在は80歳代になる世代であったのに対し，現段階の営農集団の形成およびその前提である水田基盤整備や機械化・施設化の主な担い手は60年代当時は30歳代で稲作集団栽培の実施を経験しつつ，その後の農業の一大転換をも担った現在70歳代になる世代であったということである。こうして60年代の営農集団の担い手と現段階のそれとは異なってきていることに注意する必要がある。そして，このことは60年代当時と現段階の営農集団の労働様式のあり方も深くかかわっている。すなわち，60年代の稲作集団栽培における労働様式はムラ仕事原則に基づく全戸からの出役による無償ないし低賃金での共同作業であり，そのことが可能であった条件として機械化の部分的展開（一貫体系に至らず）や農外労働市場の初期的展開による労働賃金の低い評価といった経済環境の存在があった。それに対し，現段階の営農集団における労働様式は，構成員内の男子メンバーによる特定オペレーターの協業という形態をとり，オペレーター出役に対しては地場の臨時的雇用並みの賃金の支払いが最低必要となっている。それは，今日の農業経営や営農集団は70年代以降の中型機械化体系の確立・普及・成熟化と兼業深化による労賃（V）範疇の浸透，およびその結果としての農民層分化の一定の進展等を前提として展開しているからである。

　また，現段階における平坦水田地域の営農集団のおおかたは，1つの集落を基盤とする「ぐるみ組織」という形態をとっている点に1つの特徴を持つ。ここで，まず結合単位が1集落であることの根拠は，平坦水田地域においては，基幹作物である水稲作の栽培の長年の歴史の上に築かれてきた人的結合の強さとともに，ほぼ30 ha前後の規模の概して同一水系に属する連坦的な水田領域が形成されていることから[16]，1集落において現在の中型機械化体系数セットを共同利用するのに適正な立地条件が存在している点に求められる。また，全戸加盟の集落ぐ

るみ組織という形態をとる根拠は，農外兼業賃金だけで経済的自立が可能な「土地持ち労働者」[17]的な性格をそなえたⅡ兼農家が増加しているとはいえ，平坦水田地域は都市的地域等の兼業深化地域に比して農外労働市場が狭隘で賃金水準も低いため，経済的に稲麦作収入に依存し，かつ稲麦作収益性の悪化傾向の下でその一大要因となっている機械費用の上昇に歯止めをかけて稲麦作所得の維持・向上を強く求める1～3ha規模の稲麦作経営が部厚く存在している点に求めることができる。また，平坦水田地域の稲作は他の地域より単収が高く，一般的に自作した場合の稲作「剰余」（粗収益－費用合計）が支払小作料よりも高くなるため，たとえ「土地持ち労働者」的なⅡ兼農家でも稲作栽培を担いうる家族労働力を保有しているならば，稲作生産のすべてを自前で行うか，あるいは機械作業だけ委託して稲作生産を維持するという方法をとるのが一般的であり，稲作栽培が可能な労働力が欠如しない限り水田の貸付を行うことはあまりない。ところで，現段階の営農集団の活動内容の1つは機械共同利用に基づく構成員農家間での稲作機械作業の受委託であり，しかも作業料金は個人受託の場合より集団受託の場合のほうが一般的に低廉であるため，このような作業委託農家も営農集団に参加する経済的メリットを有しているのである。また，自己完結的な零細稲作経営においても，機械の過剰投資に呻吟しているのが一般的な実態であるため，稲作経営再編による稲作所得の維持・向上を目的とする営農集団への参加条件を十分そなえている。こうして，零細兼業稲作農家をも含めて基本的にすべての稲作農家が参加する営農集団が形成されることになるのである。

さらに，平坦水田地域の農業が現在当面している問題として，兼業深化および稲単作化への対応・対抗の問題があり，一方では兼業深化の中で稲作経営の維持を目的として兼業対応型の営農集団が結成され，他方では兼業深化・稲単作化に対抗し農業専業化・経営複合化をめざす営農集団の動向も認められる。そして，前者においては，兼業深化による農業労働力の脆弱化が農業担当者の不足・高齢化といった形態となって現れ，そのことが営農集団のオペレーター協業の維持の困難性，後継者層の不足，地域農業の停滞といった諸問題の発生に結びついていっている。他方，後者においては，営農集団の活動を媒介として集約作物の導入・拡大が図られているが，同時に構成員農家の個別経営の集約作物の拡大・充実化や零細兼業農家の農外就業と営農集団への共同労働出役との間の労働競合やオペレーター賃金問題の顕在化といった新たな問題の発生も見られ，その解決が重要な組織問題となっている。

註

1) 陣内（1983），481～502頁，内海（1984）。
2) 花田（1978），第7章，安部（1994），第5章Ⅲ。
3) 表3-12，表4-9，表4-10にも現れているが，農林水産省『米及び麦類の生産費』において，以前からほぼ連年，佐賀県の10aおよび60kg当たりの米生産費（費用合計および農機具費）が九州の中で最低であることが認められる。そして，その主要な要因としては二毛作による麦作の普及もさることながら，佐賀県の生産組織参加農家数割合が九州の中で飛び抜けて高いことが考えられる。表終-1を参照。
4) 陣内（1983），475～478頁。
5) 元木（1987）。表3-11も参照。

6) 中安 (1983), 94～95 頁。
 7) 鈴木 (1982), 30～31 頁。
 8) 中安 (1983), 110 頁。
 9) 西谷 (1978), 39 頁。
10) 倉本 (1988), 15 頁。
11) 小林 (1990), 28 頁。
12) 串木 (1988), 9 頁。
13) 田代 (1975)。
14) 田代 (1980 a), 307 頁。
15) 田代 (1993), 37 頁。
16) 2000 年農業センサス『農業集落調査報告書』によると都府県の平地農業地域の 1 集落当たりの田面積は 31.4 ha である。また，そこにおける農家数は 29.2 戸である。
17) 梶井 (1973), 第 1 章。

第4章

中山間農業地域における営農集団の展開と構造

ハウスミカンの選果（唐津市浜玉町，2004年6月）

観光ナシ園（伊万里市M地区，2005年9月）

第1節　本章の課題

　農業経営の本来的な展開のあり方は複合化であるとされているが[1]，しかし，現実の動向は必ずしもそのような方向を示しているわけではない。とくに，高度経済成長期には上層農においても下層農においてもおしなべて複合化とは逆の経営単一化傾向が顕著であった。ただし，その場合，上層農と下層農とではその契機は異なっている。すなわち，上層農は単一作目の専作化によってスケールメリットの発揮をめざし，下層農は兼業化と結びついて稲作単一化を強めたのである。高度経済成長が終焉し低経済成長下に移行した後も，このような経営単一化傾向に歯止めがかかったとはまだ言えないようである[2]。

　しかし，このような全体的動向の下でも，事例は少ないとはいえ，複合化をめざす農民層の動向も見られる[3]。前章第3節で取り上げた事例はそのようなものであった。ただ，前章の事例では，集約作目の導入が一般的に容易でない地域条件（平坦水田地域）が存在するうえに，複合作目は主にイチゴ作であり，極めて労働集約的な作目であるため，その導入農家数は限られざるをえなかった。その意味で，前章での事例の有り様は，複合化をめざす方向ではあっても，その動向はまだ端緒的なものとして位置づけられるものである。

　それに対し，本章では，中山間農業地域という生産条件の不利な立地の下で，複合部門の集約作目としてミカンやナシの栽培が支配的な農業地域での事例を取り上げ，そこにおける営農集団の形成と農業経営の展開および棚田等を含めた農地利用の問題点を解明する。

　ところで，前章でも述べたように，今日のわが国における集約作目の導入による経営複合化の有り様には問題が多い。今日の集約化の方向はむしろ経営耕地面積の拡大を軸にした本来的な生産力展開の方向[4]が阻まれている条件下で形成されている対応形態であると見られる。換言すれば，このような集約化の形態は，農業問題の基柢に存在する土地問題を回避した展開方向であるとすることができる。したがって，そこにおける営農集団の性格も，このような農業展開の性格とかかわらせて理解しておく必要がある。

　以上の点を考慮しながら，本章では経営の集約化や複合化に営農集団がどのようにかかわっているか，また，そこにおける営農集団の特徴は何かを解明してみたい。事例的には，第2節ではミカン栽培が支配的な地域における事例を，また第3節ではナシ栽培が支配的な地域における事例を，さらに第4節では急傾斜地立地水田（棚田）地区において多様な集団的営農活動によって悪条件の棚田での稲作を維持継続させている営農集団の事例を取り上げる。

第2節　ミカン産地における営農集団の展開と農業経営
――佐賀県唐津市浜玉町・H地区農業機械組合――

1．地域農業の概況とH地区農業機械組合の成立条件

(1) ハウスミカンを中心とする多様な施設園芸産地の形成と水稲作合理化要求の拡大

　浜玉町（2005年に合併し唐津市浜玉町となる）は「浜玉ミカン」で知られる佐賀県下有数のミカン産地である。本地域におけるミカン植栽の歴史は古く，江戸天保年間にさかのぼるとされる。また，近代以降は博多，北九州，筑豊での需要増に支えられて明治30年代に主産地化の端緒が形成されたと言われる[5]。しかし，本格的な産地形成は戦後の高度経済成長期以降とりわけ1960年代に属する。この過程で，山麓部の開墾・造成のみならず，普通畑や水田のミカン園への転用によってミカン植栽面積は60年の300ha台から70年には1,100ha台へと急増し，栽培農家数も同期間に700戸台から900戸台に急増した。また，この過程で，近隣の町村の山林・ミカン園の購入による出作も盛んに行われ，その結果，1戸平均で1haを超える大規模ミカン作経営を分厚く形成してきた[6]。さらに，80年にはミカン栽培面積2ha以上経営のシェアは25％に達した（表4-11）。こうして，60年代当時は佐賀平坦水田地帯においては，「新佐賀段階」形成の下にありながら，稲作農家の階層分解の停滞性が議論されていたのに対し[7]，むしろこのような中山間地帯・山麓地帯にあっては，ミカン作経営において当時の佐賀県（福岡県等でも同様）下の大規模農業経営の代表的な形態を打ち立てたのである。

　しかし，1972年のミカンの価格暴落を契機に，ミカン農家は，それまでの露地ミカンの多くを放棄したりハウス物に切り替えるに至った。その結果，露地ミカンの栽培面積は急減し，それに対しハウス栽培面積が増加した（以上，表4-1を参照）。こうして今日，浜玉町は日本一と言われるハウスミカン産地に一変した。

　ミカンの施設化は，山麓部での従来の露地ミカンの施設化だけでなく，当時すでに米生産調整政策が開始されていたため，水田転作による水田でのミカンの植栽・施設化によっても進められた。こうして，水田を潰しての施設ミカン栽培面積の増加もなされたため，浜玉町の水田面積は減少し，米のシェアは急減した。

　さて，後の表4-2に浜玉町の農産物粗生産額の部門別構成比の推移を示した。ここからいま指摘してきた諸点が読み取れるが，それ以外に以下の諸点も注目される。すなわち，果実（その大半がミカン）の占める割合が高く7割を超えた時もあったが，現在では若干減少し，一方で野菜と花きの割合の伸張が目立ち，それらの割合は現在では米を上回ってさえいる。こうして，米は町の農業のマイナー部門と化した。野菜の中心はイチゴ，コネギ，キュウリなどであり，花きの中心はバラであり，ともに施設栽培である。こうして，ハウスミカンが中心ではあるが，多様な施設園芸が形成されてきていることが分かるし，重要な点と考える。

表 4-1 浜玉町の農業と農家の変化　　　　　　　　　　　　　　　　　　　（単位：戸, ha, 頭, 羽, 台, 人）

		1960	1970	1980	1990	2000
農家数	専業（男子生産年齢人口がいる専業）	529	418	309(297)	300(283)	238(213)
	第Ⅰ種兼業	382	436	361	190	198
	第Ⅱ種兼業	208	215	301	325	195
経営耕地面積	田	**653**	388	244	210	166
	畑	67	16	24	42	65
	樹園地	413	1,251	**1,432**	859	555
山林保有農家数（農家保有山林面積）		812(598)	642(744)	456(…)	400(683)	156(538)
作物種類別収穫面積	稲	**649**	380	218	171	132
	麦類	316	17	14	15	-
	いも類	36	2	1	0	0
	野菜類	70	14	23	10	**26**
	花き類・花木	…	0	1	3	**6**
	種苗・苗木類	…	-	0	0	1
	果樹	409	1,238	**1,404**	851	373
温州ミカン（露地）	栽培農家数	734	900	845	589	384
	栽培面積	316	1,122	**1,149**	479	238
施設栽培	果樹類　栽培農家数			…	281	271
	栽培面積			28	122	**172**
	野菜類　栽培農家数			…	122	**126**
	栽培面積			11	27	**47**
	花き・花木　栽培農家数			…	23	19
	栽培面積			0.6	23	8
	種苗・苗木類　栽培農家数			…	7	6
	栽培面積			…	7	0.8
畜産	肉用牛　農家数（頭数）	722(751)	58(89)	13(583)	8(802)	3(48)
	採卵鶏　農家数（羽数）	680(9,110)	129(18,693)	10(57,615)	11(80,400)	2(x)
農業経営組織別農家数	単一経営　稲作			204	61	56	49
	露地野菜			14	3	3	6
	施設園芸・施設野菜			…	5	193	70
	果樹類			776	604	240	378
	花き・花木			…	…	…	15
	準単一複合経営			…	196	185	90
	複合経営			…	66	44	17
農産物販売金額別農家数	100 万円未満		1,115	525	243	148	166
	100〜300 万円		}	454	275	163	94
	300〜500 万円		4	63	230	93	39
	500〜1,000 万円		}	} 27	192	177	104
	1,000 万円以上（うち 2,000 万円以上）				31(8)	159(29)	**228(74)**
経営耕地面積規模別農家数	0.5 ha 未満		249	179	154	88	86
	0.5〜1.0 ha		309	181	144	183	207
	1.0〜2.0 ha		486	385	288	288	229
	2.0〜3.0 ha		75	219	221	136	81
	3.0 ha 以上（うち 5 ha 以上）		-(-)	105(3)	164(**10**)	55(4)	28(5)
借入耕地のある	農家数（うち樹園地）			79(47)	122(63)	**191(106)**
	面　積（うち樹園地）			28(21)	47(21)	**83(36)**
耕作放棄地のある	農家数（うち田）			28(12)	279	**330**
	面　積（うち田）			6(1)	198	**316**
稲作機械所有台数（個人＋共有）	耕耘機・トラクター		耕耘機 17	総数 670	226・129	253・191	150・174
	動力防除機		519	1,190	1,042	858	742
	動力田植機		…	1	69	141	60
	バインダー		…	35	74	59	24
	自脱型コンバイン		…	10	18	130	51
	米麦用乾燥機		…	205	100	152	62
農家人口（うち 15(16)〜29 歳）	男	3,471	2,917(753)	2,551(584)	2,160(341)	1,604(326)
	女	3,835	3,184(816)	2,765(623)	2,320(354)	1,727(350)
農業従事者数（うち 15(16)〜29 歳）	男	1,680	1,693(399)	1,500(304)	1,340(176)	1,061(129)
	女	1,880	1,715(400)	1,427(277)	1,289(149)	975(88)
農業就業人口（うち 15(16)〜29 歳）	男	1,446	1,384(313)	1,141(225)	964(117)	797(84)
	女	1,828	1,556(326)	1,287(227)	1,108(105)	833(61)
基幹的農業従事者数（うち 15(16)〜29 歳）	男	1,314			843(92)	712(70)
	女	1,148			680(50)	581(13)
農業専従者（うち 15(16)〜29 歳）	男		1,106(271)	916(189)	753(91)	638(66)
	女		841(222)	767(141)	625(50)	545(19)
農業専従者がいる農家数			893	745	607	448

資料：農業センサス。
註 1：-は事実のないもの，空欄ないし…は項目なしか不明のもの，x は秘匿のもの。
註 2：1960 年の経営耕地面積，作物収穫面積は ha・a に換算したが，経営耕地面積規模は反・町単位である。
註 3：1990 年までは総農家，2000 年は販売農家。ただし 1990 年の作物種類別収穫面積，施設栽培面積，畜産，および経営組織別農家は販売農家である。1980 年のみ農産物販売金額 2,000 万円以上は 1,500 万円以上である。
註 4：年齢については，1990 年以前は 16 歳以上，2000 年は 15 歳以上である。ただし，「農家人口」の 70 および 80 年については 15 歳以上である。
註 5：ゴチック体は増加した注目数値。

表4-2　農業粗生産額の部門別構成比の推移（浜玉町）

	米	野菜	果実	花き	種苗	畜産	その他
1970	8.4	2.3	69.7	0.0	13.3	5.9	0.4
80	6.7	6.9	64.2	0.4	8.2	11.8	1.8
90	3.4	8.8	77.2	2.1	4.3	3.9	0.3
2003	3.7	23.7	62.2	7.4	2.5	0.5	0.0

資料：農林（水産）省『生産農業所得統計』

　このようなハウスミカンを中心とする多様な施設園芸産地の形成の結果，先の表4-1のように，男子生産年齢人口がいる専業農家数割合が30％台を維持し，浜玉町は現在でも若い農業後継者を分厚く擁する地域として存在している。そして，この若い後継者群の存在が後に見るH地区農業機械組合内の「オペレーター組合」を支えているのである。

　施設園芸と同時に，浜玉町には玉島川下流に1970年当時で388 ha（2000年では172 haに減少）の水田が存在し，水稲収穫面積380 ha，同販売農家が519戸存在していた（2000年では132 ha，243戸に減少）。1戸平均収穫面積73 a（2000年では54 a）というように，中山間地域としては一定の水田面積を持つ農家も少なくない。また，山間地集落からの入作水田も相当に見られ，「ミカン作＋水稲作」あるいは「施設野菜＋水稲作」農家の広範な形成を促している。そして，ミカンの産地化によってミカン作大規模経営が形成されていた60～70年代においては，このような複合経営では，ミカンの栽培管理に支障をきたさないように，たとえば田植作業は雇用労働力によって1～2日の短時日で済ます方法がとられていた。田植作業における雇用は1 ha規模の稲作農家ならば延べ80人程度，平均的な40 a規模農家でも20人程度は必要だったと言われる。また，水稲の収穫もミカンの収穫と競合するため，水稲収穫作業にも一定の雇用労働力を必要としていた。このような状況下で，ミカン作大規模経営の中には水稲作を捨て作りする農家もいたと言われる[8]。こうして，ミカン作を基幹部門とする農家における稲作をいかにして合理化・省力化していくかが，本地域の農業展開上の一大課題となっていたのである。

(2) 圃場整備事業とH地区農業機械組合の結成

　以上のような地域農業の展開構造を背景としつつ，実際にH地区農業機械組合（以下，H組合と略称）が結成されるに至った直接的契機は，地域の水田の基盤整備事業の実施と，それに引き続く主要関連機械の導入にあった。すなわち，ミカン産地における副次部門としての水稲作を合理化・再編する課題を実現する手段として構想されたのが，水田の基盤整備とそこにおける中大型機械化稲作の確立であった。そこで，本地区では1966年から県下で最初の県営圃場整備事業に着手し，71年にかけて地区内180 haの水田の基盤整備を完了させた。そして，これをまって，翌72年に第2次農業構造改善事業によって主要関連機械（トラクター10台，田植機17台，自脱型コンバイン12台，防除機2台など）を導入して，H組合を発足させたの

表4-3 H地区農業機械組合の構成員農家数と関係稲作面積の集落別分布(1998年)　　(単位：㎡, 戸)

集落名	稲作面積	農家戸数	集落名	稲作面積	農家戸数
瀬　戸	3,100	1	岡　口	7,738	4
山　田	2,403	2	谷　口	33,464	13
野　田	11,181	6	下柳瀬	5,622	2
横田上	37,410	22	座　主	4,831	3
山　付	57,132	20	戸　房	18,264	10
千　草	105,929	29	古　瀬	4,013	5
Ｓ　Ｕ	199,616	32	中　原	3,349	4
浜　崎	172,529	30	草　場	7,499	3
大　江	47,720	14	今　坂	36,282	29
淵　上	28,826	18	七山村	20,931	16
南　一	2,783	3	小　計	860,957	287
南　二	29,601	9	員　外	9,619	
南　三	4,432	4	オペ	7,498	
五反田	20,302	8	合　計	878,074	287

資料：『H地区農業機械組合第27回通常総代会資料』1998年4月。

であった。

　H組合の結成には地区の中核的農家で組織された農事研究グループの活動成果も大いにかかわっていたが，同時に農協や町役場（当時）が果たした役割が極めて大きかった。このことは，農協や町役場がH組合の結成を媒介とする地域農業再編の構想をリードしたことはもちろんのこと，当時まだ稲作中型機械の個別農家への導入が初期的段階にあったため，すでに個別農家に導入されていた10台前後の自脱型コンバインや立型乾燥機を農協と町役場が引き取って，組織化を促した点などにも現れている。

2．H地区農業機械組合の基本構造

　H組合は，浜玉地区（浜玉町内と隣接の七山村の一部）の圃場整備地区を対象に，そこに水田を持つすべての農家で構成され，1998年現在で，表4-3のように，町内23集落の271戸（ほかに隣村16戸）の構成員農家を擁し，対象稲作面積は88ha（発足当時は100haを超えていた）に及んでいる。

　このように，H組合が「町ぐるみ」組織という実体を取って結成された根拠は次の点にある。すなわち，当時，基盤整備水田180haは町内20数集落の300戸を超える農家によって所有され，その中には山間集落からの入作も相当数存在していた。したがって，そこには明確な水田の集落領域はなく，しかも1集落の関係水田（稲作）面積も少なく（1998年の平均稲作面積は6haで，10haを超えるのは20ha，17ha，11haの3集落のみで，半数の集落は2ha以下である。表4-3を参照），第3章で見た平坦水田地域の集落構造とは異なり，1集落を基礎

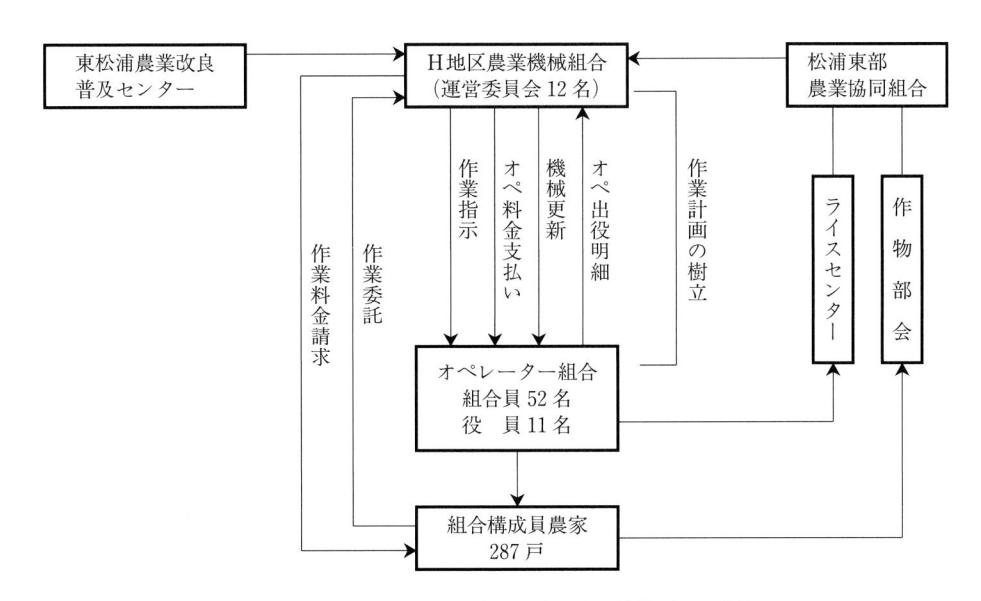

第4章　中山間農業地域における営農集団の展開と構造

```
┌──────────────┐        ┌──────────────────┐        ┌──────────────┐
│東松浦農業改良│───────→│H地区農業機械組合 │←───────│松浦東部      │
│普及センター  │        │(運営委員会12名)  │        │農業協同組合  │
└──────────────┘        └──────────────────┘        └──────────────┘
       │                  │ │ │ │  ↑                    │    │
       │            作業  オ 機 オ  作                   ↓    ↓
       │            指    ペ 械 ペ  業                  ライ  作
  作   作           示    料 更 出  計                  ス    物
  業   業                 金 新 役  画                  セ    部
  料   委                 支    明  の                  ン    会
  金   託                 払    細  樹                  タ
  請                      い        立                  ー
  求                      ↓
       │                ┌──────────────────┐
       │                │オペレーター組合  │
       │                │ 組合員52名       │
       │                │ 役 員11名        │──────────┘
       │                └──────────────────┘
       │                        │
       ↓                        ↓
  ┌──────────────────────────────────┐
  │組合構成員農家 287戸              │──────────→
  └──────────────────────────────────┘
```

図 4-1　H地区農業機械組合の組織機構（1998年）

単位として営農集団を組織する条件を欠いていたためである。そこで，180 ha の水田を連坦的に一括把握するような組織単位として1町に及ぶ「町ぐるみ」営農集団が結成されたわけである。

図4-1はH組合の組織機構図である。組合長，副組合長，会計各1名と運営委員9名の計12名で運営委員会（執行部）を組織するが，彼らは構成員農家数と関係稲作面積が比較的大きい集落の水稲作農家の代表として選出されている。

運営委員会は総会決定を実行する執行部であるが，これとは相対的に独自の組織としてオペレーター組合が存在する。相対的独自性というのは，それ自身，H組合とは別個の会計を持ち，また独自活動を行っているからである。オペレーター組合は執行部の要請に基づいて稲作の機械作業を実際に担当する実働部隊である。オペレーター組合は本地域の後継者グループで組織され，先に見たミカン産地形成に伴う男子生産年齢人口がいる専業農家率の高さに支えられて，1998年現在52名のオペレーター人数を擁する。なお，オペレーター組合には水稲作を行わない経営や兼業農家も参加している。それは，オペレーター組合が稲作という本地域の基本的な作物を担う「地域農業（稲作）の担い手組織」としての性格を持つことに起因している。そして事実，オペレーター自身，自家の経営内容はそれぞれ異なっていても，地域農業（稲作）の担当者であるという点では共通の認識と自負を持っている。

H組合の事業内容は次項で詳述するが，組合の最大の事業は，対象水田の水稲作の主要な機械作業（耕起，代かき，田植，前期防除，収穫，乾燥，調製）をオペレーター組合を通じて実施することである。これらの機械作業以外の育苗や水管理等は各個別農家にゆだねられているし，各圃場の収穫物はもちろん各個別農家に属する。したがって，育苗や中間管理作業の良し

表 4-4　初年度の運営方式

団地名	農家数	稲作面積	張り付け機械種類
第1団地	31戸	41.2 ha	トラクター2台，田植機4台，コンバイン2台
第2団地	105	49.1	〃
第3団地	121	47.2	〃
第4団地	147	33.6	〃
合計	404戸	171.1 ha	

悪しで各圃場の収量と収益は異なってくるし，このような格差の形成とその拡大傾向が現在H組合が抱える問題点の1つともなっている。

3．H地区農業機械組合の事業と成果

(1) 当初の運営方式とその再編——班組織から一括集中管理方式へ——

H組合結成の第1年目（1972年）は，表4-4のように，対象地区を4団地に区分けし，各団地に機械セットとオペレーターグループをそれぞれ張り付けるという運営方式を採用した。ところが，玉島川に依存する水利条件に規定されて，団地によって用水時期が異なることから，水が来て作業を開始した上流部の団地・作業班では非常に多忙をきわめ，かつ張り付けられた一定台数の機械セットでは不足するのに対し，水が来るのを待っている下流部の団地・作業班では作業ができず，かといって団地ごとの独立経理の存在のために機械の融通もできず，そこでの機械は遊んでいるといった不合理な実態が現われた。また，団地ごとの独立経理から作業料金の団地間格差が生じ，料金の高い団地から不満が出てきた。

そこで，これらの問題を解決する方法として，次年度から団地張り付け方式を廃止し，機械装備とオペレーター組織を一元化し，水利条件に合わせて機械装備とオペレーターを上流部から下流部へと移動させていく方式に改めた。そして，この一括集中管理方式を現在まで採用している。

(2) 現在の事業内容とその特徴

① 機械装備とその利用

H組合の機械装備状況を表4-5に示した。乾燥・調製は農協管理のライスセンターを利用している（図4-1を参照）。また，格納庫は農協有のものを賃借している。トラクターは3台は小型の17 psだが，7台は中型の40 ps，田植機はすべて乗用型，コンバインもすべて自脱型のものだがグレンタンク付きであり，こうして「中型機械体系」を装備している。

H組合の機械の利用効率は極めて高く，模範事例として注目される。それは，後述のように，水稲の品種別団地（図4-2を参照）を形成し，先に見たオペレーター組合がそれらの団地を一括管理するシステムに起因しているが，機械1台当たり作業面積からもその一端をうかが

第 4 章　中山間農業地域における営農集団の展開と構造

表 4-5　H地区農業機械組合の機械装備状況（1998 年現在）

機　　　種	台数	型　　　式
トラクター	10 台	40 ps 7 台，17 sp 3 台
田植機	7	乗用 5 条
コンバイン	7	グレンタンク付 4 条
麦播種機	7	
麦管理機	4	
マニュアスプレッター	2	
マウントダスター（防除機）	4	
カルタン	1	
パワーデスク	3	
石灰散布機	1	
作溝機	2	
ロールベーラー	1	
畦立機	1	
格納庫	1 棟	農協より借用

うことができる。すなわち，1998 年度のH組合の対象とする水稲作付面積は 88 ha であったから，トラクター 1 台当たりの水稲作面積は単純平均で 8.8 ha になる。また，田植機 1 台当たり 12.5 ha，コンバイン 1 台当たりも 12.5 ha となる。現在の中型機械化体系 1 セットの適正規模は 6～7 ha と言われているから[9]，H組合の機械装備は中型体系であっても適正規模の約 2 倍の操業度を持っていると見られる。そして，この点が，後に見る機械費用の節約とその結果としての米の所得率の維持・向上に結びついていくのである（表 4-9，4-10）。

② 土地利用

H組合の最大の事業内容は，圃場整備水田の稲作の主要な機械作業を集団的に実施することであるが，その際，作業効率の向上等を図る必要性から，稲作の品種別団地を形成している。図 4-2 は 1994 年の実態を示したものである。見られるように，水利の関係上，横田川東部が中生種のニホンバレの団地（52 ha），その西部が晩生種のヒノヒカリの団地（42 ha）となっている。そして，一部に 4 ha 余のヒヨクモチの団地も形成され，関係農家のモチ米需要に対応している。

また，H地区西部のSU集落内に 10 ha 規模の施設野菜団地が形成されていることも忘れてはならない。

一方，H組合自身は麦作にはこれまでも一切タッチしてこなかったし，現在もしていない。麦作はかつては有志による共同経営（後述 4 のA，B農家の事例を参照）や数戸の個別農家によって担われていた。そして，その際利用する機械は農協（機械銀行）が貸し出していた。H組合が麦作に直接関係していないのは，本地区での麦作はもともと積極的に取り組まれていたわけではないことによる。というのは，まず大半の水田圃場が湿田的条件下にあり，麦作は梅雨期には冠水被害に遭うことが多いこと，また，ミカン作や施設野菜作への労働集中と競合す

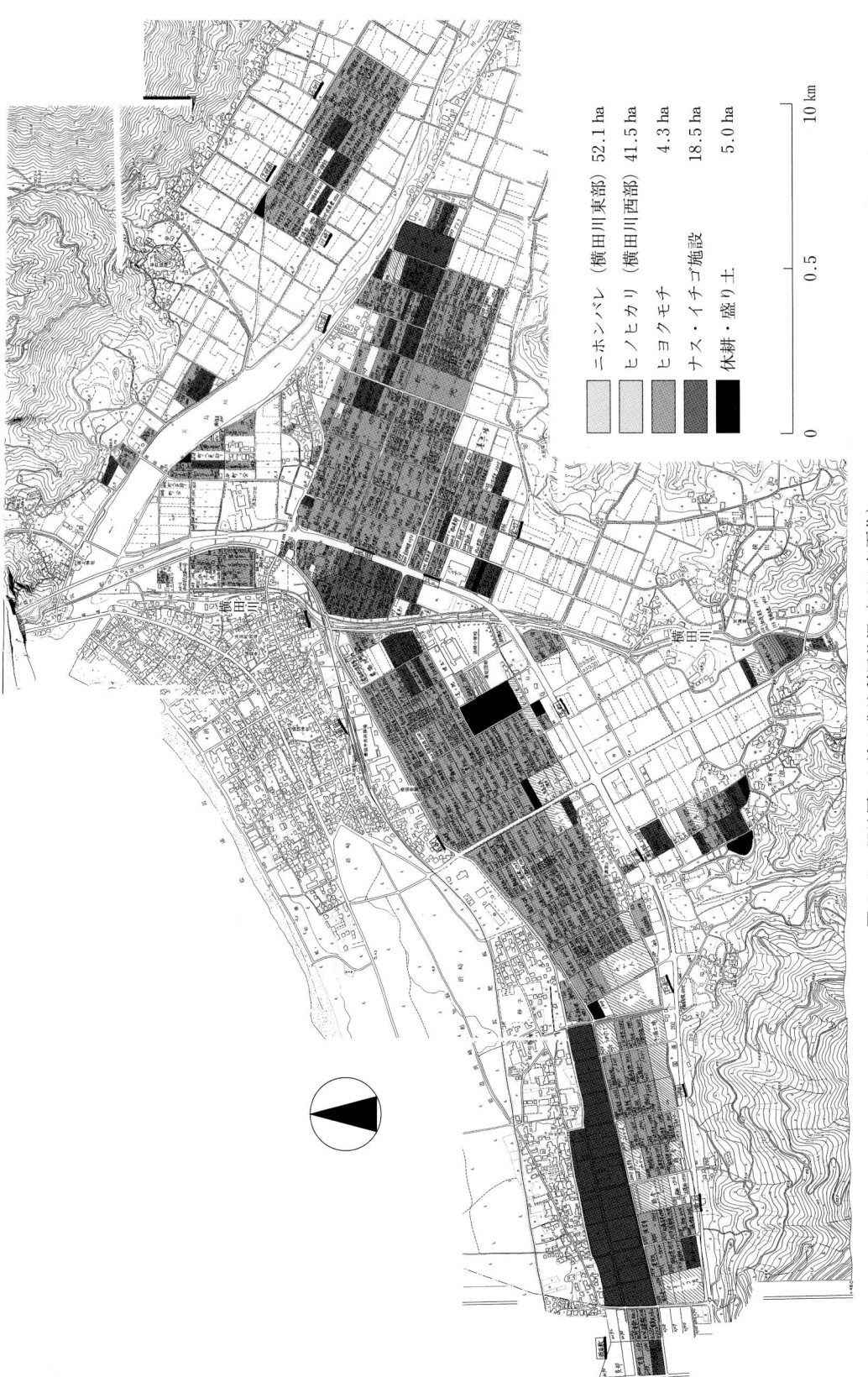

図 4-2 H地区における農地利用状況（1994年夏作）

ること，さらには，こうしたことから麦作は収量が低く収益性も低いこと等の要因を挙げることができる。したがって，麦の作付は冠水被害の比較的少ない地区に限定され，その面積は1986年産は大麦22 ha，小麦10 ha，計32 ha，87年産は大麦33 ha，小麦25 ha，計58 ha，88年産は大麦27 ha，小麦22 ha，計49 haと不安定性を示していたが，94年の計6 haを最後に，95年以降は作付けされなくなってしまったのである。

③ 労働組織と作業編成

組合の機械利用を具体化するのが労働組織とそれによる作業編成である。そこで，まずH組合の1997年における春・秋の主な作業の流れを示したものが表4-6である。ここに見る作業の流れは，上述の土地利用における水稲の品種別団地の設置に対応している。すなわち，東部のニホンバレ団地において，まず代かき作業が5月19日から21日にかけて行われ，引き続き5月21日から24日にかけて田植え作業が行われた。それに対し，西部のヒノヒカリ団地では，それに若干遅れ，5月31日から代かき作業が開始され，引き続き田植え作業が行われ，最終的に田植えが終わったのは6月18日であった。なお，この中には一部モチ米団地も含まれている。

一方，秋作業の収穫作業は米の登熟の程度に規制された団地序列でもって行われるため，春作業ほど明確に品種別団地間の作業時期に差がないが，全体としては春作業同様，東部から西部へ，また上流部から下流部へという流れで行われている。すなわち，9月26日から30日にかけて東部のニホンバレ団地で収穫作業が行われたが，その翌10月1日からは西部のヒノヒカリ団地で収穫作業が始まっている。ただ，ヒノヒカリ団地での収穫作業が終わるのは少し遅れて10月12日になっている。さらに，モチ米の熟期はもう少し遅れるため，その収穫は11月6日に実施された。

稲作の作業は品種別団地を単位に行われるが，その担当者は原則としてその団地に多くの水田を持つ集落（生産組合）のオペレーターグループである。しかし，出入作関係の存在から，集落ごとの水田領域は複雑に入り組んでおり，必ずしも1集落1水田領域とはなっていないため，いつでもそのような原則に従って行われているわけではない。所属集落を異にするオペレーター同士が同一作業を共同して行うこともしばしばである。

さて，少し古くなるが1987年における各作業の労働組織と作業編成の有り様を表4-7に示した。すなわち，まず耕起にはH組合の当時のすべての35 psのトラクター10台が動員され，オペレーター1名がトラクター1台を操作する形で，全部で10名のオペレーターが出役した。また同時に，10名のオペレーター以外に，その地区から選出されている役員1名を含む2名の役員が参加し，作業の指示・監督を行いながら燃料運搬や機械修理等の補助作業を担当する。このような労働組織の有り様は，代かき作業においても同様に行われた。

田植は乗用型田植機10台をフル動員し，オペレーター10名と役員2名で実施された。役員2名の作業分担は，上述の耕起，代かきの場合と同様である。田植機の機種がまだ歩行型であった時期には，15台が装備され，しかも1台に2名のオペレーターが必要であったため，

表4-6 H地区農業機械組合のオペレーターの作業体系（1997年）

○：代かき，△：田植え，◎：収穫

地 区 名	員外	谷口など	七山など	大江など	野田など	浜 崎	山 付	千 草	Ｓ Ｕ
稲作面積（ha）	1.6	6.7	13.2	7.3	5.4	17.3	5.7	10.6	20.0
月　日	ニホンバレ団地					ヒノヒカリ団地（一部モチ）			
5　19	○		○						
20				○					
21	△		△		○				
23				△					
24					△				
6　31						○			
1						○			
3						△	○		
4						△	○		○
5								○	○
6							△		
7								△	△
12								○	
14								△	○
15									○
17									△
18		○							△
21		△							
9　26	◎		◎						
28			◎						
29				◎					
30					◎				
10　 1						◎			
3						◎			
5									◎
6							◎		
7								◎	
8								◎	
10									◎
11									◎
12									◎
14		◎							
15		◎							
11　 6						◎モチ	◎モチ		

資料：H地区オペレーター組合作業日誌。

表4-7 労働組織と作業編成（1987年）

作業種類	利用機械とオペレーター数	役員数	作 業 内 容
起耕 （2回）	トラクター1号機（35 ps）……………1名 ： トラクター10号機（35 ps）…………1名	2名	オペレーター1名がトラクター1台を操作，計10名のオペレーターがトラクター10台を操作。役員は指揮・監督をしつつ，燃料運搬，機械修理等を担当。
代かき （1回）	トラクター1号機（35 ps）……………1名 ： トラクター10号機（35 ps）…………1名	2名	同上
田植え	田植機1号機（5条）………………1名 ： 田植機10号機（5条）……………1名	2名	オペレーター1名が田植機1台を操作。役員は指揮・監督をしつつ，燃料運搬，機械修理等を担当。
防除 （4回）	防除機1台＋トラクター1台…………7名	1名 または 2名	オペレーター1名がトラクターを運転，6名がホースを持ち，役員1名が指揮・監督をしつつ，燃料・薬剤運搬，機械修理を担当。
収穫	コンバイン1号機（グレンタンク付）…1名 ： コンバイン3号機（グレンタンク付）…1名 コンバイン4号機……………………2名 ： コンバイン8号機……………………2名	2名	グレンタンク付のコンバイン（1～3号機）は1台をオペレーター1名が操作。グレンタンクの付いていないコンバイン（4～8号機）は1台をオペレーター2名（運転手と籾袋管理者）で操作。役員の役目は起耕・代かきと同様。

合計30名のオペレーター出役体制の下で田植が実施されていた。こうして，当時の機械の能率から田植期のオペレーター出役延べ人員は多く，果樹等の他部門との労働競合の下でのオペレーターの確保と労賃支出の高さに悩んだ。したがって，乗用型田植機の導入（1985年）による省力効果は大きく，それはオペレーター人員の削減，ひいては人件費節約効果につながった。このことは，これ以降も田植機3台の削減やグレンタンク付きのタイプへの切り替えによるコンバイン台数の削減が続いたことによって，表4-8において，80年代後半から90年代後半にかけてオペレーター労賃支出が節約されていったことからも確認することができる。

防除は盆前までの前期防除がH組合によって担われ，通常年は4回ほど実施された。組合所有の防除機は4台あるが（表4-5を参照），通常使うのは1台である。農家数が比較的多いSUおよび浜崎集落（表4-3を参照）の場合には2台使用された。そして，防除機1台の使用に際し，オペレーター1名がトラクターを運転し，6名がホース（100 m）を持つという分業・協業編成をとった。また，オペレーター組合の役員1名が薬剤運搬を担当しつつ作業の指示等にあたった。

収穫においてはグレンタンク付きのコンバイン（3台）はそれぞれ1名で操作可能だが，タンクが付いていないコンバイン（5台）は運転手1名のほかに籾袋を管理する補助者1名を要するため，オペレーター（補助者も含めて）は全員で最低13名は欠かせなかった。また，こ

表4-8　H地区農業機械組合の経営収支の推移　　　　　　　　　　　　　　　（単位：千円）

	項　　目	1987	1988	1989	1995	1996	1997
収入	前年度繰入金	165	358	1,396	2,306	2,743	3,365
	利用料金	19,111	17,954	16,033	12,622	13,558	12,728
	分担金	14,362	13,984	13,515	11,115	10,956	10,417
	助成金	920	856	820	3,738	300	670
	賦課金	856	849	837	680	678	652
	機械処分金	897	1,346	1,151	1,212	1,949	754
	合　　計	36,311	35,347	33,752	31,673	30,184	28,586
支出	格納庫使用料	636	592	558	335	312	291
	諸税・保険料	1,779	1,793	1,832	1,344	1,050	1,195
	機械購入・修繕費	16,150	15,190	15,179	14,451	11,479	11,689
	動力燃料費	1,553	1,395	1,127	678	1,132	1,308
	労務費	10,635	9,850	9,376	6,713	7,190	6,430
	役員報酬	763	763	763	763	763	652
	オペレーター助成金	1,500	1,500	1,500	1,500	1,500	1,500
	会議費	1,852	1,769	1,956	809	1,201	943
	研修・食糧・旅費	813	839	836	1,771	1,698	1,468
	雑支出	272	260	330	566	494	444
	合　　計	35,953	33,951	33,457	28,930	26,819	25,920
	次年度繰越金	358	1,396	295	2,743	3,365	2,666

資料：『H地区農業機械組合通常総代会資料』。
註1：助成金とは農協からの活動助成金，オペレーター助成金はオペレーター組合への活動助成金である。
註2：会計年度は4月1日～翌3月31日。

の作業においても2名の役員の出役が見られた。なお，コンバイン利用においても，田植機利用の場合と同様，オペレーター要員と労賃支出の削減のため，グレンタンクが付いたコンバインの割合を増やす方向で対応してきた（表4-5を参照）。

以上から，H組合の労働組織と作業編成の有り様において，高性能機械の導入による作業の効率化や労賃支出の節減の模策，ならびに指揮・監督労働形成の萌芽といった特徴を見ることができる。

④　経営収支

表4-8はH組合の経営収支の内容の推移を示したものだが，この表はH組合の活動内容ばかりでなく，会計の仕組みをも示している。もとより，H組合は地区内のすべての水稲生産者によって組織された，いわば水稲作の耕作者組合であり，その目的は，あくまで地区内の水稲作の省力化・合理化にあり，稲作自体の規模拡大にあるわけではない。したがって，その会計はその年の支出を構成員が負担し合うことを原則として成り立っている。すなわち，収支は基本的にプラス・マイナス・ゼロであればよいのである。ただ，実際は予算どおりに収支がちょうどプラス・マイナス・ゼロになることは不可能なので，プラスが出ればそれを次年度に繰り越し，マイナスになればそれまでの繰越金でそれを埋め合わせるというやり方をとっている。

経営収支の骨組みの第1は，オペレーター労賃（労務費）を中心とする水稲機械作業実施にかかわる流動経費であり，これに対する収入源は利用料金である。ちなみに，オペレーター賃金は1998年度の場合，耕起，代かきはともに1時間当たり1,150円，田植え，収穫，防除は同1,200円であり，利用料金は，耕起，代かき，田植，防除，収穫，および石灰散布の全作業委託の場合10a当たり12,100円となっていた。なお，この利用料金は10年前も同水準であった。

　第2は，固定経費に属する機械更新費・修繕費であり，これは構成員に対する10a当たり水稲作11,000円，転作7,000円の分担金と機械処分金でまかなっている。この分担金の水準も10年前と変わっていない。H組合は結成以来2005年ですでに33年を経過し，結成当初に補助金のバックアップで導入した機械類はすでになく，現在の機械類はすべてこの分担金徴収による自己資金で更新されたものばかりである。機械購入・修繕費は近年はほぼ1,100万円台で推移しており，実質的に減価償却費としての性格を備えてきていると見られる。そのため，1985年まで計上されてきていた「償却引当金」（収入）と「減価償却費」（支出）各150万円は86年から姿を消すに至った。それは，これら2項目はその金額が実際の機械購入・修繕費に比して著しく少額で，その現実的効果が薄いということに加え，上述のように分担金・機械処分費と機械購入・修繕費こそが実質的にそれぞれ償却積立金と減価償却費としての内実を備えてきたために，「償却引当金」と「減価償却費」の2項目を実際上不要にさせたからにほかならない。

　以上の2点がH組合の経営収支の基本的骨格であるが，第3に，役員報酬として構成員に水田面積10a当たり600円が賦課されている点を付言しておく。そして，この金額も10年前と変化がない。

　また，H組合の会計上注目すべき点は，機械更新費が毎年分担金徴収による自己資金の支払いによってまかなわれるため，借入資金による利子負担からまぬがれている点である。営農集団では機械更新は近代化資金等の融資を受けて行われているケースが多く，佐賀県北西部の類似集団の中でも少なくないものがそのような方法をとっていることを考慮すれば，この点はH組合の特徴として注目に値する。なお，次節の伊万里市のM組合T作業班においても現在では借入金は存在しない。

　さらに，H組合は町一円にわたる広域的かつ大型の営農集団であるため，経営収支にかかわる膨大な日常的な事務処理は，H組合の会計担当者によってではなく，農協の事務職員（女性）によって農協の事務所内において農協の仕事のかたわら行われている。このような農協による支援がH組合の存立条件の1つとなっている点も見逃してはならない。

(3) 事業の成果

　以上のようなH組合の事業は，直接的成果として機械共同利用を通じたスケールメリットにより米の収益性の維持・向上をもたらし，間接的には米生産の合理化・省力化を通じて米生産

表4-9 米の生産費・収益性比較（10 a 当たり，1984年産）

		浜玉町 平坦部 H組合員 A農家	七山村（隣村） 山麓部 非H組合員 B農家	七山村（隣村） 山間部 非H組合員 C農家	佐賀県 平均	九州 平均	都府県 平均	都府県 3 ha以上
稲作付面積（a）		89	200	50	89	69	79	336
投下労働時間（時間）		15.4	62.4	35.6	55.3	62.2	58.8	43.6
粗収益（円）		180,843	132,582	150,000	187,284	170,879	177,945	189,112
生産費（円）	種苗費	1,787	2,778	1,760	1,891	2,216	2,856	2,230
	肥料費	9,678	6,976	12,595	8,642	10,360	10,943	10,632
	農薬費	10,543	8,683	17,124	12,072	10,161	7,311	6,516
	光熱動力費	482	1,152	5,876	3,420	4,130	4,085	4,503
	諸材料費	319	1,260	480	1,916	1,885	2,326	1,358
	水利費	300	-	-	3,436	4,171	5,550	6,017
	賃借料・料金	33,816	-	2,400	8,984	7,523	9,017	3,012
	建物・土地改良設備費	2,087	4,275	1,938	3,228	3,169	4,024	3,538
	農機具費	3,666	29,022	71,246	31,853	41,034	42,566	30,029
	労働費	14,876	60,278	34,390	53,184	51,428	55,836	38,243
	家族労働費	14,876	60,278	34,390	52,062	50,298	54,869	37,375
	雇用労働費	-	-	-	1,122	1,130	967	868
	合計	77,554	114,424	147,809	128,626	136,077	144,514	106,078
所得（円）		118,165	78,436	36,581	110,720	85,100	88,300	120,409
所得率（%）		65.3	59.2	24.4	59.1	49.8	49.6	63.7

資料：松浦東部農業協同組合資料，農林水産省『米及び麦類の生産費』(1984年産，全調査農家)。
註：A，B，C農家の労働費は『米及び麦類の生産費』における佐賀県の家族労働労賃評価1時間当たり966円を適用。

を副次部門とする構成員農家の個別経営の基幹部門の充実化に結びついていっている。すなわち，以下の通りである。

　まず，少し古いデータだが，表4-9は農協が調査した構成員および非構成員農家の米の生産費と収益性を農林水産省調査と比較したものである。それによると，H組合構成員農家（A）の10 a 当たり費用合計が他と比べてはるかに低いものとなっている点が注目される。すなわち，隣接村の非構成員農家（B，C）の場合はもちろんのこと，農林水産省調査の佐賀県，九州，都府県の各平均は言うに及ばず，都府県の3 ha以上の上層農家でさえ費用合計は10万円を超えているのに対し，H組合構成員農家（A）のそれは7万円台にとどまっている。その要因は農機具関係費（光熱動力費，賃借料・料金，農機具費）と労働費の低さにある。なかでも労働費の低さにある。それは，投下労働時間が佐賀県55.3時間，九州62.2時間，都府県平均58.5時間，都府県3 ha以上43.6時間，B農家62.4時間，C農家35.6時間に対し，H組合構成員A農家ではわずか15.4時間だからである。

　米作の所得額とその割合を見ると，1984年は全国的に豊作年だったこともあって，H組合

構成員A農家の所得額は10a当たり11万7千円であり，所得率は65％であった。それに対し，隣接村の非組合員C農家の所得額は3万7千円で所得率は24％水準にすぎない。一方，B農家の所得額は7万8千円だが，所得率が60％と比較的高いのは，水稲作付面積が2haと一定程度存在することにも起因するが，むしろ機械装備の少なさによる農機具費の低さにあると見ることができる。また，佐賀県平均と都府県3ha以上農家は11～12万円台の所得額と60％前後の所得率を維持しているが，前者は営農集団参加農家や作業委託農家が比較的多いという佐賀県全体の動向を反映し[10]，後者は上層農のスケールメリットの発揮によって，ともに農機具費が低くなっていることに起因しているものと考えられる。こうして，水稲作が89a程度のA農家であっても，H組合に参加することによって，都府県3ha規模経営並みの米の生産費と収益性を実現しているのである。

また，表4-10に近年のデータを整理してみたが，同様の結果が確認されよう。すなわち一言で述べれば，H地区農業機械組合の構成員農家の稲作面積は30a程度にしかすぎないにもかかわらず，概して佐賀県平均や都府県3ha以上農家の水準の稲作の所得と所得率を維持していると言うことができよう。

ところで，こうして，H組合活動は，実質的に稲作の生産規模を拡大することによって，スケールメリットを発揮して稲作所得の維持に貢献したが，稲作は本地区においては副次部門，極端に言えばマイナー部門にすぎない。したがって，H組合構成員のH組合への期待においても，稲作所得の維持効果は最大のものではなく，副次的な期待であるという実態が存在する。すなわち，H組合員にとってのH組合への期待は，むしろ稲作への投下労働力を節減し，余剰労働力を基幹部門（ハウスミカンなど）に追加投入することにある。

さて，このような稲作の省力化・合理化を通じての構成員農家の基幹部門の拡大・充実化は，いわばH組合が構成員農家にもたらす間接的な効果であったと言うことができよう。そして，むしろこの点にH組合結成の最大の契機があった。もとより，本地域は佐賀県下有数の温州ミカンの産地であるため，1968年，72年の価格暴落以降のミカン不況下で産地再編が著しいスピードで進められてきた。すなわち，温州ミカンの優良早生種や晩柑類への品種更新，さらには施設化が進められただけではなく，従来のミカン作から施設野菜作への基幹部門の切り替えも行われてきたのである。また同時に，ミカン園の荒らし作りや廃園化も余儀なくされた。このようなミカン園の荒廃化はとりわけ80年代に入って顕著になっている。先の表4-1の80～90年における温州ミカン（露地）栽培面積の激減はその現れでもあるが，その過程で表4-11のように，従来大規模経営の代名詞だった本地区の大規模温州ミカン作経営も栽培面積を大幅に減らしてきている。というよりも，ミカン農家がミカンを止めるか，あるいは他に転換する対応をとっていると見られる。そのことは，1戸当たり温州ミカン栽培面積が80年の136aから90年の81aへ，さらに2000年には62aへと20年間で半減した点（表4-1）にもうかがえる。こうして，今や佐賀県も含めて北部九州のミカン作経営は栽培面積においてそれまでの大規模経営の座を平坦水田地帯の稲麦作経営に譲るに至った。

表 4-10 米の生産費・収益性比較 (10 a 当たり, 1998 年産)

		H組合員農家	佐賀県平均	九州平均	都府県平均	都府県3ha以上
稲作付面積 (a)		30.6	95.1	80.5	93.4	505.2
投下労働時間 (時間)		na	31.6	39.9	37.3	23.9
粗収益 (円)		138,527	147,955	138,527	143,469	148,135
生産費（円）	物財費	67,515	71,641	76,265	82,746	64,658
	種苗費	1,800	1,626	2,808	3,757	2,591
	肥料費	9,445	5,880	7,239	8,403	7,944
	農薬費	13,058	10,319	8,996	7,814	6,833
	諸材料費	4,261	1,294	1,606	2,094	1,607
	建物・公課諸負担	1,991	4,813	5,522	7,188	5,351
	土地改良・水利費		8,763	5,668	7,989	8,971
	光熱動力費	36,960	1,633	2,896	2,956	2,822
	賃借料・料金		16,201	13,314	12,714	5,288
	農機具費		21,015	28,044	29,610	22,806
	労働費	na	45,723	57,966	58,658	37,158
	合計	na	117,364	134,059	141,183	101,363
所得 (円)		71,012	71,216	54,138	53,691	70,313
所得率 (%)		51.3	48.1	39.1	37.4	47.5

資料：H地区農業機械組合資料，農林水産省『米及び麦類の生産費』(1998 年産, 全調査農家)。
註：浜玉地区の粗収益は不明のため九州平均を使用した。na は不明。

表 4-11 温州ミカン栽培面積規模別農家数の変動 (浜玉町)　　　　　　　　　(単位：戸, %)

年次	栽培なし	0.1 ha未満	0.1～0.3	0.3～0.5	0.5～1.0	1.0～1.5	1.5～2.0	2.0 ha以上	計
1980		25 (3.0)	81 (9.6)	56 (6.6)	175 (20.7)	132 (15.6)	165 (19.5)	211 (25.0)	845 (100.0)
1990		14 (2.4)	70 (11.8)	102 (17.3)	200 (34.0)	126 (21.4)	54 (9.2)	23 (3.9)	589 (100.0)
2000		6 (1.6)	87 (22.7)	92 (24.0)	133 (34.6)	41 (10.7)	17 (4.4)	8 (2.1)	384 (100.0)

資料：農業センサス。
註：階層間移動は隣接階層間で行われると仮定し，最上層から順次計算。田代 (1993)，235 頁や梶井 (1997)，281 頁などでも採用されている手法である。

こうして，ミカン部門では栽培面積の縮小の一方，高品質ミカンの生産が課題とされ，同時にハウスミカン作を導入した農家も多い。本地域の大部分の農家はミカン作自体の再編で対応しているが，なかには経営の基幹部門を従来のミカン作から施設野菜作に切り替えてきている農家も少なくない。こうしたハウスミカン作や施設野菜作といった労働集約部門の導入を可能とした条件として本地区におけるH組合の活動がある。H組合の結成がなければ，このような集約部門の導入は水稲作の荒らし作りにつながったであろう。

4．組合構成員農家の経営展開

以上において，H組合そのものの組織的な構造と歴史的な展開に関する考察を主に行ってきた。そこで次に，このようなH組合の展開が構成員農家の農業経営にどのような効果をもたらしているのか，その具体的な実態を，構成員農家の視点から，代表的な農家および集落の事例分析によって検証していきたい。

なお，代表的な農家からの聞き取り調査は1988年に行ったものであるため，以下の(1)においてのみ現在というのは88年現在のことであることに注意されたい。

(1) 代表的経営類型の事例分析

① A農家（ハウスミカン集中型）

平坦部の集落に属する専業農家で，1988年現在，労働力は世帯主33歳と妻32歳が専従し，父72歳と母69歳が加勢する。ハウスミカン77a，露地ミカン132aおよび水稲130aを経営し，また集落での麦作の共同経営に参加している。経営主はH組合の運営委員（集落代表）と集落の麦作共同経営の代表を務めている。

A農家は1960年代に山林開園や山麓畑・水田への植栽によってミカン園を160aに拡大し，また76年からミカン園50aを借地し，以後81年まで計210aの露地ミカンを栽培してきた。その内訳は早生温州153a，伊予柑27a，中生温州10a，八朔20aである。しかし，構造的なミカン不況に対応し，81年に25aの宮川早生を上野早生に高接更新したり，83年に早生温州25aを伊予柑に高接更新したりしたが，そのような中での大きな変化は，82年に露地ミカン借地をやめた代わりに自宅の隣の31aのミカン園（早生温州，20年生，440本）を借地してそこにビニールハウス（鉄パイプ，10連棟，加温式）を設置したことである。その際，近代化資金720万円を借りてその費用に充てた。借地は町の利用増進事業にのせ，借地期間は10年，借地料は10a当たり14万5千円である。次いで85年に自園の23a（興津早生温州19年生，300本）を市文早生に高接更新して施設化（鉄パイプ，10連棟，無加温）した。さらに，88年には自宅近くの23aのミカン園（33年生宮川早生200本，同70本に上野早生を84年に高接更新したもの）を借地し施設化（鉄パイプ，11連棟，加温式）した。その建設資金として農協から650万円を借入した。借地条件は11年間の利用権設定，借地料は10a当たり12万円である。こうして，現在ではハウスミカン面積が77aに達し，それへの労働投下量が

増加したため，一方ではミカンの収穫，箱詰め作業に延べ80人日の雇用を入れると同時に，他方では気流停滞等立地条件の良くない谷間のミカン園25 a（早生10 a，中生10 a，八朔5 a）は見切りをつけて88年2月に伐採し植林化した。こうして，A農家は88年現在ハウスミカン77 aを中心とした経営へと変化し，販売額に占めるハウスミカンの割合は8割を超している。

他方，A農家には130 aの水稲作があり，それはH組合の活動によって支えられている。水稲作関係の個人有農機具は動力散粉機と動力噴霧機しかないが，それらはむしろミカン作で使う場合のほうが多い。

世帯主はH組合のオペレーター組合のメンバーでもあり，1987年度は耕起1日（12時間），代かき2日（15時間），田植1日（10.5時間），防除3日（8時間），収穫1日（10時間），計8日（55.5時間）出役している。出役日数がこれだけで済むのは，既述のように，オペレーター組合員数が50名を超えることと，作業効率が高いことによっている。

こうして，水稲作の主要作業と農機具投資から大幅に解放されていること，とりわけ夏秋のハウスミカンの収穫期にH組合の水稲作作業への出役日数が4日（18時間）で済むことが，上述のようなハウスミカンへ集中することができた1つの大きな条件となっている。

さらに，集落（農家数18戸）ではA農家を含む専業農家7戸によって麦作組合が結成され，関係機械をH組合から借入することによって約7 haの麦作の共同経営が行われ，冬季の水田の高度利用が図られている点も見逃せない。ただ，低収量・低収益を克服しきれていない点で問題を残していたことは既述のとおりである。

② B農家（施設野菜・ハウスミカン複合型）

平坦部の集落に属する専業農家で，1988年現在，世帯主35歳と妻38歳が専従し，父70歳と義兄35歳が加勢する。ハウスキュウリ23 a，ハウスミカン9 a，露地ミカン120 a，水稲作55 aを栽培し，繁殖牛1頭を飼養する。世帯主は現在H組合のオペレーター組合の副組合長を務める。その関係で87年度の出役は37日（287時間）とかなり多かった。しかし，役員をやっている2年間は確かに大変だが，55 a程度の水稲作でも防除機以外の主要農機具を持たずに，農機具への過剰投資を回避しながら維持できる点がH組合のメリットであると彼は言う。

B農家も1960年代のミカンブームの時に山林開園等によってミカンを拡大したが，72年以降のミカン不況下では伊予柑やポンカン等の優良早生種への品種転換を行いながら，120 aのミカン園を維持している。88年現在の品種内訳は早生温州95 a，伊予柑10 a，甘夏柑その他15 aとなっている。

一方，世帯主は1975年の結婚を契機に水田30 aにハウス（当時は単棟）を建て，トマト・メロン栽培（年2作）を開始し，10年間続けた。また，その間に，83年に普通畑にミカンを植栽しハウス施設（鉄パイプ，2連棟，加温式，8.5 a）を設置した。次いで86年には先の10年間続けてきたトマト・メロンの単棟ハウスを建て替え（鉄パイプ，4連棟，加温式，23

a），作物もトマト・メロンからキュウリ（年2作）に転換した。その際，ハウス建設資金として540万円を借入した。世帯主は，できるならハウスミカンを拡大したいと考えているが，現在のミカン園は山麓部の傾斜地に立地しているため，ハウス化はむずかしいと言う。

こうして，1987年度はキュウリの販売額が約600万円，ハウスミカンは樹齢がまだ5年と若いので収量が低く200万円程度にとどまる。露地ミカンも150万円程度である。水稲作粗収益は約80万円だが，B農家にとっては農家経済上からも不可欠なものとなっている。

また，B集落（農家数43戸）は専業農家率が49％（85年センサス集落カード）と浜玉町内ではトップクラスにあることとも関連して，34戸で麦作組合を結成して約10 haの麦作共同経営を行っている。その際，使用する機械類はH組合から借用している。しかし，B集落は排水不良田や冠水害田が多いため，収量と収益性が低く，また麦作面積が伸びないことは前述のA農家の場合と同様である。

③　C農家（施設野菜・露地ミカン複合型）

山麓部の集落に属する専業農家で，1988年現在，世帯主35歳と妻32歳が専従し，父63歳が加勢する。86年までは水稲作が12 aあったが，その年の暮れにそこに野菜ハウスを建てたため，それ以降米は作っていないが，H組合にはまだ参加しており，世帯主はオペレーター組合員でもある。しかし，水稲作をやめたことと，オペレーター組合員数に余裕があることのため，87年度はオペレーター出役をしないで済んだ。

C農家も1960年代に原野・桑畑・水田へのミカン植栽と他町村の原野購入によってミカン園を拡大し，その面積が一番多かった73〜77年には262 aに達した。その内訳は，甘夏柑125 a，早生温州72 a，普通温州65 aであり，甘夏柑を主体にしていたことがC農家の特徴である。なお，そのうち甘夏柑90 aは通作距離7 kmを要する福岡県二丈町内に存在する。

世帯主が農業高校を卒業して自家就農した翌1972年に第2次のミカン価格暴落に遭遇したが，仮にこの年が1年早かったならば自分は他産業に就職したであろうと彼は語る。それはともかく，引き続く79年の第3次価格暴落を契機に普通温州20 aを放棄し，次いで80年の甘夏柑の価格暴落を契機に，普通（中生）温州25 a（元水田）を伐採しそこに野菜用ハウス22 aを建て，メロン・夏秋キュウリ（年2作）を開始した。このとき同様の対応をした仲間が集落内に3名いた。このメロン・キュウリ作は6年間続けたが，86年にそれまでの水稲作をやめて，そこで施設イチゴ7 aを開始したのを契機に，今までのハウスもメロン・キュウリからイチゴに切り替えた。

C農家では，ミカン作の管理は主として父が担当し，イチゴ作は世帯主夫婦が担当するという経営部門の役割分担がある。C農家の1987年度の販売総額中イチゴが約7割を占める。イチゴの収益性は目下のところは期待できるので，イチゴ部門を充実化させることがC農家の当面の課題となっている。

(2) 代表的集落における構成員農家の概況

　H組合の構成員農家の個別経営の実態を明らかにするために，さらにH組合の中で農家数および稲作面積が最多の集落であるSU集落（表4-3を参照）を対象に，そこにおける農家の悉皆調査を行った。

　その結果を示す前に，まず農業センサス集落カードに依拠してSU集落の農家と農業の主な変化とその特徴を表4-12にまとめた。

　表から，以下の諸点が確認できる。

① 非農家が増加し混住化が進んでいるが，以前から専業農家割合の高い農業の盛んな集落である。

② 耕地としては集落周辺に水田・畑を持つが，近くの小高い山に少なからずの山林を所有している。

③ 1960年代にこの山の斜面へのミカンの植栽が始まったが，その後米生産調整を契機に，70年代以降は水田へのミカンの植栽によってミカン栽培面積が増え，さらにその水田部のミカン園はほとんど施設化されるに至った。そのことは，60→70年の農家保有山林面積の激減と70→75年の田面積の激減からも確かめることができる。

④ 一方，山の斜面のミカン園は立地条件が悪いため放棄が進み，今日ではそこにおけるミカン園はほとんど藪と化した。こうして本集落のミカンは「山から平野部に下り」，その後そのミカンの大半は施設（ハウス）化された。

⑤ また，その過程で，本集落では施設園芸団地の形成によって野菜や花きの施設栽培も増加し，全体として施設園芸地区としての性格を強めた。施設園芸部門の内容はミカンが中心ではあるが，野菜や花きなども少なくなく，多様であるという特徴を持つ。

⑥ これらの施設園芸は，経営組織的にはますます単一経営化してきている。

⑦ また面積規模的には，労働集約的な施設化の結果，3 ha以上層が減少し，1～2 ha層に収斂してきている。表4-11で見た傾向が確認される。

⑧ 施設園芸による専業農家の分厚い形成の結果，若手農業後継者の定着が確認される。

　次いで，表4-13および表4-14にSU集落での農家悉皆調査の結果を示した。表から以下のような諸特徴を指摘することができよう。

① 表4-14に示したが，全農家が近くの山の斜面や山麓に山林原野を所有しており，かつてはそこをミカン園にしていたが，現在ではそのほとんどは放棄され，藪化している。そのような傾斜地立地の条件不利なミカン園を中心に2 haを超えるミカン園を放棄し，平坦水田でのハウスミカンに集中している7，16農家がその代表的存在である。

② 経営形態としては，ハウスミカン専業経営が9戸と集落農家数の3分の1を占めるが，そのほかにも施設野菜作農家（6，15番農家），露地野菜作の専業的経営（10，13番農家），施設花き経営（18，26番農家），さらには花苗栽培農家（21番農家）や養鶏農家（12番農家）も存在し，専業的経営の部門別内容は多様である。なお，施設野菜はトマトやキュウリなどで

表 4-12　SU 集落の農業・農家の変化　　　　　　　　　　　　　　　　（単位：戸，a，頭，100 羽，台，人）

		1960	1970	1975	1980	1985	1990	1995	2000
農家数	専業(男子生産年齢人口がいる専業)	30	19	18(18)	17(17)	21(21)	19(17)	17(15)	14(13)
	第Ⅰ種兼業	14	17	13	16	8	11	11	14
	第Ⅱ種兼業	4	7	10	12	14	8	8	7
非農家数（総戸数）			59(102)		100(145)		152(190)		186(222)
経営耕地面積	田	**5,649**	5,390	3,745	3,889	3,721	3,002	2,385	2,181
	畑	953	300	1,033	928	767	819	1,011	1,038
	樹園地	340	2,880	3,554	**3,924**	3,590	2,439	2,367	1,684
農家保有山林面積		**2,948**	1,500	700	500	2,000	1,700	1,200	…
作物種類別収穫面積	稲	5,645	5,360	3,745	3,660	3,165	2,737	2,181	2,015
	麦類	1,676	142	–	137	1,327	57	–	–
	豆類	139	10	110	91	66	1	2	–
	野菜類	689	120	889	731	247	259	241	**358**
	花き類・花木	…	10	20	20	40	40	40	–
	種苗・苗木	…	…	…	…	40	40	20	107
	飼料用作物（含れんげ）	322	100	33	70	288	189	–	…
施設園芸	農家数		4	17	14	21	23	22	23
	面積		11	194	256	550	781	978	**1,076**
畜産	肉用牛飼養農家数（頭数）	16(17)	4(5)	3(3)	4(103)	4(142)	3(124)	2(x)	1(x)
	採卵鶏飼養農家数（羽数）	27(11)	10(23)	2(x)	4(355)	4(577)	3(574)	1(x)	1(x)
農産物販売額1位の部門別農家数	稲作		37	14	11	13	10	9	11
	施設園芸・施設野菜		–	6	10	14	22	7	7
	露地野菜		–	–	3	1	–	2	1
	果樹類		4	20	13	8	–	12	10
	花き・花木		…	…	…	…	–	3	4
	養鶏		1	–	4	4	3	1	1
農業経営組織別農家数	単一経営　稲作				4	7	6	7	8
	施設園芸・施設野菜				1	3	9	2	4
	露地野菜				–	–	–	2	1
	果樹類				2	2	–	8	7
	花き・花木				…	…	–	3	4
	複合経営（うち準単一複合経営）				34(18)	26(14)	17(11)	12(8)	10(7)
経営耕地規模別農家数	0.5 ha 未満	5	3	5	8	8	7	3	5
	0.5～1.0 ha	8	6	5	4	5	6	3	8
	1.0～2.0 ha	25	9	8	14	13	11	16	14
	2.0～3.0 ha	10	18	14	9	6	10	7	5
	3.0 ha 以上（うち 5 ha 以上）	-(-)	7(…)	9(…)	10(…)	11(1)	4(-)	3(-)	3(-)
借入耕地	農家数（うち田）		9(9)	7(-)	6(-)	9(3)	8(4)	6(3)	5(4)
	面積（うち田）		220(209)	45(-)	203(-)	365(65)	211(140)	346(239)	**423(297)**
耕作放棄地	農家数				–	6	2	17	16	19
	面積（以前が田）				76(10)	88(…)	1,093(…)	1,106(120)	**1,123(75)**
稲作機械所有台数（個人＋共有）	耕耘機・トラクター		耕耘機-	総数 60	総数 32	22・10	18・13	19・27	10・14	9・16
	動力防除機		7	75	78	75	24	43	35	39
	動力田植機		…				13	–		
	バインダー		…	16	–	–	1	–		1
	自脱型コンバイン		…	2	–	–	13	–		
	米麦用乾燥機		…	18			12			1
農家人口（うち 15～29 歳）	男	156	124(32)	119(31)	129(36)	121(22)	106(9)	95(16)	92(**23**)
	女	185	130(39)	119(34)	129(25)	132(23)	117(17)	105(17)	96(**25**)
農業従事者数	男	71	…	…	…	68	63	57	59
	女	85	…	…	…	70	64	54	53
農業就業人口（うち 15～29 歳）	男	66	64(15)	64(18)	60(16)	57(6)	55(3)	48(3)	50(**6**)
	女	85	76(14)	64(13)	54(7)	66(7)	59(7)	49(3)	49(3)
基幹的農業従事者数	男	55	55	50	53	48	48	43	45
	女	49	48	34	43	41	40	33	33
農業専従者（うち 15～29 歳）	男		49(15)	47(14)	44(12)	41(2)	43(2)	32(2)	40(**6**)
	女		40(9)	33(8)	37(6)	35(5)	36(2)	26(-)	33(**2**)
農業専従者がいる農家数			37	34	35	30	34	28	30

資料：表 3-1 に同じ。
註 1 ：-は事実のないもの，空欄ないし…は項目なしか不明のもの，x は秘匿のもの。
註 2 ：年齢別は 1990 年以前は 16 歳以上，95 年以降は 15 歳以上。ただし「農家人口」の 70 年，75 年および 80 年については 15 歳以上である。
註 3 ：ゴチック体は増加を示す注目数値。

表4-13 SU集落の農家の直系家族員の就業の実態

農家番号	同居直系家族員の年齢と就業状況（1999年）			雇用のべ人日	農外就業状況（1999年3月）				世帯の性格
	世帯主─妻	あとつぎ─妻	父─母		世帯主	世帯主の妻	あとつぎ	あとつぎの妻	
1	64A─57A	37A─35A		1,500	-	-	-	-	ハウスミカン専業
2	52A─50A	24A	84F		-	-	-新規学卒就農 娘26歳		ハウスミカン主体
3	62A─56A				-	-	-		ハウスミカン専業
4	46A─49A			80	-	-	(18歳・高3・農大進学予定)		ハウスミカン専業
5	56A─53A	25A	85A′	55	-	-	-新規学卒就農		施設野菜専業
6	45A─44A	21A─21A	75E─69E		-	-	-新規学卒就農		ハウスミカン専業
7	50A─43A		85E─81E	70	-	-	(22歳大学院・就農希望)		ハウスミカン専業
8	55A─52A		79A─75A	120	-	-	(20歳農業大学校2年生)		ハウスミカン専業
9		38A─32A	80F	14	-	-	-		-
10	44A─37A		69A─66A′	60	-	-	-		露地野菜専業（あとつぎ教諭）
11	49D─40E		74A		教諭	-	-		高齢経営主1名農業
12	49A─43A	22A	73A─71A	2,730	-	-	-Uターン就農		㈲養鶏・加工・販売
13	54A	27A─24E	82F		老人ホーム	-	-新規学卒就農	-家事育児	露地野菜専業
14	46D		74A─72A′						II種兼業農家
15	41A─36A		65A′─63A′			-家事育児			施設野菜専業
16	56A─54A		76E	340		会社員	(31歳・東京)		ハウスミカン専業
17	60A─55D						(32歳・佐世保市)		II種兼業農家（妻勤務）
18	46A─39A		71A─69A	1,400			-農業高校3年生	(同左)	花き（バラ）専業
19	44A─44A	17E	66E				娘3人		種苗育成兼業農家
20	42D─45E		66A′─63E	na	電気工事（自営業）				自営兼自営業
21	48A─31A		72A						花苗専業
22	52A─47E	24E	76E	10	-養鯉業	-家事育児勤務	専門学校生		養鯉業自営兼業
23	51D─48D		74A′		農協		(他出)		II種兼業農家（農協職員）
24	74A′─75A′				-町議				高齢専業
25	56A─53A	30D─30D		70			会社員（伊万里市）		経営主夫婦農業専従・あとつぎ夫婦農外勤務
26	46A─41A	17E					高校2年（就農希望）		花き（バラ）専業
27	74A′─63A′							薬剤師（パート）	高齢寡婦農業
28	64A─61A						(38歳・兵庫)		na

資料：1999年3月実施集落農家悉皆調査。

註1：就業状況は表3-15などを参照，ゴチックは㈱オペレーター組合員，（ ）は他出者。
註2：-は「0」または「就業なし，naは該当なし，空欄は調査漏れないし不明。
註3：就業状況は，A：農業のみ，A′：補助ないし自給的な野菜作り程度の農業従事，B：農業以外の勤務や自営業にも従事するが農業が主，C：農業にも従事するが農業以外の勤務や自営業が主，D：勤務や自営業に従事し農業はしないか休日のみ，E：家事・学業が主，F：その他。

第4章　中山間農業地域における営農集団の展開と構造

表4-14　SU集落の農家の農業経営の概況

農家番号	経営耕地面積 (a) 自作地				借地			計	山林原野面積(a)	貸付地面積(a)		耕作放棄地面積(a)		作物作付面積(a)・飼養羽数(羽)									養鶏(羽)	部門別販売金額割合(%)						経営組織	将来計画など
	田	畑	樹園地		田	畑	樹園地			田	畑	畑	樹園地	稲	野菜露地	野菜ハウス	施設園芸ベラ	施設園芸他の花	ミカン露地	ミカンハウス	他の施設柑橘		米	露地野菜	施設野菜	露地ミカン	ハウスミカン	花き	養鶏		
1	80		300					380	na					80	25			15	164	36	100		3			7	54	36		ミカン・花複合	
2	75		220		125	50	105	355	70					200	25				80	25			30	10		10	50			ハウスミカン単一	
3	82		120					302	na					82					130		38									ハウスミカン単一	
4	55	10	120		95		20	300	20					150					30	47			8			6	86			ハウスミカン単一	
5	90		140		60			290	5				100	150			35		90	50										ハウスミカン単一	
6	125	18	85					228	na				60	100					20	84			3			na	97			ハウスミカン単一	
7	65	22	125					212	10				280	58					50	85			2			na				ハウスミカン単一	
8	15	15	147					212	80			10		75						102										露地野菜単一	
9	177	3						180	300	75					55								20	80						米・野菜複合	
10	51	90	10					151	na			20		51	30		50						50	30		20				養鶏単一	
11	90	30	30					150	na			35		90					30											野菜・米複合	農家レストラン経営
12	80	60						140	100			20		80	40		50					16,000	40	60					100	養鶏単一	
13	102	5			27			134	na			50	30	102					70						80		70			施設野菜単一	
14	30		70		30			130	na			30		60									20			30				ハウスミカン単一	
15	92	30						122	na			40		92	30				45	58										ハウスミカン単一	
16	—		103					103	na	95		250	5	—	13			60													
17	102							102	na			100		64																花き単一	
18	—	70	30					100	na					—			50											100		花き単一	
19	17	40	10		30			97	na			10		—	28															花苗単一	あとつぎなし
20	60	30						90	20			60		60																	
21	60	30						90	na				30	—		28															
22	66	20						86	na			30		26				60													
23	80	5						85	na				5	80																	
24	39	40						79	30					39																	
25	50		25					75	200	30		90		30		30		18	25												
26	30	30						60	na		50	10		30	28															花き単一	後継者就農時にバラ拡大
27		28						28	80	107				—																	
28								—	na	80	60			—																	

資料：表4-13に同じ。
注1：作物作付面積および販売金額は1998年度（1998年4月〜1999年3月）、それ以外は1999年3月現在。
注2：耕作放棄地は経営耕地には含めていない。

あり，露地野菜はトマト，キュウリ，ナス，タマネギなどであり，花きはバラである。

　③　本集落において注目すべき事柄として観光農園および加工品直売・農家レストランの取り組みが存在する。前者は1番農家の取り組みであり，かつてミカン園が展開していた近くの山の中腹の展望の良い場所に軽食店を併設した花き直売店を設置した事例であり，開店以来週末には主に福岡市からの観光客でにぎわっている。そして，この取り組みの背景としては，もともとミカン農家であったことからくる植物栽培技術の蓄積，世帯主の経営的気質の存在，および福岡市からの観光客の存在，を挙げることができる。後者は12番農家による多様な取り組みである。12番農家は本集落においてかつて多かった養鶏農家の中で唯一今日まで残った農家であるが，1999年現在1万6千羽の採卵鶏を飼養しており，近くの「道の駅」の販売店でJAS有機認証済みの卵で作った卵焼きやそれを使った弁当を販売し，また自宅では農家レストランの経営と上記有機卵を原料にした菓子の製造販売を行っている。

　④　以上のような専業的な農業経営の展開の結果，このような農家の多くには農業後継者が確実に定着している。表4-13に見られるように，調査結果から40歳以下の男子農業専従者が7名確認された。しかも，この7名中6名がH組合のオペレーター組合員を務めており，この数はオペレーターを出している集落の中で最大の数を誇っている。この意味でも本集落がH組合の中心的集落であるということができる。

5．今後の展望

　浜玉地区では地域の2大部門であるミカン作と水稲作が1970年代以降ともに大きく再編されてきた。水稲作は地区一円を対象とするH組合の結成という組織的な集団営農体制の下で合理化・再編され，ミカン作は品種更新や施設化および野菜作への転換による多様な個別経営の形成という再編過程をたどった。その中で，ミカン作経営の再編はとりわけ80年代に入ってから大きく促進され，またオレンジの貿易自由化以降，その速度はさらに加速されてきている。

　水稲作を組織的・集団的に担うH組合は町一円を対象とする広域的かつ大規模な営農集団である点に組織形態上の特徴を持つが，このような特徴は中山間地域の農業の土地条件や村落構造，さらには労働市場等の社会経済的条件に起因している。また，このような広域的で大規模な営農集団の形成と運営においては農協の果たす役割が極めて大きく，いわば集団の形成・展開条件の1つとして農協が存在している点に注目する必要がある。

　そして，H組合は広域型組織を活かした事業展開によって水稲作のコスト節減と所得維持に寄与している。また，併せて機械銀行業務を通じて地域の麦作振興にも役割を発揮してきた。しかし，中山間地という立地的ハンディともかかわった土地条件の改善の限界性，および施設部門への集中化傾向の結果，麦作は今日消滅状態にある。土地利用にかかわって，この点をどうするかが今後の地域的課題となっている。

第4章　中山間農業地域における営農集団の展開と構造　　*129*

第3節　ナシ産地における営農集団の展開と農業経営
――佐賀県伊万里市・M農業生産組合・T作業班（T集落）――

1．本節の課題

　前節では中山間地域における営農集団の構造および営農集団が構成員農家の個別経営に与える影響について考察を行った。本節でも，この点の確認作業を行い，中山間地域における営農集団の類型と機能の普遍化に役立たせたい。さらに，本節では，営農集団の構成員農家の個別経営への影響だけでなく，地域農業の農地利用の面への影響をも考察してみたい。それは，中山間地域において棚田等の耕作放棄が進行する中で，このような地域における地域資源の維持という観点の重要性が指摘されているため[11]，営農集団はそれにいかに対応しようとしているのかという問題を検討する必要があるからである。

2．M農業生産組合の形成と展開

(1)　M農業生産組合の結成の背景と要因

　図4-3の組織機構図のように，本節で取り上げるT作業班（T集落）は佐賀県伊万里市のM地区に存在する広域的な営農集団であるM農業生産組合に属する1つの作業班（集落）である。

　M地区は伊万里市北部に位置し，農業地域類型としては「中間農業地域」の「田畑型」に属する。本地区は周囲を山に囲まれているため，山麓部での果樹栽培や肉用牛飼養を主体とし，それに平坦部の水田作を加味した「果樹栽培＋稲作」ないし「畜産＋稲作」といった経営類型を広く形成している。

　M農業生産組合（以下，見出し以外はM組合と略称）の結成・運営に大きく関わってきたのは，この地区の農協である。この地区の農協は当時未合併小規模農協だったが（2003年に合併し伊万里市農協M支所となる），すでに1960年代から地域振興計画を独自に策定しつつ，地域農業の再編構想を積極的に推し進めてきた注目すべき優良農協である。この過程において，中間地域の劣悪な農地条件を改善すべく，71年から農地開発事業の導入によってナシ・ブドウ園を造成し，また，同年から第1次農業構造改善事業の導入によって約100 haの水田の基盤整備を実施したことを契機に，M地区（6集落）の範囲において水田作の集団的営農のための組織が結成された。これがM組合である。

　結成当時，M組合の構成員農家数は157戸，対象水田面積は96 haであった。

(2)　M農業生産組合の組織と活動内容

　図4-3にM組合の組織機構を示した[12]。M組合はM地区（大字）の6集落の水田作農家に

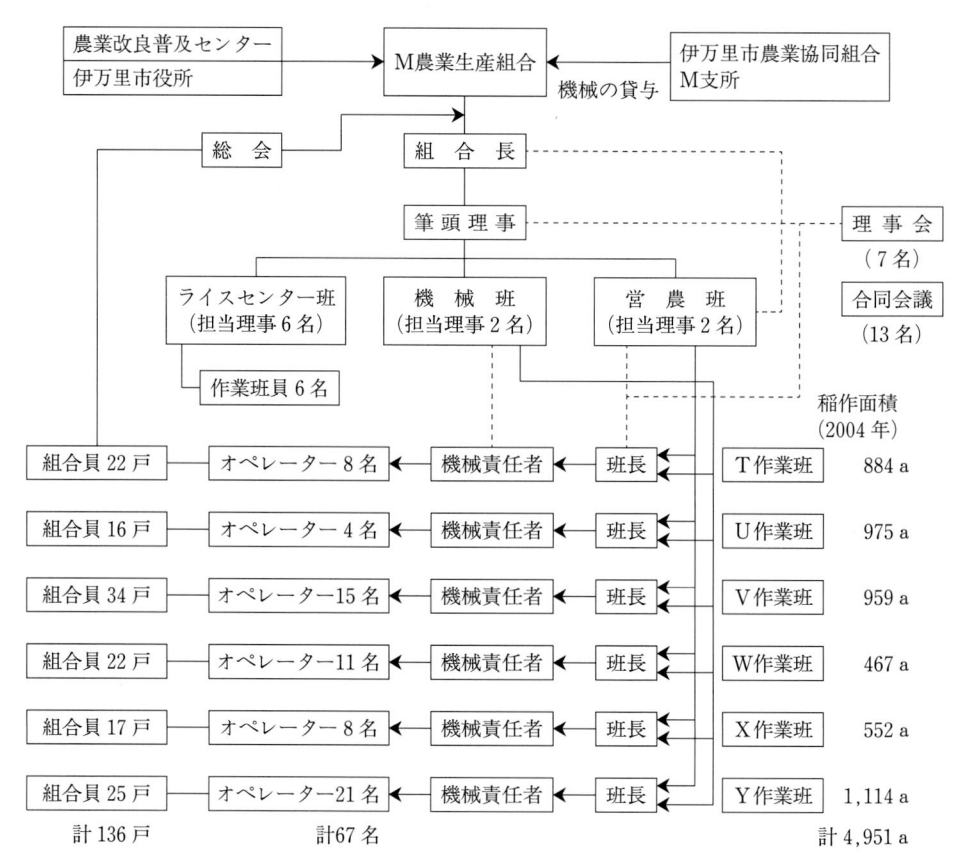

```
農業改良普及センター        M農業生産組合 ←――― 伊万里市農業協同組合
伊万里市役所                              機械の貸与   M支所
         ↓              ↓
        総 会          組 合 長
                         ↓
                       筆頭理事 ―――――――― 理 事 会
                         │                   （7名）
         ┌───────────────┼───────────────┐
   ライスセンター班    機 械 班         営 農 班      合同会議
   （担当理事6名）   （担当理事2名）  （担当理事2名）   （13名）
         │
      作業班員6名
                                               稲作面積
                                              （2004年）
組合員22戸 ― オペレーター 8名 ← 機械責任者 ← 班長 ← T作業班   884 a
組合員16戸 ― オペレーター 4名 ← 機械責任者 ← 班長 ← U作業班   975 a
組合員34戸 ― オペレーター15名 ← 機械責任者 ← 班長 ← V作業班   959 a
組合員22戸 ― オペレーター11名 ← 機械責任者 ← 班長 ← W作業班   467 a
組合員17戸 ― オペレーター 8名 ← 機械責任者 ← 班長 ← X作業班   552 a
組合員25戸 ― オペレーター21名 ← 機械責任者 ← 班長 ← Y作業班 1,114 a
 計136戸        計67名                                計4,951 a
```

資料：M農業生産組合資料および聞き取りによる。

図4-3　M農業生産組合の組織機構（2004～2005年）

よって構成される広域的な水田作共同経営組織である[13]。

　2005年6月現在，M組合の構成員農家数は136戸，その中で過去1年間に実際に機械作業を担当したオペレーターは67名，また2004年の稲作面積は50 ha弱であった。

　このように，M組合は集落を超える広域的で大規模な営農集団であり，また多人数のオペレーターメンバーを抱えており，これらの点で前節のH組合と共通した組織形態と内容を持っている。そして，実は，これらの諸点は中山間地域の営農集団に共通する形態的特徴であると考えられるのである。しかし，集団の経営内容，したがって分配構造においては，M組合は，本書第5章のA組合を除いたその他の諸集団とは大きく異なる点を有する。それは，A組合を除く本書のその他の諸集団や大多数の営農集団が機械共同利用組織にとどまるのに対し，M組合やA組合は水田作共同経営であるという点である。そして，このように水田作の共同経営を行う営農集団は全国的にも数が極めて少なく，貴重な存在と言える。

　さて，この水田作の共同経営は，トータルシステムとサブシステムの2つから成り立っていると理解することができる。トータルシステムとしては，稲の品種の各集落への張り付け，農

機具の貸し借りの融通，および1つのライスセンターの6集落共同利用といった点が挙げられ，これらにおいては6集落間での調整が行われている。一方，稲作生産は各集落単位で行われている。つまり，オペレーター作業も，図のように各集落においてその集落出身のオペレーターが作業班を結成し，その集落の構成員農家の稲作を担当するという仕組みとなっている。これをサブシステムと呼ぶならば，サブシステムとしての各集落での稲作共同経営が6組織集まってトータルシステムとしてのM組合が構成されているということができる。換言すれば，図のように，たとえばT作業班あるいはT協業というように，○○作業班あるいは○○協業と呼ばれている各集落ごとの稲作共同経営の連合体としてM組合が存在していると言ってもよい。

各集落においては，図4-3にもあるように，各作業班のオペレーターが共同作業によって稲作経営を行っているわけだが，その際，基盤整備された水田をより効率的に利用するために，水田はその所有関係が識別できるように目印の杭を入れただけで，畦畔は取り除かれており，水田区画が拡大されている点も特徴的である。このようなことが可能なのは，M組合が一般の営農集団ではなく，共同経営であることが大きな要因となっているものと考えられる。ちなみに，本書第5章の鳥栖市のA組合もそのような耕地利用のあり方をとっているが，それも，A組合が共同経営である点が大きく作用していると考えられる。

また，収益の分配については，共同経営であるため，粗収益からオペレーター賃金を含めた諸経費を差し引いた残余を経営水田面積に応じて構成員農家に配当するという方法をとっている。そして，この配当分を最大限にするため，上述のような効率的な作業方法がとられているのである。

一方で，冬場の麦作が近年消滅してきているという問題点がある。かつて1970年ころは暗渠による排水改良を行って麦作の振興が図られていたが，しかし排水不良田の増加や基幹部門である果樹（ナシ・ブドウ）作との競合問題等から，近年は麦作はなされなくなってきた（表4-15を参照）。この点は上記のH組合と共通する耕地利用上の問題点となっている。しかし，2004年暮れに改めて大麦の作付けが再開された点は注目される。この点には本節最後の「追補」で触れる。なお，M組合を「水稲作共同経営」のみならず「水田作共同経営」とも呼ぶのはこのようにM組合が必ずしも稲作のみの組織ではない点を含意していることを併せて付け加えておきたい。

(3) M農業生産組合の経営的成果

M組合の活動は，本地区の基盤整備田での稲作を合理化・省力化し，米作経営費の削減によって米作所得の維持・向上に寄与している。M組合の事業報告書によると，たとえば2002年産米についてみると，玄米反収が492kgと豊作であり他の年度より収益性が高い点に注意が必要だが，10a当たり収入合計が122,503円，支出合計が79,941円で差引残高が42,562円となっている。この残高が構成員農家に配当されるわけだから，配当率35％ということになる。

これはいわば地代相当分であるから高い数値であると評価できよう。

また，M組合によって稲作生産が省力化され，そこで生じた余剰労働力が構成員農家の基幹部門である果樹（ナシ・ブドウ）作の拡充・集約化に向けられ，農家経営全体の前進が図られている。

こうして，M組合によって平坦部の水田稲作が集団的な大規模経営化によってスケールメリットを発揮し，米作所得の維持・向上が図られ，また稲作から解放された労働力が基幹部門である果樹作の拡大・拡充に向かうことによって，構成員農家の農業経営全体の発展が図られ，地域全体として果樹の産地形成が推進されてきたと言うことができる。

3．M農業生産組合・T集落における農地利用問題

(1) 本項の論点

しかし，以上の実態は事実の一面であるが，本項では，もう1つの側面として地域全体としての農地利用における問題の存在に注目したい。というのは，今日では中山間地域に少なからず存在する棚田等の悪条件の農地をどうするかという問題が存在するが，営農集団はこの問題にどのように対応することができるのか，あるいは棚田等の維持・保全に向けていかなる営農集団論的アプローチが必要なのか，という論点に言及してみたいからである。

そこで，本項では，優良集団としての評価の高いM組合管内において，棚田等の条件不利な農地がどのように利用されているのか，そこには問題はないのか，あるとしたらどのような問題があるのか，またそのような問題が生じるメカニズムは何なのか，といった点をM組合の1つの作業班（集落）であるT作業班（集落）の実態に即して具体的に検討してみることにしたい。

(2) T集落の農家構成

表4-15に農業センサス集落カードからT集落の農家・農業の変化を示した。表から以下の諸点が読み取れよう。

① 水田面積が減少するのに対し樹園地面積が増加し，1975年以降は後者が前者を上回り，果実生産地区となってきている。

② 伊万里市は牛の多いところであり，表出はしていないが，T集落にも1970年代までは乳牛飼養が，また80年代までは肉用牛飼養が行われていたが，それ以降は消滅し，果実産地に収斂してきている。

③ 専業農家が総農家の3分の1を占めている農業前進集落である。

④ その結果，15～29歳の農業就業人口および同年齢層の農業専従者も数名ではあるが維持されてきている。

⑤ しかし，農産物販売額最上位（1,000～1,500万円）の農家数は2000年に急減し，果樹作経済の悪化状況がうかがえる。

第4章　中山間農業地域における営農集団の展開と構造

表4-15　T集落の農家・農業の変化　　　　　　　　　　　　　　　　　　　　（単位：戸, a, 台, 人）

		1960	1970	1975	1980	1985	1990	1995	2000
農家数	専業（男子生産年齢人口がいる専業）	22	12	6(6)	11(9)	16(11)	13(11)	7(5)	**11(9)**
	第Ⅰ種兼業	12	15	18	14	12	10	13	7
	第Ⅱ種兼業	6	14	15	13	9	11	9	10
非農家数（総戸数）			3(44)		7(45)		6(40)		6(35)
経営耕地面積	田	2,675	2,630	1,099	1,013	928	762	679	1,654
	畑	209	540	213	127	94	94	183	88
	樹園地	291	1,900	2,620	3,635	3,572	2,889	2,834	2,392
農家保有山林面積		5,997	8,800		7,400		9,600		7,460
作物種類別収穫面積	稲	2,612	2,610	1,000	976	852	750	679	1,436
	麦類	1,128	648	-	-	-	-	-	-
	野菜類	140	250	38	18	11	45	25	9
施設園芸	農家数				2	2	12	6	8
	面積				40	x	539	134	200
農産物販売額第1位の部門別農家数	稲作		24	8	6	5	6	6	8
	果樹類		14	30	30	31	19	22	18
	施設園芸・施設野菜		-	-	-	-	6	1	2
農業経営組織別農家数	単一 稲作				6	5	5	5	7
	単一 果樹類				23	29	12	20	18
	複合経営（うち準単一複合経営）				8(7)	2(1)	14(7)	4(3)	2(2)
農産物販売金額別農家数	100万円未満（うち自給農家）	40	30(1)	18(1)	10(1)	9(1)	10(-)	10(-)	9(1)
	100～300万円	-	11	19	14	13	7	4	4
	300～500万円	-	-	2	10	9	2	5	4
	500～1,000万円	-	-	-	4	5	8	6	9
	1,000～1,500万円	-	-	-	-	1	7	6	2
経営耕地面積規模別農家数	0.5ha未満	8	4	7	4	4	4	1	3
	0.5～1.0ha	16	13	14	14	13	7	10	6
	1.0～2.0ha	16	18	15	12	13	14	15	12
	2.0ha以上（うち3ha以上）	-	6(-)	3(-)	8(-)	7(-)	5(-)	3(-)	7(2)
借入耕地のある	農家数（うち水田）		15(13)	5(3)	5(2)	3(1)	4(2)	5(3)	6(3)
	面積（うち水田）		358(232)	92(32)	109(29)	68(23)	103(39)	188(41)	216(68)
耕作放棄地のある	農家数			3	6	17	12	6	7
	面積（以前が田）			29(…)	29(16)	417(…)	264(…)	179(39)	215(50)
稲作機械所有台数（個人＋共有）	耕耘機・トラクター	計1	計33	計37	26・2	23・10	18・13	11・16	5・19
	動力防除機	6	63	73	64	75	46	31	15
	動力田植機	…	-	2	3	2	6	10	9
	バインダー	…	1	4	11	8	4	4	1
	自脱型コンバイン	…	-	-	4	3	5	7	8
	米麦用乾燥機	…	21	5	2	3	3	3	-
農家人口（うち15～29歳）	男	109	92(21)	84(22)	82(21)	83(11)	75(8)	68(10)	61(15)
	女	122	103(19)	89(13)	93(18)	95(21)	83(12)	78(10)	65(12)
農業従事者数	男	58				57	52	49	46
	女	68				53	47	45	44
農業就業人口（うち15～29歳）	男	51	52(13)	40(13)	33(3)	42(3)	37(3)	34(3)	35(3)
	女	68	61(12)	49(9)	36(5)	45(9)	36(2)	36(2)	35(2)
基幹的農業従事者数	男	49	43	31	32	37	34	31	29
	女	57	41	32	29	32	28	30	24
農業専従者（うち15～29歳）	男		38(8)	24(5)	24(2)	32(2)	28(1)	29(2)	26(2)
	女		40(6)	24(2)	20(1)	22(3)	22(1)	26(-)	20(-)
農業専従者がいる農家数			37	26	25	27	24	23	21

資料：表3-1に同じ。
註1：年齢関係は表4-12に同じ。
註2：2000年の農家保有山林面積は農家悉皆調査結果（表4-17を参照）。

表 4-16 T集落の農家の直系家族員の就業状況の概要

農家グループのタイプ	農家番号	同居直系家族員の年齢と就業状況（2001年4月現在）							年間雇用のべ人日	農外就業状況（2001年4月現在）				世帯の性格
		世帯主	その妻	あとつぎ	その妻	父	母		世帯主	世帯主の妻	あとつぎ	あとつぎの妻	
T作業班参加の稲作共同経営グループ（18戸）（但しT地区の農家1戸を含む）	1	**41**A	36A			69A	68A	-					2世代ナシ・ブドウ専従
	2	51A	49A	**28**A	27E	82A'	77A'	-			-農業大学卒	-家事育児	2世代ナシ・ブドウ専従（後継者20歳代）
	3	**63**A	51A	28D	32D			-			JA職員	JA職員	夫婦2人ナシ・ブドウ専従・あとつぎ勤務
	4	**50**A	58A	30D				60			教員		母子ナシ・ブドウ専従・あとつぎ妻教員
	5	62A'	63A'		33D		87F	30	商店勤務				母子ブドウ・ナシ専従・あとつぎ妻勤務
	6	**51**D	45D	16D		84F	72F	-			会社員		稲作兼II兼農
	7	**54**A	50A	25D				20		会社員	建設会社（正社員）	病院勤務	夫婦2人アスパラガス専従・あとつぎ勤務
	8	**61**A	56A	**24**A				30					2世代ブドウ・ナシ専従（後継者20歳代）
	9	72A	68A					-					協業全面委託農家
	10		48A			80F	75A'	1					女性1人アスパラガス専従・野菜直売など
	11	68A	65A	24A				-	定年帰農		建設会社（臨時）（42歳・市内・教員）		定年帰農2人ナシ・ブドウ専従・野菜直売など
	12	**57**A	54A	29D	28D	87F		28			JA職員	病院勤務（正社員）	夫婦2人ナシ・ブドウ専従・あとつぎ勤務
	13	82A'	70A'	故	故			-			-Uターン青年（45歳・佐賀市）		ナシ・ブドウ専従・協業委託・畑は貸付
	14	63A'	69A'			80F		65	病院勤務	農園勤務（パート）	（20歳・大学生）		稲作兼II兼農・定年帰農
	15	53D	50D			78A'	72A'	-	定年帰農		中学生（農業志望）		高齢父母委託・稲・ナシ・ブドウ専従
	16	51D	45D	16E			67E	25	建設会社勤務				ブドウ・ナシ兼農・あとつぎ農業志望
	17	**46**A	44A	34A			72A'	25	県職員			3姉妹	夫婦2人ナシ専従・あとつぎは娘かも
	18	**53**A	50A	**34**A				-					夫婦2人ナシ専従
T作業班非参加のT集落内の稲作個別展開ない果樹作のみの農家グループ（8戸）	19	50A	44A	19E		72A'		30			大学校（農業志望）		ナシ・ブドウ専従・あとつぎ農業志望
	20	故	65A	**34**A	38E			-				家事育児	ナシ・ブドウ専従
	21	**49**A	36A			70A	72E	na			食堂自営	3姉妹	2世代ナシ・ブドウ専従・あとつぎ自営
	22	**53**A	60A	36D			67A	-	左官業自営	病院勤務	勤務（正社員）		高齢夫婦ナシ・ブドウ野菜専従・あとつぎ自営
	23	43D	42D	37D		69A		30	建設会社（正社員）	-家事			米・ナシ・野菜自給農家
	24	74F	67E				67F	-	運送会社（正社員）	-病気療養中			高齢父母稲作専従
	25	42D				72A	67F	-	JA職員				作業委託
	26	50D	44E				79F	-					飯米専業農家
飛び地区（T機械共同利用農家グループ 4戸）	27	51A				82A'		33	郵便局勤務				父子ナシ専従
	28	48D	47D				70E	-					稲作II兼農家（兼5反百姓）
	29	59D	58D	29D		96F		-	窯業自営	同左			稲作自営II兼農家（兼業5反百姓）
	30	na	na					-					na

資料：2001年4月実施集落農家悉皆調査。

註1：あとつぎの（ ）は他出別居者。
註2：ゴチック体はT作業班のオペレーター，□は認定農業者。空欄は該当なし。
註3：－は「0」または「就業なし」。
註4：就業状況は，A：農業のみ，A'：補助ないし自給的な野菜作り程度の農業従事，B：農業以外の勤務や自営業にも従事するが農業が主，C：農業にも従事するが農業以外の勤務や自営業が主，D：勤務や自営業に従事し農業はしないか休日のみ，E：家事・学業・定年帰農志望，F：その他。

第4章　中山間農業地域における営農集団の展開と構造

表4-17　T集落の農家の農業経営の概要（2001年4月現在）

（単位：a、台）

農家番号	協業分	水田面積 自作地 個人 整備田	水田面積 自作地 個人 未整備田	水田面積 自作地 個人 耕作放棄田	水田面積 借地	水田面積 貸付地	普通畑面積 自作地	普通畑面積 借地	普通畑面積 貸付地	普通畑面積 耕作放棄畑	樹園地面積 自作地 ナシ	樹園地面積 自作地 ブドウ	樹園地面積 借地 ナシ	樹園地面積 借地 ブドウ	樹園地面積 貸付地 ナシ	樹園地面積 貸付地 ブドウ	樹園地面積 耕作放棄園 ナシ	樹園地面積 耕作放棄園 ブドウ	山林原野面積	個人所有機械合数 耕転機	個人所有機械合数 トラクター	個人所有機械合数 歩行型田植機	個人所有機械合数 コンバイン	特徴・今後の予定
1	151		20			5					133	39							600	1		1/4		果実直売所設置予定
2	115		5				3				180	31							400	1				
3	106		10				10					120							500					
4	79						3				100	52			18				300	1				
5	72		20				2				20	80							500	1				
6	71	39					10												20	1				野菜作志向
7	65	60				10	2				17								300	1	2	1		アスパラガス45a
8	63						10				50	100		10			80		700		1/3	1/6		果実直売所販売
9	58						2												50					
10	33				40	48	10				6					28		30	170		1/3	1/5	1/6	アスパラガス20a、野菜作10a直売所出荷
11	32						10								25				400	1				野菜作10a直売所出荷
12	30	6																	500			1/2		6aナシ観光農園化
13	28	42					5				60	28							400			1	1	
14	23			22							87	42							200					土地持ち非農家的農家（稲作委託・その他貸付）
15	14		15				13												100					定年帰農・農家民宿予定
16	14	40	28		5		2				32	72	15			25			300	1	1/5	1/5	1/6	露地ミカン70a・定年帰農志望
17	11		5	3							150								100		1	1	1	あとつぎ農業志望、ブドウ30a拡大志向
18	9	59		8			1												500					ナシ直売50%
19							2				110	40		45					200	2	1	借	ナシ直売10%・ブドウ拡大志向
20	17		11								100	15							na		1	1	1	ナシ・ブドウ拡大志向
21											80	10							na		1	na	na	
22			10	2		5					25	40							100			1	1	ブドウ・米をやめ自営業に専念
23							10	10											na		na	na	na	ウメ10a、野菜等直売所出荷
24			15				3				7								70	1	1	1	委	
25			83				18												100	1	1		1	定年帰農志望
26			14													28			—			na	na	
27		35	5				3				148								350		1/5	1/5	1/5	
28		64		3			5												400	1/5	1/5	1/5	1/5	三女Uターン自営業参加
29		53					15												200	1/5	1/5	1/5	1/5	
30		30																	na	1/5	1/5	1/5	1/5	
合計	974	445	226	51	55	63	139	10	10	40	1,305	669	25	63	35	81	80	30	7,460	10				

資料：表4-16に同じ。
註：機械の借は借用、委は委託。

以上の事柄を念頭において，表4-16にT集落の農家概況を，また表4-17に同農家の経営概況を示した。なお，T集落を選定した根拠は，農協を通じての調査依頼の際に著者が示した「M組合構成6集落の中の平均的集落」という基準に対して農協から推薦されたためである。

これらの表から，T集落には，ナシまたはブドウ，あるいは両者を基幹部門とする専業的農家が比較的多いこと，またそのような農家には農業後継者も多いこと，さらにそのような専業的農家がM組合作業班のオペレーターを主に担っていることが分かる。そして，このような実態はその他の5集落においてもほぼ共通しており，M組合全体の特徴であると言われている。

(3) T集落における農地利用問題

しかし，ここで注目したいのは，詳しく見ると，T集落には3つの農家グループが存在することである。1つはM組合T作業班に参加する稲作共同経営グループの18戸である。2つはT作業班に参加していない農家グループの8戸である。そして3つは，T集落の農家に属してはいるが，T集落の中心地区から2kmほど離れた飛び地的な集落（T′地区）の農家5戸（16番農家もそうだがT作業班にも参加しているため表では第1のグループに入れている）であり，この5戸はT作業班とは別個にT′機械利用組合を組織している。

図4-4は以上の3つの農家グループの全体と相互関係を図示したものである。

さて，ここでT′機械利用組合について若干の説明が必要である。

T′地区は上述のようにT集落の中心地区から東に2kmほど離れた山間部の地区で，そこの農家5戸は，棚田を含めたその周辺の水田2ha余を保有している。そこにおける水田は狭小・不整形であり，かつ集落の中心地区から離れているため，M組合T作業班の対象とはなっていなかったが，1980年頃に第2次構造改善事業で基盤整備されたのを契機に，これら5戸の農家は補助金を受けずに独自の機械共同利用組織を結成した。これがT′機械利用組合である。この組織はもうすでに20年以上経過したので，これまでに導入した機械類は何度か更新されてきているが，現在の機械としては，30 psトラクター，歩行型4条田植機，自脱型コンバインをそれぞれ1台ずつ共同で所有し，5戸がそれぞれ持ち回り利用している。田植機が歩行型であるのは，基盤整備されたとはいえ，棚田状の狭小水田が多く，乗用型の利用が困難である

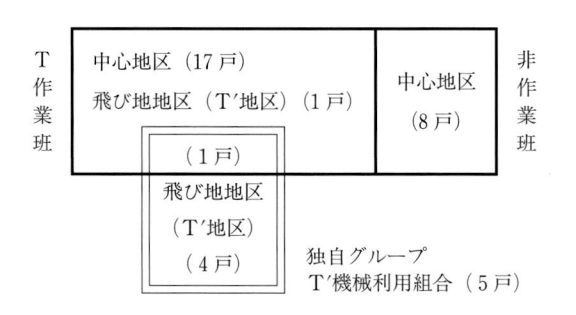

T作業班	中心地区（17戸） 飛び地地区（T′地区）（1戸）	中心地区（8戸）	非作業班
	（1戸）		
	飛び地地区 （T′地区） （4戸）		

独自グループ
T′機械利用組合（5戸）

図4-4　T集落の農家グループの相互関係

第 4 章　中山間農業地域における営農集団の展開と構造

```
                    保有山林原野
                              ⎰7,460 ha
```

耕作放棄　↑
耕境線　------
耕作維持　↓

| | 51 a | 40 a | 80 a | 30 a |

未整備水田　　226 a

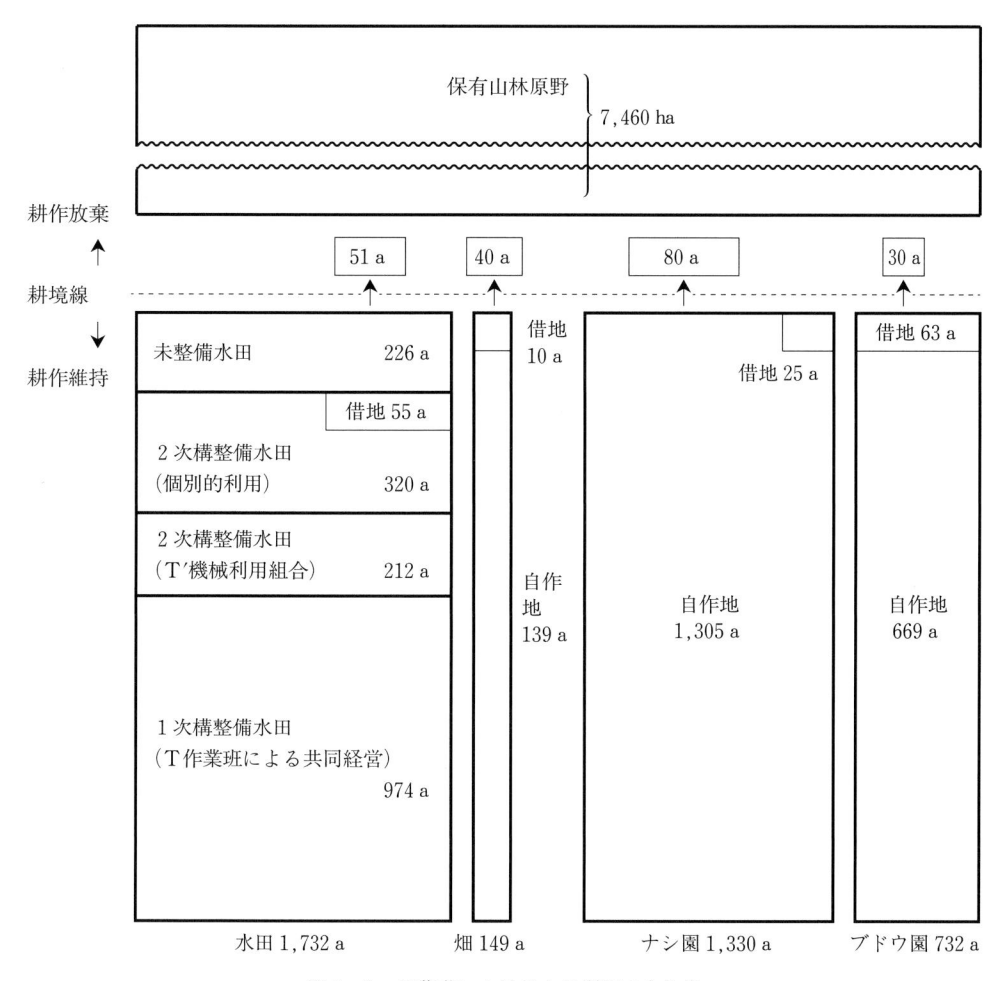

借地 10 a （畑）

借地 25 a （ナシ園）

借地 63 a （ブドウ園）

借地 55 a
2 次構整備水田
（個別的利用）　　320 a

2 次構整備水田
（T′機械利用組合）　212 a

自作地
139 a

自作地
1,305 a

自作地
669 a

1 次構整備水田
（T 作業班による共同経営）
974 a

水田 1,732 a　　畑 149 a　　ナシ園 1,330 a　　ブドウ園 732 a

図 4-5　T 集落における土地利用の全体像

ためである．そしてこの点が，乗用型田植機しか装備していない T 作業班に T′機械利用組合が参加できない技術的理由となっている．なお，このような営農集団の機械装備問題には本章第 4 節でも言及したい．

　関連して，土地利用のほうも，以上の農家グループの存在と複雑に交差しながら，多様な形で行われている．図 4-5 は，表 4-17 を基に，地目別に，また水田については営農集団との関わりにおいて整理したものである．

　水田に関していえば，T 作業班による稲作共同経営は，1971 年から実施された第 1 次農業構造改善事業による 10 ha 弱の整備水田に限られているのである．それに対し，第 2 次農業構造改善事業による整備水田地区は，T 集落の中心地区の 320 a 分は T 作業班の対象とはされていないため，そこを経営する農家は T 作業班参加農家であっても，稲作を行うならば独自に機械を所有するか，あるいは借用するか等の方法で T 作業班とは別個に稲作生産をするか，あるいは転作にするかして対応している．そのことは，表 4-17 に見られるように，少なからずの

農家が田植機とコンバインを所有していることに現われている。もっとも，独自に機械を所有するとコストがかさむため大半の農家が数戸所有形態で対応していることに注目する必要がある。

一方，T′地区では，第2次農業構造改善事業を契機にT作業班とは別個のT′機械利用組合を結成して稲作生産の組織化を行っている点については上述のとおりである。

また，一方，山麓部に棚田状の未整備狭小水田が2ha余点在しているが，これらも関係者が独自に対応し，稲作なり転作を行っている。そして，これら山麓部の悪条件の棚田等の少なからずが山林原野との狭間に置かれ，耕作放棄の危機にさらされているのである。

4．小　括

水田利用において，整備状況や歴史的条件が関わって，上述のように，4つの利用方法が行われていることが分かった。すなわち，中山間地域では複雑な地形条件に規定されて複雑多様な農地利用が余儀なくされ，一方では，比較的平坦な水田は基盤整備によって改善され，その大半は営農集団によって合理的な利用が可能となっているが，他方では地形的・歴史的な諸条件によって営農集団の対象とならない整備水田地区も存在したり，さらには棚田等山麓部の悪条件未整備水田は営農集団活動から最も遠いところにおかれているため，それらは最も耕作放棄の可能性が高い存在であることが分かった。したがって，営農集団を通じてこのような悪条件の農地をも保全していくためには，それが可能となるような多重性・重層性を内蔵した営農集団の仕組みが必要になると考えられる。

5．追　補

M地区においては1970年代以降2003年までは麦の作付けは行われていなかった。その要因としては，排水条件の劣悪性，低収益，担い手の高齢化，果樹作への集中，などが挙げられる。しかし，食料・農業・農村基本法（1999年）および同基本計画（2000年）に基づく食料自給率の向上策として2000年から登場した麦作経営安定資金の交付を契機にした収益性の回復を背景に，2005年収穫分からM地域6集落全体で10haほどの大麦の作付けが久しぶりに開始された。また，その際，麦ワラが果樹作の敷料として有効利用されたことも注目される。しかし，依然として水田の排水状況は良くないため，目下，麦の種類としては梅雨前に収穫できる大麦が選択されている。麦作の今後の推移は，主に収益性および排水条件の改善の動向に規定されてくると思われる。

麦作回復に関連しては，M農業生産組合が，新「食料・農業・農村基本法」（2005年）に基づいて2007年からの導入が計画されている品目横断的経営安定対策の対象となる「集落営農経営」をめざすのかどうかは，目下のところは不明だし，それに向けた現実的な動きがあるわけではないが，この対策の対象作物が麦・大豆とされていることから，今後，麦さらには大豆の作付けを拡大していくことが可能ならば，「集落営農経営」への目標も不可能ではない。しか

し，上述のように，麦作拡大，さらには大豆作の開始のためには排水条件の改善等の水田基盤整備が不可欠だし，また他方において目下のような基本的にムラ社会を基礎とした多人数オペレーター制の下では，主たる従事者が他産業並みの所得を得るという基準のクリアも相当厳しいと思われる。

第4節 棚田地帯における営農集団の展開と農業経営
――佐賀県西有田町・D機械利用組合――

1．本節の課題

前節においては，優良営農集団においても中山間地域の条件不利農地の維持保全は容易でないことが判明した。そして，そこには中山間地域における生産基盤条件や農業経営の性格などの多様な要因がかかわっていることが分かった。したがって，棚田保全のためには，それぞれの地域での多様な諸条件に合致した多様な取り組みが求められることとなる。そして，事実，棚田の維持保全を目指して，小規模基盤整備事業や棚田オーナー制などが取り組まれている[14]。また，一方で，棚田を「山に戻す」方向も検討されている[15]。たしかに，私経済的には非効率・悪条件かつ担い手不足のため棚田の農地としての利用を放棄して「山に戻す」方向も選択肢としてやむなしと考えるが，食糧生産・環境保全のため可能な限り農地としての利用を目指すのが地域社会や国民経済における基本的なあり方と考える。そして，その方向での取り組みを支援する一方策として，2000年度から中山間地域等直接支払制度がスタートした。しかし，重要なことは，直接支払を受けて実質的に棚田保全を担う主体の存在とそのあり方である。このような「受け皿」が存在しない限り，直接支払が実質的な効果を発揮することは困難である。もちろん，直接支払の「受け皿」のあり方は，それぞれの地域条件等に規定されて多様であることは言うまでもない。

ところで，このような「受け皿」の有力なものとして営農集団が考えられる。しかし，中山間地域の優良な営農集団でも，基盤整備された平坦な水田のほうを維持保全するのは比較的容易であるが，棚田等の悪条件の水田は放棄の危機から免れていない場合が少なくないことは，前節で示したとおりである。

そこで，本節は，急傾斜地立地水田（棚田）が優越する「棚田地帯」において，営農集団を含め多様な方法で棚田維持に取り組んでいる事例を取り上げ，棚田稲作の維持継続条件を探ることを課題とする。また，2000年度から開始された中山間地域等直接支払との関連についても考察していきたい。

2．西有田町における機械利用組合の濃密な展開

西有田町（2006年3月に有田町と合併し有田町となる予定）は，佐賀県西端，長崎県境の町で，

表4-18 西有田町における機械利用組合の推移　　　　　　　　　　（単位：集落，組織，戸，人，台，ha）

年次	関係集落数	機械利用組合数	機械利用組合参加農家数	オペレーター人数	共同利用機械台数			機械利用組合利用面積	
					トラクター	田植機	コンバイン	田植	稲刈
1997	15	15	505	259	4	25	27	153.4	165.1
1999	17	17	582	286	4	27	28	150.5	174.0
2004	20	18	592	290	8	25	41	185.7	214.9

資料：西有田農業協同組合（2003年に合併し伊万里市農業協同組合の支所となった）資料。
註：機械利用組合利用面積は表示した年次の2年前のものなので，それぞれ1995年，1997年，2002年である。

表4-19 西有田町における機械利用組合の概況（2004年）　　　　　　　（単位：集落，年，戸，台，ha）

機械利用組合名	関係集落数	設立年次	機械利用組合参加農家数	オペレーター人数	共同利用機械台数						機械利用組合利用面積	
					トラクター	田植機		コンバイン		乾燥機	田植	稲刈
						乗用型	歩行型	中型	小型			
L組合	1	1986	45	45	4	2	-	4	-	-	28.4	28.4
M組合	1	1986	32	7	1	1	-	2	-	5	10.7	13.5
N組合	1	1991	24	10	-	1	-	-	2	4	15.9	15.8
O組合	1	1992	53	9	1	1	-	1	2	-	11.3	12.8
P組合	1	1993	39	39	-	1	1	1	1	-	11.8	8.0
Q組合	1	1993	37	11	-	1	1	3	-	-	11.1	15.2
R組合	1	1994	30	8	-	2	-	2	-	-	10.8	11.4
A組合	1	1994	40	10	-	1	-	2	1	-	9.5	15.1
B組合	1	1994	34	10	1	2	-	2	-	6	11.5	13.4
C組合	1	1994	17	5	-	1	-	2	-	6	4.6	7.0
D組合	1	1995	18	5	-	1	1	1	3	3	5.0	11.0
E組合	1	1995	28	19	-	1	-	2	-	-	6.8	14.5
F組合	1	1995	39	9	-	1	-	-	2	-	4.1	4.8
G組合	1	1996	38	38	-	2	-	1	-	-	14.0	10.5
H組合	1	1997	31	31	-	1	-	1	1	-	3.5	9.8
I組合	1	1998	37	8	-	1	-	1	1	-	11.0	3.0
J組合	3	1999	21	21	1	1	-	1	-	-	11.2	11.2
K組合	1	2000	29	5	-	1	-	1	1	-	4.6	9.5

資料，註：表4-18に同じ。

伊万里湾に注ぐ有田川の浸食作用によってできたU字型の地形をなしている。この谷底部の平地水田での基盤整備を契機に，1986年以降，集落単位の機械利用組合が次々に結成されてきた。表4-18はその推移の一端を示したものである。

　その結果，2004年において，町内22集落中20集落において18の機械利用組合が形成されている。参加農家総数は592戸で，これは2000年農業センサスの総農家数751戸の78.8％，販売農家数638戸の92.8％に達する。そして，機械利用組合による2002年度の田植面積186haは同年の町の稲作付面積457ha[16)]の40.6％，同じく稲刈面積215haは47.0％に相当する。

　次いで，表4-19に西有田町内の2004年現在の機械利用組合の一覧を示す。

　こうして，西有田町ではほとんどの集落において機械利用組合が結成されていることが分か

る。これほど濃密に機械利用組合が結成されている市町村は佐賀県内にはほかには見られない。

では，なぜ西有田町にこれほど濃密に機械利用組合が結成されているのか，その要因が問題となる。まず，その背景として西有田町の農家の水田面積の零細性（1985年の水田のある農家1戸当たりの水田面積は71aであり県平均の85aより小さい）を挙げることができる。また，その契機としては80年代後半以降の水田基盤整備と機械化の進展を挙げることができる。そのうえで，最も重要な要因は農協による地域農業組織化戦略であったと考えられる。すなわち，このような状況下では機械化貧乏になることが避けられないと判断した西有田農協（2003年に合併して伊万里農協西有田支所となる）が，アンケート調査や集落座談会等を行って，機械利用組合の組織化を積極的に進めていったことを抜きにしては，本町において集落型の機械利用組合がこれほど多数結成された根拠は考えられないからである。しかも，その際とくに重要な点は，機械利用組合の経済的メリットや機械利用組合結成の方法等のマニュアルを示しながら，具体的で分かりやすい方法によって，農協が農家を説得しながら組織化を進めていったことである。このような農協長をはじめとする農協の一丸となった地道な取り組みの結果として，これほど多くの機械利用組合ができてきたと推測される。

3．西有田町D集落の概況

D集落は西有田町の西斜面に位置し，住居や農地はすべて急斜面に形成され，水田もすべて棚田となっている。集落内の水田は約30haあり（表4-20），枚数は600枚を超えると言われる[17]。1枚平均5a未満という狭さである。

まず表4-20から，D集落の農家・農業の特徴として，以下の諸点が指摘できる。

① 兼業が深化し，第Ⅱ種兼業農家が集落農家の最大多数となっている。これは，隣接する有田町からの影響を受けた有田焼および建設業関係の業種への就業の多さからきている。

② 農産物販売金額1位部門が稲作である農家および稲作単一経営の農家がともに7割強を占めている。要するに，稲作主体の兼業農家がD集落の農家の圧倒的多数を占めていることが推測される。

③ 関連して，担い手の高齢化が確認される。1995～2000年において農家人口，農業就業人口および農業専従者数の中における65歳以上の高齢者数が増加しているからである。

④ しかし，他方で，近年の施設園芸の進展と畜産農家の存在にも注目する必要がある。それは，前節と同様，これらの少数の専業的農家が本節で取り上げるD機械利用組合の設立・運営，さらには多様な形で地域の棚田保全の取り組みをリードしているからである。

4．D機械利用組合の結成とその特徴

上述したように，西有田町では，谷底部の平坦水田地区での基盤整備事業を1つの契機にして，農業機械への過剰投資を避ける目的で，1986年以降，農協主導によって集落単位の稲作

表 4-20 D集落の農家と農業の変化　　　　　　　　　　　　　　　　（単位：戸，a，頭，百羽，台，人）

		1960	1970	1975	1980	1985	1990	1995	2000
農家数	専業(男子生産年齢人口がいる専業)	16	1	2(2)	7(6)	4(3)	3(3)	3(2)	**8(6)**
	第Ⅰ種兼業	23	33	23	13	9	4	10	7
	第Ⅱ種兼業	1	6	13	17	23	29	18	14
非農家数（総戸数）			-(40)		2(39)		9(45)		12(44)
経営耕地面積	田	3,521	3,110	2,956	3,189	3,127	2,999	2,989	2,780
	畑	906	160	89	119	234	174	265	287
	樹園地	157	1,840	1,911	1,057	454	216	90	95
農家保有山林面積		2,462	2,600		2,500		3,000	2,500	…
作物種類別収穫面積	稲	3,309	3,110	2,678	2,596	2,400	2,454	2,667	1,789
	豆類	251	10	10	134	176	108	54	56
	野菜類	373	20	6	41	72	58	62	19
	花き類・花木	…	20	61	13	145	50	75	82
	飼料用作物(含:れんげ)	15	1,074	124	120	364	150	120	…
施設園芸	農家数（面積）	-	-	2(x)	3(33)	3(31)	2(x)	4(54)	5(70)
農産物販売額第1位の部門別農家数	稲作		33	26	26	25	24	22	18
	露地野菜		-	-	-	-	1	-	1
	花き・花木		…	…	…	…	…	3	4
	肉用牛		…	…	3	2	2	2	2
	養豚		-	5	4	4	3	2	1
	養鶏		2	1	3	3	3	2	1
農業経営組織別農家数	単一経営 稲作				16	23	22	21	17
	露地野菜				-	-	1	-	1
	花き・花木				…	…	…	3	2
	肉用牛				2	2	1	2	2
	養豚				3	4	3	2	1
	養鶏				1	3	3	2	1
	複合経営(うち準単一複合経営)				14(10)	3(3)	5(4)	1(1)	3(3)
家畜飼養農家数（飼養・出荷頭羽数）	肉用牛		16(41)	7(88)	3(190)	2(x)	2(x)	2(x)	2(x)
	豚		7(33)	7(619)	5(1,164)	4(1,977)	3(2,510)	2(x)	1(x)
	ブロイラー		2(x)	1(x)	3(27)	3(33)	3(3,750)	2(x)	1(x)
経営耕地面積規模別農家数	0.5 ha未満	1	3	2	3	4	4	5	2
	0.5〜1.0 ha	14	13	12	15	14	19	11	14
	1.0〜2.0 ha	24	18	17	16	17	12	12	11
	2.0〜3.0 ha	1	5	5	2	1	1	3	2
	3.0 ha以上(うち5 ha以上)	-	1(…)	2(…)	1(…)	-	-	-	-
借入耕地のある	農家数（うち田）		6(6)	10(9)	11(11)	7(7)	4(4)	12(12)	14(14)
	面積（うち田）		134(131)	281(273)	381(381)	312(312)	126(126)	512(512)	491(491)
稲作機械所有台数(個人＋共有)	耕耘機・トラクター	耕耘機1	総数37	総数36	30・16	24・19	19・28	10・32	9・27
	動力防除機	1	47	58	37	27	32	25	13
	動力田植機	…	-	10	32	24	31	22	18
	バインダー	…	1	22	29	21	24	15	11
	自脱型コンバイン	…	-	1	5	8	19	18	11
	米麦用乾燥機	…	20	23	11	18	9	9	3
米乾燥・調製作業を請け負わせた農家数							31	23	25
農家人口（うち65歳以上）	男	110	103(…)	105(11)	98(8)	86(6)	93(8)	72(10)	62(**13**)
	女	112	105(…)	94(9)	83(13)	72(10)	86(13)	73(16)	76(**22**)
農業従事者数	男	70	…	…	…	50	59	47	41
	女	55	…	…	…	50	57	36	38
農業就業人口（うち65歳以上）	男	50	48(6)	35(8)	31(6)	20(3)	21(6)	19(6)	**24(10)**
	女	54	50(5)	33(4)	27(4)	31(4)	32(9)	21(7)	22(**15**)
基幹的農業従事者数	男	50	40	27	23	18	14	15	20
	女	51	39	19	18	16	13	14	15
農業専従者（うち65歳以上）	男		40(…)	19(…)	22(…)	15(1)	13(4)	14(4)	**18(5)**
	女		35(…)	15(…)	19(…)	14(-)	9(-)	11(4)	**12(7)**
農業専従者がいる農家数			37	18	22	14	12	12	14

資料：表 3-1 に同じ．

註：- は事実のないもの，空欄ないし … は項目なしか不明のもの，x は秘匿のもの，ゴチック体は増加を示す注目数値．

表4-21 D機械利用組合の機械利用状況（2000年）

機械種類	利用方式	利用面積	10a当たり利用料金		
			本人使用	オペ委託	員外利用
歩行型2条植田植機	持ち回り	2.5ha	2,000円	4,000円	6,000円
乗用型4条植田植機	持ち回り	2.6	2,500	5,000	18,000
2条刈コンバイン（袋詰め式）	持ち回り	5.2	3,000	4,000	16,000
2条刈コンバイン（袋詰め式）	持ち回り・オペレーター	2.0	3,000	4,000	16,000
4条刈コンバイン（グレンタンク付）	持ち回り	3.8	3,000	6,000	18,000
防除用無人ヘリコプター	オペレーター	18.0		3,465	

資料：D機械利用組合2000年度総会資料。

　機械利用組合が継起的に結成され，2004年現在，平坦部のみならず棚田の多い山麓部も含め，町内22集落中20集落に18組合が存在する（表4-19）。そして，このような動向の一環として，D集落にも95年秋にD機械利用組合（以下，D組合と略称）が結成された。

　D組合は，本書でこれまで取り上げてきた組織と同様，集落を単位とする田植機とコンバインの共同利用組織だが，さらに無人ヘリコプターによる町単位の広域的な防除組織にも参加し，そのD支部を構成している。また，後述するように（表4-23および図4-7を参照），機械種類ごとに参加人数がかなり異なっている複雑・多様な重層的組織である点に特徴がある。本書で取り上げてきた営農集団の中では，たしかにD組合が形態的には最も複雑な構造を持っているが，しかし前節の伊万里市の事例でも見たように，組織の複雑性は主に中山間地域の地形の複雑性に規定されたものであり，中山間地域の多くの営農集団に共通して当てはまるものであることから，D組合に特有のものではないと考える。

　さて，叙述が前後したが，D集落は，2000年センサスでは総農家数29戸，田面積28 ha，畑面積3 ha，樹園地面積1 ha弱（1999年農家悉皆調査ではそれぞれ32戸，30 ha，3 ha，1 ha弱：表4-22，23）となっている。D組合参加農家数は機種ごとに異なっており，田植機では，歩行型4戸，乗用型4戸だが両者で実質計6戸，コンバインは，従来型の袋詰め式16戸，グレンタンク付17戸だが両者で実質計21戸，ヘリコプター防除D支部への参加農家は17戸（表4-23，図4-7）となっており，田植機共同利用農家数は少ないが，コンバイン共同利用農家数は集落農家総数の7割弱，ヘリコプター利用農家数は5割弱に相当する。また，これらの機械種類ごとの利用状況と利用料金は表4-21のとおりである。

　ここで重要な点は，D組合では，狭小・不整形ないしアクセス道不備のために乗用型田植機の使用が困難な悪条件の棚田での田植作業用に歩行型田植機が導入され，また同様にアクセス道不備ないし狭小・不整形のためにグレンタンク付4条刈コンバインが使用不能な悪条件棚田での稲刈作業用に従来型の袋詰め式の2条刈コンバインが導入されていることである。すなわち，前節のT集落での場合と同様，比較的良好な棚田（T作業班の場合は平坦水田）での作業用には中型機械体系セット（乗用型4条植田植機―グレンタンク付4条刈コンバイン）が，一方，劣悪条件の棚田での作業用には小型機械体系セット（歩行型2条植田植機―袋詰め式2条

表4-22　D集落の農家の直系家族員の就業状況の概要（1999年10月現在）

	農家記号	同居直系家族員の年齢と就業状況							農業以外の就業状況			世帯の性格
		世帯主	その妻	あとつぎ	その妻	父	母	世帯主	あとつぎ	あとつぎの妻		
機械利用組合参加農家	A	47 A	47 A'	23 A			73 A	警備会社勤務（スーパー・パート）	一種苗会社研修後就農（33歳・大阪）	（同左）	花き専業経営（2世代農業専従）	
	B	61 C	52 C			69 A	67 A		一畜産農家研修後就農		II種稲作農家	
	C	40 A	39 D			76 F	78 F				肉牛・稲作複合経営	
	D	52 A	49 A	24 A		75 A	78 E	建設業一体調悪し	-キク農家研修後就農（2世代農業専従）	陶器関係	花き専業経営	
	E	43 A					65 A'	na			II種稲作農家（棚田オーナー会代表）	
	F	44 C	39 C			78 A	75 A		会社員		稲作・ミカン専業	
	G	46 A'					82 F			農産物直売所（パート）	夫婦2人専業的農家（あとつぎは農外勤務）	
	H	60 A	58 A	36 C			67 A	建設業	陶磁器店		II種1町歩稲作農家	
	I	66 C	65 A'	38 D			63 A	一農高卒就農			肉牛専業経営	
	J	42 A	37 A			64 A	79 F	建設業（正社員）	JA職員	陶磁器関係	II種5反飯作専業	
	K	41 D	40 E	25 D			81 F	建設業	看護師		II種2人アプロイラー専業（あとつぎは勤務）	
	L			25 D					公務員		II種5反稲作専業	
	M	57 C	50 C	37 D			70 A'	（同左）	（40歳・運送会社）	（3女）	II種4反飯女性1人稲作専業	
	N	66 A'	62 A'	38 D				一家事			高齢専業6反稲作農家	
	O										自営II種3反稲作専業	
	P	68 A'	67 A'	37 D		81 F	77 F	建設業自営	建設業（正社員）	会社員（正社員）	II種4反稲作農家	
	Q	62 D	59 A'	27 D		82 F	79 F		建設業（臨時）		II種5反稲作農家	
	R										夫婦2人養豚専業（あとつぎ夫婦は他出）	
	S	51 C	46 C	37 D				陶磁器会社事務員（臨時）	建設業（臨時）（34歳・伊万里市）	（34歳・伊万里市）（パート）	II種4反飯稲作農家（母1人農業）	
	T	58 A	56 A	27 D				木材加工会社社員（臨時）		病院	II種4反飯稲作農家	
	U			28 D			64 A	病院				
	V	38 D	38 D					畜産業（正社員）				
機械利用組合非参加農家	a	50 B	46 B	19 E			86 F	役場職員 造船所	専門学校生（36歳・佐世保市）		II種稲作農家	
	b	63 D		18 E				造船所	高校生（伊万里市）	（同左）	II種稲作農家（目下基盤整備中で不作付）	
	c	62 A	40 A'	28 C		73 A'			自営業		米・ミカン専業（父・嫁2人専業）	
	d	74 A'	75 E				74 E				世帯主1人1町歩稲作専業	
	e	49 A						-99年3月定年帰農	教員	老人ホーム（正職員）	自営II種II種稲作農家（経営主1人専従）	
	f	69 A	65 A	28 D				（47歳公務員・伊万里市）	（39歳）		花き専業農家（定年帰農・あとつぎは他出）	
	g	59 C	53 C	25 E		74 F	72 A'	建設業	建設業（正社員）	一家事育児	高齢専業5反稲作農家	
	h			28 D				会社員	無職（32歳・伊万里市）	一家事育児	高齢専業5反飯米農家	
	i	62 C	55 D	32 F					スーパー		高齢夫婦2人飯米農家	
	j	68 A'	62 A'					陶磁器関係			農地貸付（土地持ち非農家化）	
	k	49 D	44 D	21 D				一家事	建設業		農地貸付（土地持ち非農家化、以前は養鶏）	
	l			36 E				造船業				

資料：1999年10月実施集落悉皆調査。
註1：統計は、在宅者に限る。
註2：あとつぎの（）は他出別居者。
註3：-は「農外就業なし」、空欄は該当なし、naは不明。
註4：就業状況は、A：農外のみ、A'：農業のみだが150日以上、B：農業のみだが100日未満、C：農業が主だが農外就業にも従事、D：農外が主だが農業もする、E：農業以外のみ、F：家事・育児・学業のみ、G：その他。

第4章　中山間農業地域における営農集団の展開と構造　　145

表4-23　D集落の農家の農業経営の概要（単位：a, 台）

農家記号	経営耕地面積 自作地 田	畑	樹園地	借地水田	計	山林原野面積	貸付水田面積	耕作放棄地 田	畑	樹園地	作物作付面積 稲	その他	個人所有機械台数 耕転機	乗用トラクター	田植機ー乗用型	田植機ー歩行型	バインダー	コンバイン	乾燥機	機械利用組合機械利用面積 歩行型田植機	乗用型田植機	袋詰コンバイン	Gコンバイン	防除用ヘリコプター	集落協定参加農家	棚田オーナー会参加	将来方向など
A	135	52		75	262	35					150	キク65a（ハウス30a）		1	1			1	1		110		30	150	○	○	棚田専用田植機購入、3年後定年で稲作拡大
B	50	4		150	204	na					140		1	1	1						56		54	183	○	○	
C	150	10			160	60					80	肥育牛150頭	1	1	1						50		30	184	○	○	
D	100	22		29	151	120		8			75	キク24a（ハウス14a）	1	1	1/2		1	1			55		17	107	○	○	
E	85	30		20	135	na					60	キク50a（ハウス20a）	1	1						70	50				○		
F	70	2		56	128	25					100		1	1		1		1			75		25	39	○	○	
G	87	3	30	3	123	12		6			73	露地ミカン30a	1	1		1		1		34	53			67	○	○	
H	70	20		25	115	na					70	キク22a（ハウス11a）	1	1		1	1	1			59		25		○	○	
I	73	2		37	112	na					100		1	1	1									129	○		
J	60	25		20	105	20					80	肥育牛125頭								91			41	72	○	○	
K	100	1			101	na					100	ブロイラー22万羽	1	1		1		1		64	32		26		○	○	
L	80	6	5		95	20		20	15		50		1						共				33	134	○	○	農業はぼけ防止策
M	65	6	3	16	90	7					65										20		23	47	○	○	
N	75	10			85	10		17			40						1							40	○		
O	57	10			67	na			15		40		1					1	共	49	44		9	91	○	○	60歳から本格的農業意向
P	67				67	20					62			借							10		22	110	○	○	
Q	50				50	na		40			30		1	na					1		22		33		○		
R	40	7			47	na		20			40						1	1					7		○		
S	35	3		6	44	200					41	肥育母豚700頭			1		1	1			21		13	52	○	○	
T	25	15			40	30				1	25							1			7		18	126	○		
U	40				40	-					16				手植			1			31		14		○		
V		6		16	22	-		15															16		○		楽しみとしての米つくり
a	120	3		6	129	58	50	3	93		90		1				1	1						169			
b	90	10			100	na					-	ミカン25a		1				1									
c	70	5	25		100	na					70		1	1			1	1									
d	97				97	4		17			97						1	1	1					86			
e	80	15			95	na					90		1	1		1	1	1						56			
f	60	30		1	91	na					90	キク26a（ハウス14a）						1						65			
g	90				90	na					90		1	1			1	1						50			他出あとつぎ定年帰農志望
h	58	1			59	20	60				50			1			1	1									
i	51				51	na	39				51						1	1	共								
j	20				20	na					20			1				1									
k	19				19	na	16	7			16							1						99			
l					-	na	80				-		1					1									
m					-		60	15			-		1					1									
合計	2,269	292	73	460	3,094	431	143	40	94	2,101			13	26	15	4	15	11	11	245	259	695	403	2,056	31	11	

資料：農家悉皆調査。D機械利用組合2000年度総会資料。
註1：作物作付面積は1999年度（1998年9月〜1999年10月）、それ以外は1999年10月現在、機械利用組合の機械利用面積は2000年。
註2：耕作放棄地は経営耕地には含めていない。
註3：機械の借は借用、共は共同乾燥施設利用。
註4：防除用ヘリコプター利用面積は、2回利用した場合稲作面積を上回ることもある。

刈コンバイン）が，というように，中型機械と小型機械の2つの体系のセットが装備・利用されていることが注目される。

5．D機械利用組合の機能・役割

D組合結成の直接の目的は，田植機とコンバインへの投資の軽減にあった。表4-22に見るように，田植機についてはD組合非参加農家の大半が所有しているのに対し，D組合参加農家の場合は半数は所有せずにD組合に依存している。また，コンバインも，D組合非参加農家の半数以上が所有しているのに対し，D組合参加農家の半数以上は逆に所有せずD組合に依存している。ここに，田植機とコンバインへの投資の軽減の様子が確認される[18]。

このような中で，多くの農家の世帯員は陶磁器関係部門などの農外就業へシフトしつつあるが，一方では少ないながらも専業的農業経営が形成されてきており，決してオール兼業化が進んでいるわけではない点に注目する必要がある。それは，花き経営のA，D，Eおよび畜産経営のC，J，Kといった専業的経営がD組合の結成および運営の地域リーダーとなるばかりでなく，章末の註19に記すように，棚田サミットや棚田オーナー制などの棚田維持運動のリーダーともなっており，D集落の農業展開の中心的な担い手となっているからである（表4-23）。

6．D機械利用組合と中山間地域等直接支払制度との関連

D集落では2000年度からの中山間地域等直接支払のための集落協定が締結された。締結農家数は29戸，同面積は32.7 haである。協定農地はすべて急傾斜地立地水田である。これこそ本地区が急傾斜地に立地している証左にほかならない。図4-6はD地区の集落協定水田の分布状況を示したものである。多くの枚数の棚田の立地状況が一目瞭然である。

そして，D集落では中山間地域等直接支払による補助金の一部がD機械利用組合への活動補助として支払われている。それは，図4-7のように，たしかにD組合参加農家と直接支払のための集落協定参加農家との間には一定のズレが存在するが，しかし，大多数の農家が集落協定に参加し，またその中の大半の農家がD組合，なかでもそのコンバイン共同利用に参加しており，さらにD組合が集落の棚田での稲作を維持継続していくための不可欠の組織として集落の農家から認知されている結果だと考えられる。そして，実は，地区の農地がすべて棚田である点や，D集落にはこれまで棚田維持にかかわる多くの活動の歴史[19]が存在する点が，前節のT集落との違いとしてあり，これらが直接支払のD組合への補助の有無を規定した基本的要因と考えられる。

7．結　論——中・小型機械体系装備型稲作営農集団の提起——

以上の考察から，中山間地域における営農集団の多くのものも，その設立の主な契機は，水田基盤整備にあるため，営農集団の主要な目的は，機械の合理的利用を通じた整備水田における稲作の維持継続に置かれており，その限りで平坦地の営農集団と違いはない。しかし，中山

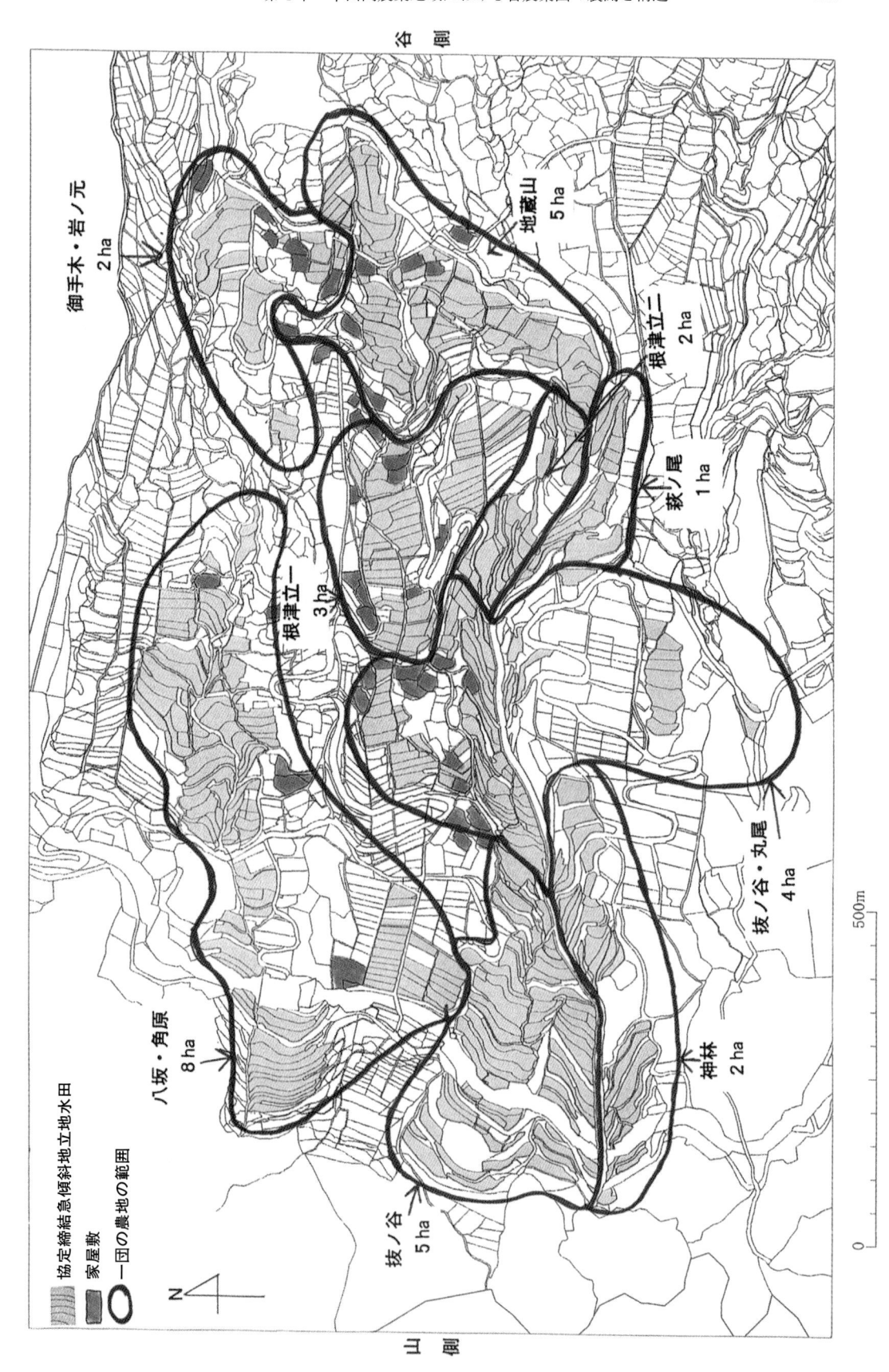

第4章　中山間農業地域における営農集団の展開と構造　　　147

図4-6　N集落の棚田と集落協定の状況（2001年度）

資料：役場資料を若干加工。

148

田植機共同
利用農家6戸 →

コンバイン
共同利用農家
21戸 →

← 集落協定非参加農家4戸

← 集落協定参加農家31戸

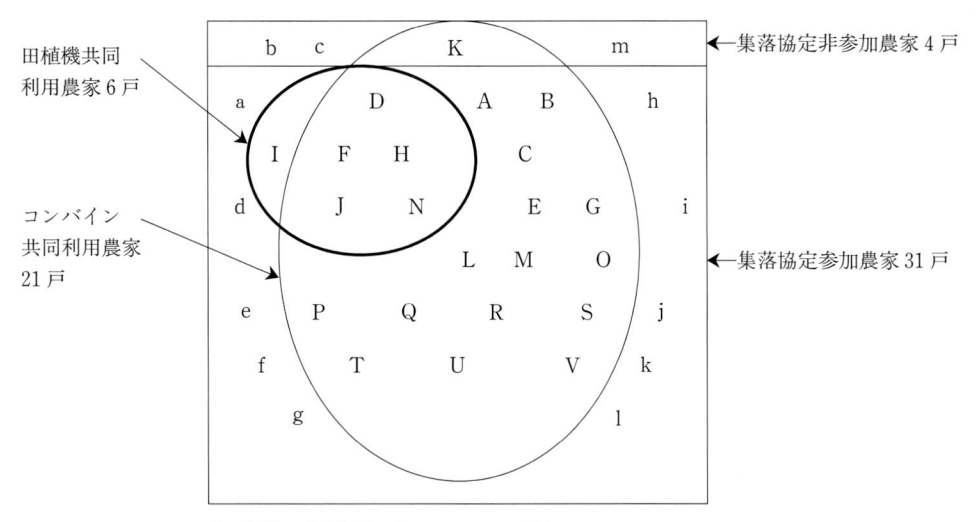

註：記号は農家記号で表4-22，23に対応。

図4-7　D集落の農家のD組合と集落協定への参加・非参加の関係（2000年）

間地域では，もし営農集団の活動対象が整備水田に限定，ないしは整備水田中心とされるならば，棚田等の地域内の未整備・劣悪条件の農地の利用は放棄される可能性が出てくるし，事実そのような事例は少なくない。そのようになるのは，営農集団の仕組み（システム）に基本的要因があるように思われる。それは，中型機械ないし大型機械の体系が装備され，それを整備水田で効率的に使用するシステムとなっていることからくる当然の結果だからである。

　言うまでもなく，棚田等の未整備・劣悪条件の農地の中には，面積狭小・急傾斜立地・通作道未整備等のため，大型機械はもちろん中型機械も入らないものが少なからず存在する。したがって，もし，一般的な中・大型機械体系をセットした営農集団において，このような劣悪条件の農地での機械作業は構成員農家の個別的対応に任されることになるならば，新たな機械投資による劣悪水田での機械作業は容易ではないため，そこにおける耕作は放棄されていく可能性が高いのである。

　そこで，このような劣悪条件の農地での耕作を維持継続していくためには，本節で取り上げたD組合の事例のように，営農集団が，このような劣悪条件の農地においても使用が可能な小型機械を装備する必要がある。

　ところで，実際上は，D集落のように全体的に棚田が支配する地区においても，中型機械が使用できる棚田も少なくない。しかし，他方，どうしても中型機械の使用が困難で小型機械かあるいは手作業でしか行えない棚田も少なからず存在している。そこで，営農集団においては，前者に対応するために，まず中型機械体系を装備し，これが営農集団の中核的装備となるが，同時に後者に対応するためには，小型機械体系の装備も必要となる。こうして，中型機械体系だけでなく小型機械体系をも装備した営農集団のあり方が，棚田等の劣悪条件の農地の全体の維持を可能とさせる営農集団のあり方となるのではないかと考える。そして，このような

スタイルの稲作営農集団が中山間地域型の営農集団のあるべき姿なのではないかと考える。また，このような営農集団の育成・運営においても中山間地域等直接支払制度は利用されてしかるべきなのではないかと考える。

第5節　小　　括

　少ない事例ではあったが，3つの事例を通じて，中山間地域に立地する営農集団の持つ一般的な特徴および問題点として以下の諸点が指摘できると考える。

　まず，営農集団の基盤および規模であるが，第3章で見たように，平坦水田地域では集落単位の営農集団が一般的であるのに対し，山間・山麓部に位置するために平坦地が少ない中山間地域では，農家戸数と農地面積が少ない集落が少なくないことから，1集落では水田面積が少なく効率的な運営を目指すことが不可能な場合は，それが可能となる面積規模の水田を集積するために，数集落を1つの単位とする広域的な営農集団が形成されることが少なくないことを指摘しておきたい。第2節のH組合がその典型事例である。第3節のM組合は集落単位の営農集団（○○協業）が基本となってはいるが，品種割付や乾燥調製は集落を超えた広域的単位で行われており，集落型と広域型の二側面を持った重層的な組織と見られるし，広域的対応の必要性の要因は中山間地域の集落における水田面積の少なさからきている。なお，第4節のD集落は山麓部集落にしては一定規模の水田面積を擁しているため，D組合は1集落の範囲において形成・展開している。

　第2点は，組織形態の複雑性である。それは，立地条件の複雑性に規定されて農地や集落の存在形態が複雑となり，平坦農地ばかりでなく傾斜地に立地する棚田も存在するし，しかもそれらが数ヵ所に分散立地することもまれではなく，また農家住居も1ヵ所でなく分散したりするために，平坦地は営農集団の対象となっても傾斜地の棚田の方はそうはならなかったりすることもあり，集団組織が多元的となることもあるためである。

　そして第3に，いずれの形態をとろうと，中山間地域の営農集団には，専業的農家が比較的多く含まれる場合が少なくなく，また彼らが集団の主要な担い手となっていることから，営農集団は，稲作の省力化・合理化を通じて新たに生みだされた労働を稲作以外の基幹部門に向かわせ，基幹部門の拡大や充実を図り，専業的経営の維持継続を支援する役割を果たしていると見ることができる。また，営農集団のもう一方の構成員である兼業農家や高齢農家にとっても，機械を持たずに稲作が可能となることを通じて，稲作の維持継続に役立っているのである。

　しかし，第4に，今日，棚田の保全問題が中山間地域の地域的課題となるに及び，この課題に営農集団がいかに対応しうるかという視点から改めて営農集団の機能・役割を考えてみるならば，これまでの営農集団は基盤整備水田での機械化営農の確立という点に大きな目的が置かれていたために，棚田保全には必ずしも取り組んでこなかったという経緯がある。したがっ

て，優良事例と言われている集団においても，地区内の棚田の維持保全には必ずしも取り組んでこなかったために，棚田が耕作放棄の危機にさらされている場合が少なくない。第3節の事例がそうであった。そのため，営農集団の活動内容として，目的意識的に棚田を維持保全する仕組みを取り入れていかない限り，地区内の棚田を維持継続させていくことはできない。そこで，このような方向を追求している事例として第4節にD組合の事例を取り上げて，その仕組みを解明した。

さらに，第5に，中山間地域問題の象徴とも言える棚田の維持保全の問題を2000年度からの中山間地域等直接支払制度との関連で検討してみると，制度の意義・役割がまだ必ずしも地域の農家に周知されておらず，営農集団が存在し現に棚田維持に貢献している地区においてさえ，直接支払い補助金の支給対象となる営農集団が少ないことが問題だと考える。今後は，営農集団の棚田維持機能の認識，およびそのような集団にこそ直接支払を行うべきことの合意形成が必要と考える。

註

1) 金沢（1984）。
2) 今井（1997），87頁。また東北農業の場合についてだが，宇佐美（1997），17頁および大場（1997），140頁。
3) 東北農業の場合についてだが，豊田（1997），56頁。
4) 江島（1985），11頁。
5) 宮島（1958），第2編第2章および宮島（1975），20頁。
6) 1970年で果樹栽培面積1ha以上の農家数は531戸を数え，これは果樹栽培農家数の56％を占めていた（農業センサス）。
7) 宮島（1969），VIなど。
8) 今村（1983），15頁。
9) 倉本（1988），95頁。
10) 第3章の註3を参照。
11) 安藤（2003）。
12) 内海（1986），326頁に習って作図。
13) 文字どおり「共同経営」であるから，序章で述べたように，厳密には（理論的には）「生産組織」＝営農集団の概念から外れるが，しかし全面共同経営でなく部分共同経営の場合は構成員農家に個別経営が残るため，生産組織論＝営農集団論の対象とすべき点も同時に指摘しておいた。その意味で本事例も構成員農家は共同経営部門である稲作以外に果樹作を中心とした個別経営部門を保有しているため，本節ではこのような実体的根拠に基づいて本集団を取り上げている。
14) 棚田整備事業については農村計画研究連絡会（1999），棚田オーナー制については段野（1999），宮崎（2000）などを参照。
15) 矢口（1998）および平野（2001）を参照。
16) 『第50次佐賀農林水産統計年報』佐賀農林統計協会，2004年より。
17) D生産組合長からの聞き取りによる。また森田（2001），98頁には33haで500枚とある。
18) 棚田地区では1戸の農家が歩行型田植機と乗用型田植機を1台ずつ所有する形態が少なからず見受けられる。小林（2000）を参照。
19) D地区は早くから棚田オーナー制に取り組み，1997年に町内で開催された第3回全国棚田サミットの中心舞台となり，その後全国棚田百選にも選定された。また2001年からソバ・大豆オーナー制も始めた（佐賀新聞，2001）。このように，地区の棚田保全に積極的に取り組んできた歴史があり，D組合もその一環として位置づけられている。

第 5 章

都市的地域における営農集団の展開と構造

トラクターとその装着部品（A農業機械利用組合の格納庫，2005年8月）

第1節　本章の課題

　都市的地域の農業問題は2つある。1つは，都市化圧力による農地転用問題である。この問題は，かつては農地価格の高騰問題であったが，バブル崩壊後の今日では農地転用による農地利用のスプロール化が主要な側面となり，農地をも含めた都市的地域における土地利用問題，すなわち土地利用のゾーニング問題に変化してきている。2つは，兼業深化による担い手空洞化問題である。たしかに，野菜作専業的農家などが一定数形成されている都市的地域も存在するが，都市的地域は平地農業地域に比べておしなべて農業の担い手が脆弱な地域が多く，担い手空洞化地域と言ってもよい地域類型と考えられる。その結果，都市的地域は中山間地域に次いで耕作放棄地率が高い地域類型となっている[1]。

　そこで，本章では，このような担い手の空洞化が進む都市的地域において，果たして営農集団は成立しうるのか，また都市的地域における営農集団の形態的・内容的特徴は何なのか，さらに耕作放棄の危機に瀕する都市の農地の保全に向けて営農集団がいかなる機能を発揮しうるのか，といった点にアプローチしてみたい。

第2節　A農業機械利用組合の展開と農業経営

1．A農業機械利用組合成立の背景──地域農業の後退に対する防衛対策──

(1) 工業化・都市化による農地転用・スプロール化と農地価格高騰

　本章で事例として取り上げるA農業機械利用組合は佐賀県東部の鳥栖市に存在する。鳥栖市は北部九州において国道や鉄道など主要な交通網が東西南北に分岐する交通の要衝に立地するため，早くから内陸型工業地帯として位置づけられ，高度経済成長期には企業誘致政策とも相まって，㈱キューピーマヨネーズ（1961年），日本コカコーラ（66年），㈱ブリヂストンタイヤ（69年）といった大手企業を中心に多くの企業が進出することにより，工業都市としての性格を強め，67年以降，佐賀市を追い越して県下最大の工業都市に成長した。その後，70年に，九州縦貫高速自動車道路が従来の国道・鉄道と並行して建設され，さらに鳥栖市にクローバー型の大型ジャンクションが設置されることによって，交通の要衝としての性格をますます強めた。その結果，それまでの工場進出に引き続いて，九州産交ターミナル（70年），全農配送センター（71年），日本通運ターミナル（72年）といった大型の商業資本が続々と進出してきた。

　このような工業化・商業化の進展は鳥栖市における労働市場の展開を促進し，市の人口・世帯数を増加させ，宅地や都市的公共施設等の用地需要の増大をもたらした。その結果，鳥栖市においては，1960年代には工場用地を主体とした農地転用が，そして70年代には宅地や公共用地を主体とした農地転用が推進されていった。たとえば，65年から74年までの10年間の

第5章　都市的地域における営農集団の展開と構造

表5-1　農家構成の推移　　　　　　　　　　　　　　　　　　　　　　　　　　　（単位：戸，％）

地域	年次	農家総数	専業兼業別農家数割合			経営耕地面積規模別農家数割合				
			専業農家（男子生産年齢人口がいる専業農家）	I兼農家	II兼農家	0.5ha未満	0.5～1.0ha	1.0～1.5ha	1.5～2.0ha	2.0ha以上
佐賀県	1965	74,948	23.1	39.7	37.2	33.9	29.7	20.0	10.9	5.5
	70	72,577	15.8	41.8	42.4	32.6	26.8	19.2	12.8	8.6
	80	62,677	11.7(8.7)	29.2	59.0	31.1	25.8	17.9	12.6	12.6
	90	50,296	14.4(10.2)	19.2	66.4	15.6	31.0	20.6	14.2	18.7
	2000	41,135	16.3(9.5)	19.6	64.0	27.3	26.1	17.1	11.4	18.1
鳥栖市	1965	3,026	11.3	29.0	59.7	41.1	33.4	16.4	6.4	2.7
	70	2,914	8.5	28.4	63.1	43.4	32.0	14.7	6.1	3.8
	80	2,413	7.0(2.8)	13.0	80.0	45.6	29.2	14.2	5.8	5.2
	90	1,596	12.3(6.3)	7.3	80.4	23.7	36.8	19.4	8.4	11.6
	2000	1,187	16.6(5.5)	8.1	75.3	39.6	28.5	13.2	7.0	11.7
基里地区	1965	578	6.6	28.9	64.5	36.5	40.1	14.9	7.1	1.4
	70	547	6.2	26.9	66.9	39.1	38.5	12.2	6.9	3.3
	80	450	3.6(1.6)	7.3	89.1	50.0	31.8	11.1	4.2	2.9
	90	236	8.9(4.7)	8.5	82.6	23.6	40.5	17.4	7.7	10.8
	2000	166	11.1(3.0)	8.1	80.7	34.3	29.5	19.3	5.4	11.4

資料：農業センサス。
註：経営耕地面積規模別農家は1990年のみ販売農家で他は総農家。

転用総面積は260haにのぼり，これは鳥栖市の67年の総耕地面積2,770ha（農林省『耕地面積統計』1973年）の9.4％にも達する。このような著しい農地転用は多くの代替地取得を生みだし，これを通じて農地価格の高騰が市全域に広域化していった[2]。

以上のような鳥栖市内での激しい農地転用による農地のスプロール化と農地価格の高騰，および後述の兼業深化による農業生産の後退現象に対し，A集落の農家は「鳥栖農業の危機」意識[3]をつのらせ，集落の農地と農業を守り，その担当者を育成することを目的として集落営農型の受託組織の設立を構想するに至ったのである。

(2) 農家の兼業深化・全般的落層化と地域農業の後退

前述のような条件の下で，鳥栖市の農業はその主要な方向として兼業深化の過程をたどり，おおかたの農家は農外就業と結びついた零細な稲作経営を営む兼業形態をとるに至った。表5-1から，鳥栖市の農家の兼業化が佐賀県平均を1割前後も上回った形で進展していること，しかも本章で取り上げる営農集団が存在する基里地区では，鳥栖市の中でもいっそう兼業が深化していることを読み取ることができる。また，経営耕地面積規模別に見ると，1ha未満の下層農家の割合も鳥栖市や基里地区では60％台と佐賀県平均の50％台より1割も高く，零細兼業農家の滞留構造を示している。逆に2ha以上層の割合は鳥栖市では佐賀県平均の半分程度しかなく，基里地区ではさらに鳥栖市平均以下となっている。こうして，鳥栖市，なかでもA農

表5-2 農業粗生産額の部門別構成比の推移　　　　　　　　　　　(単位：%)

	年次	米	麦類	雑穀豆類	野菜	果実	工芸作物	畜産	その他
佐賀県	1960	60.2	14.8		5.1	6.2	2.9	8.5	2.3
	70	44.9	2.9	0.3	8.6	16.6	1.8	16.2	8.7
	80	35.0	8.2	0.5	14.5	12.4	2.7	22.3	4.4
	90	29.4	7.2	1.0	17.9	15.8	2.1	21.1	5.5
	2003	31.5	4.9	2.9	23.9	10.4	2.4	18.8	5.2
鳥栖市	1960	65.1	17.9		3.5	1.3	1.7	10.0	0.5
	70	59.3	3.0	0.4	7.7	4.4	0.2	21.7	3.3
	80	48.9	9.2	0.7	11.6	3.0	0.2	24.2	2.2
	90	36.2	11.0	1.5	6.4	1.0	0.2	42.8	0.9
	2003	51.8	9.0	2.6	10.9	1.0	0.0	23.5	1.2

資料：農林（水産）省『（生産）農業所得統計』。

業機械利用組合（以下，A組合と略称）が存在する基里地区では，組合結成（1963年）当時におけるかなりの程度の兼業深化と零細農家層の形成，および上層農形成の弱さを確認することができる。

　関連して，鳥栖市の農業粗生産額の部門別構成比の推移を示したものが表5-2だが，鳥栖市農業が今日に至るまで佐賀県平均以上の米麦作偏重構造の有り様を示していることが分かる。なお，畜産の割合が伸びているが，これは市北西の山麓部でのブロイラーを中心とした企業型養鶏の展開によるものであり，土地利用において飼料作の伸長と結びついているものでは決してない。

　こうして，鳥栖市の農業は，野菜作等の展開が弱く，兼業深化と結びついた零細稲麦作経営を広範に形成してきた。しかも，専業的な農業経営の形成は極めて弱く，地域農業は総体として後退に向かっている。先に見た農地問題に加えて，このような担い手不足と地域農業の後退がA集落の当時の専業的農家層をして「鳥栖農業の危機」意識をつのらせる要因となった。

　そこで，このような地域農業の後退に歯止めをかけ，担い手育成をめざす1つの手段としてA組合が結成されたわけである。

(3)　土地基盤整備と機械化・施設化

　本地域における土地基盤整備事業はA組合結成後に行われたため，これ自体はA組合結成の要因ではないが，A組合のその後の展開を支えたものとして注目に値するため，本項でこの点に言及しておきたい。

　A集落の立地する鳥栖東部一帯は，新宝満川（旧筑後川）流域の低位デルタ地帯に位置し，新宝満川からのポンプ揚水とその支流の中小河川からの井堰掛り，および井戸からの揚水に依存する農業水利体系の下にあったが，厳しい水利慣行とも相まって，古くから県内でも常襲水害地帯として水利条件の劣悪性に悩まされてきた地域である。また同時に，ところによっては

水不足も生じる状況下にあった。そこで，このような水利条件の改善要求を背景としつつ，直接的には九州高速自動車道路の建設を契機に，高速道路関連事業という形で取り組まれたのが県下で最大規模の県営鳥栖東部地区圃場整備事業であった。

この事業は343 haの水田を対象に1967年に工事が開始され，73年に完工を見たが，A集落のある水屋地区（76 ha）は69年度に実施された。水屋地区には灌排水施設（揚水機2台，排水機1台，深井戸3ヵ所）が設置され，それまでの冠水被害と用水不足を大幅に減少させることができた[4]。

同時に，この事業は1耕区平均60 aの大型圃場を完成させ，機械化・施設化とその一貫体系化を進める受け皿を形成した。その結果，1970年に田植機が普及し始め，71年にはすでに手植面積を上回るに至った。また，コンバインも72年から利用が拡大し，74年にはバインダーを追い越してその主流となっている。さらに，耕耘機がトラクターに替わり，乾燥機が静止型から循環型やライスセンター利用に取って替わったのも70年代前半の出来事であった。なお，本地区でのライスセンター設置は71年である。こうして，稲作の機械利用体系が，従来の「耕耘機─手植─手刈─全自動脱穀機─静止型乾燥機」という小型体系から，「トラクター─田植機─コンバイン─循環式乾燥機」といった中型体系へ，さらには大型トラクター，普通型コンバイン，ライスセンターを導入した大型体系へと移行してきたのである[5]。しかも，このような機械化の進展と高度化が同時期の兼業深化と相互に結びついていることは言うまでもない。

このような大型圃場の形成と機械化の進展はA組合の大型機械化農業の確立条件となったと同時に，稲作偏重型の農業経営と結びついて兼業化が著しい鳥栖市，なかでもそのような性格がいっそう強い市南東部水田地帯（基里地区）では兼業農家の農地の流動性を高める要因ともなった[6]。

(4) 農業基本法の策定と農業構造改善事業の開始

1962年に農業基本法が策定され，自立経営農家の育成と併せて「協業の助長」（第17条）という表現で集団的営農の推進が提起され，その政策的支援策として63年から農業構造改善事業が開始されたことがA組合の結成とその経営形態（共同経営）の大きな要因となったと考える。そこで，その具体的内容を項を改めて述べたい。

2．A農業機械利用組合の結成

(1) トラクター共同利用組織としてスタート

A集落では1951年ころから農作業の共同などが行われ，農家間の強いつながりが形成されていた。その後，60年代に入り農業機械化の動向の中でトラクター導入が問題となったのを契機に，A集落の専業農家を中心とする18戸が63年から開始された農業構造改善事業を利用して，同年農道の整備を行いトラクター2台を導入し格納庫を設置してA組合を結成した。こ

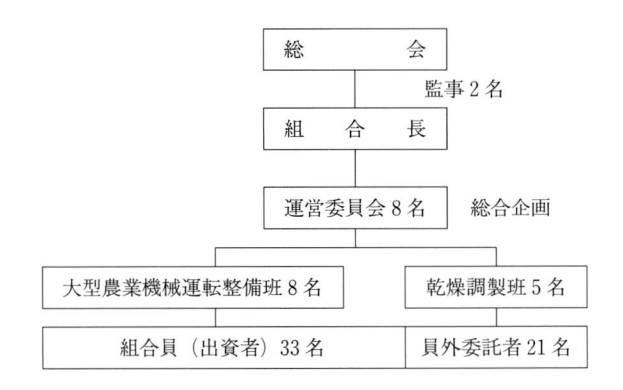

```
           総      会
              ├──── 監事2名
           組  合  長
              │
         運営委員会8名 ──── 総合企画
         ┌────┴────┐
  大型農業機械運転整備班8名   乾燥調製班5名
    組合員（出資者）33名     員外委託者21名
```

図5-1　A農業機械利用組合の組織機構

うして，63年にトラクターのみの持ち回り共同利用組織としてA組合が誕生した。

(2) 共同経営への組織再編

しかし，その後，内部的には上述のように兼業深化により農業の担い手不足が深刻となり，また外部的には1969年に当地区で県営圃場整備事業が実施されたことを背景に，A組合はライスセンターを設置し，また中型機械化体系をセットして共同経営として新たに出資者を募り，33名の参加者を得て，それまでの機械共同利用組織を発展的に解消し新たに共同経営体として同年に再編された。そして，その後は基本的にこの共同経営体としての性格は今日まで変わっていない。また，組合員総数も離脱者と新規参加者が相殺され，ほぼコンスタントに推移してきている。一方，組合員とは別に非組合員の委託者の増加という形で事業内容は拡大しつつ今日に至っている。以下，その活動内容を見てみよう。

3．A農業機械利用組合の組織機構と性格

まず，A組合の組織機構から見ていこう。図5-1はA組合の組織機構図である。

運営委員会と大型農業機械運転整備班すなわちオペレーターメンバーは一緒であり，運営陣が即オペレーターであり，A組合は組織そのものの運営（経営）と実際の農作業（オペレーター）とも全く同じメンバーによって担われている。すなわち，経営陣と労働者および出資者が三位一体となった組織なのである。共同経営と言うと，これまでの農家経営と別個のイメージを持ちがちだが，A組合はまさに農家の農家による農家のための共同組織と言うことができよう。

4．A農業機械利用組合の構成員と作物の概要

表5-3にA組合の構成員数と作物作付面積の推移を示した。水田面積は組合員分が漸減するのを員外委託者分がカバーすることによって，全体面積は22ha水準をコンスタントに維持

表5-3　A農業機械利用組合の構成員数と作物作付面積の推移

年次	組合員数(戸)	員外者数(戸)	水田面積(a)			作物作付面積(a)				
			組合員分	員外者分	計	稲		麦	大豆	タマネギ
						ウルチ	モチ			
1986	37	10	2,029	168	2,197	359	1,247	2,029	409	
87	37	10	2,029	230	2,259	439	1,228	2,029	548	
88	34	11	2,123	230	2,353	313	1,227	2,123	533	
89	34	10	1,855	230	2,085	360	1,207	1,805	335	
90	34	10	1,855	228	2,085	251	1,050	1,701	467	
91	32	11	1,827	230	2,057	440	968	1,790	537	
92	32	11	1,827	230	2,057	408	1,197	1,728	268	
93	32	11	1,827	230	2,057	721	789	1,770	382	
94	33	11	1,827	230	2,057	778	1,050	1,939	111	
95	33	13	1,827	292	2,119	1,106	672	1,845	187	
96	33	13	1,827	292	2,119	1,126	461	1,816	400	
97	33	13	1,827	292	2,119	1,190	431	1,863	380	
98	33	15	1,827	330	2,157	779	719	1,800	528	
99	33	21	1,783	501	2,284	847	695	1,918	574	85
2000	33	21	1,783	501	2,284	1,071	526	1,663	569	314
01	33	21	1,783	501	2,284					

資料：A農業機械利用組合資料。

している。米の種類は1990年代半ばまではモチ米主体だったが、それ以降はウルチ米主体に変化した。麦はビール大麦だが面積は微減傾向にある。それに対し、99年から麦の一部をタマネギに替えて収入増加を図っている。一方、転作面積の増加が要因となって大豆面積が増加している。

また、A組合は1984年にビニールハウス120aを設置し、グリーンアスパラガスの栽培を開始した。当初は組合の共同経営・共同販売であったが、後に組合員農家に貸与し、個別経営にゆだねた。現在では6戸の農家が借地し、アスパラガスを栽培している。借地料は10a当たり6千円である。なお、アスパラガス栽培の主要な担い手はオペレーター農家の主婦（1，4，5，16番農家）および定年帰農者（9番農家）である（表5-4）。

5．A農業機械利用組合の収益構造

以上のことから想像できるように、A組合の経営収支はきわめて順調である。収入の柱は米代であり、1991年の19号台風による被害や99年の長雨などを除き平年の場合2,000万円台の収入がある。そのほかの作物からの収入はそれほど多くはないが、麦代500万円、大豆代200万円といったところである。一方、費用としてはオペレーター賃金支払い等の労務費と生産資材費が2大費目となっている。その結果、A組合は例年黒字決算となり、順調な経営状態であるように見受けられる。

他方，組合員農家には，地代配当と中間管理費およびオペレーター賃金支払いがある。地代配当は組合員の場合1980年代は10a当たり6～7万円支払えたが，90年代以降は米価下落のため減らさざるを得ず，2000年では18,000円となっている。員外委託者の場合はかつては3～4万円だったが，現在は15,000円である。防除と畦草刈りを組合員が再受託した場合は10a当たり3万円の中間管理費を得る。オペレーター賃金は2000年で時給1,350円，補助作業員は男子1,000円，女子900円となっている。

6．構成員農家の性格

次に，A組合の機能・効果を確認するためにA集落内の農家の悉皆調査，ならびに集落外の数名のA組合員農家および非A組合員農家の実態調査を行った。表5-4はその結果だが，表から以下の諸点が指摘できる。

第1は，組合員はA集落内からだけではなく周辺集落からも参加していることである。もっとも，これはA組合の農地が地区外に外延的に拡大しているのではなく，もともと地区内に農地を持っていた集落外の農家がA組合に参加してきたということである。また一方で，先に表5-3の説明において員外委託者と呼ばれる非組合員からの委託（受託）が増えていることを指摘したが，調査結果からも集落内外の非組合員委託者が少なくない（26～29番農家の4戸および34，35番農家）ことが確認される。

第2は，農家の性格が極めて多様だという点である。まず，第1点として専業的農家がほとんどいないということである。世帯主夫婦の就業状況を基準にして見ると，集落内の非組合員である36番農家と38番農家以外はA集落および集落外関係者の中には専業的な農家は見当たらない。では，このような非専業的な農家はいわゆる農外就業を主とする兼業農家かというと，必ずしもそうではなく，多様な農家が存在することに注意する必要がある。すなわち，たしかに農外就業者が大多数を占めてはいるが，7，9，13，15番農家は世帯主が定年帰農した農家である。しかも，定年帰農者は男性のみならず，女性の場合もあり，夫婦そろっての定年帰農である場合も見られる。また，17，18番農家は世帯主あるいはその妻が病床に就いている農家である。さらに，12番農家は老母介護の女性農家であり，同様に20，22番農家は独居女性農家である。

そして第3に，体力的に補助的農作業ならできるという人は可能な限り組合の作業に出役しており，組合員農家が農地の管理を組合のオペレーター層（経営陣）にすべてまかせっきりにせず，可能な限りで組合に参加していることである。表に見るように，機械オペレーターは男性7名のみで，彼らは集落内において概して経営水田面積が1haを超える農家から出ているが，補助作業員数は1ha以下の農家からの方がむしろ多いし，絶対数も18名でオペレーター農家以外でも9戸から出ている。そして，オペレーターと補助作業員の一方か両方を出している農家は全部で16戸，すなわち集落内のA組合員農家の6割以上に及んでいるのである。この実態を確認しておく必要がある。その意味で，A組合は，構成員の一部のオペレーターに担

表5－4　A集落および周辺集落の関係農家一覧（2001年4月現在）

（単位：歳，a）

	農家番号	同居直系家族員の年齢			経営耕地面積		作物作付面積		農外就業状況				将来意向など
		世帯主—妻	あとつぎ—妻	父—母	水田(内借地)	畑	アスパラガス	その他	世帯主	その妻	あとつぎ	その妻	
集落内組合員	1	**65**—[67]	42—39		180	8	na		-機械利用組合長	-	教諭	食堂（パート）	オペ70歳まで続けたい
	2	**40**—41		[65]	160(30)				税理士事務所	高校実習補助員			オペ続ける
	3	[52]—50	28	78	144				会社員	-家事	会社員		農地保有維持
	4	**72**—[70]	45—44		139	15	15		-	-	設計事務所自営	パート	オペ80歳まで続けたい
	5	**61**—[59]			108		na		na	na			
	6	**61**—[53]			98		17		臨時職（定年帰農）	-	娘5人		定年帰農
	7	[67]—64	41—38		97				-定年帰農	-定年帰農	情報関係会社員	-家事育児	農地保有維持
	8	**66**—[61]			90				-機械利用副組合長	-	（37歳・市内）	na	オペまだ続ける
	9	[68]—[64]	36—33	91	65	8	10		-定年帰農	-家事・農業・介護	コンサル会社員	会社事務	オペたのまれればやる
	10	52—40			65				自営業	自営業手伝い			
	11	52—[47]		79—75	63	10		ナタネ5a	公務員	-	（22歳・大阪）		定年帰農（オペも）予定
	12	[63]		84	60	5				-			農地保有維持
	13	[63]—[64]	33	87	50	30			-定年帰農	-家事	コンピューター会社		オペをやる意志はない
	14	80—80			47	40			-	-	（51歳・福岡）	（同左）	農業継続
	15	[65]—[65]			45				-定年帰農	-	（31歳・佐賀市）	（同左）	オペたのまれればやる
	16	**52**—[49]		76	40(10)		12		会社員	パート	（養子・別居）	（24歳・別居）	オペ70歳近くまで続ける
	17	76—73			33	20		ナタネ・小豆	-教諭定年帰農・介護	-病床	（50歳・公務員）	（同左）	農業継続・妻の介護可能
	18	68—[60]	38—39		20				-病床	-家事	会社員	-家事育児	農地保有継続
	19	55—52	22	84—83	20	3			家電販売自営	同左	フリーター		現状維持
	20	73			16				47歳で死亡	-60歳まで勤務	（49歳）	（同左）	高齢女性でも農地維持可
	21	77—72			16				-	-	養女を迎える予定		農業継続
	22	83			16					-1人暮らし	（東京他出）		83歳女性1人暮らし
	23	50—[48]	22	75	9				会社員	会社事務員	会社員		定年後ならオペ可能
	24	54—48	21	84	8				運転手	会社事務員	美容師見習い		定年後ならオペ可能
	25	56—54	22		7				卸会社員	-家事	（22歳・大学生）		農業維持・定年帰農予定
集落内非組合員委託者	26	50—51	19	75	39				会社員	公務員	専門学校生		定年後オペやるかも
	27	49—42			29				会社員	-家事育児	娘4人		農地保有継続
	28	53			22				会社員		（22歳・鹿児島）		農地保有維持
	29	66—63	36—33		8	8			会社経営	会社経営手伝い	会社員	-家事育児	農地保有維持
集落外組合員	30	53—56			45	9			公務員	-家事	（29歳・福岡）		定年後は管理もオペも
	31	72	34		30	6					会社員		オペたのまれればやる
	32	55—50		82—79	22				食品会社員	パート			土日作業手伝いなら可能
	33	48—45		75—70	19				コンピュータ関係自営業	-家事育児			75歳だからオペは無理
集落外非組合員委託者	34	91			22						（60歳・下関）		1995年から組合に委託
	35	71	39—39		11	2					会社員	-家事育児	高齢化で2000年委託開始
集落内非組合員	36	66—61			175(45)	15		多様な野菜作	-農業専従	-農業専従	（39歳・福岡）	（33歳・福岡）	野菜作に積極的
	37	48—42	17	75	123	15			会社員	保育士（パート）	学生		米麦作維持継続
	38	72—69	48—48		120	10		肥育牛15頭	-農業専従	-農業専従	会社員	-家事育児	肉用牛頭数減らす
	39	58—54	30		65				会社員	パート	会社員		零細米麦作維持継続
	40	73—66			22				自転車店自営	-病弱	あとつぎなし		農地貸付・土地持ち非農家

資料：2001年4月実施の集落農家悉皆調査結果。

註：敷地内・隣接地の別所も同居と見なした。ゴチック体は機械オペレーター，オペとはオペレーターの略，□は補助作業出役者，（　）は他出者。

われている集団ということでは決してなく，基本的にはむしろ「ぐるみ型」あるいは「全員出役原則」に基づく集落型の営農組織なのである。

第3節　小　括―― A農業機械利用組合の新たな機能・役割 ――

以上から，A組合の性格として，大型機械化水田農業による米麦作のコスト低減と収益性維持もさることながら，宅地化＝農地転用と担い手不足の両面から耕作放棄の危機にさらされている都市的地域の農地の保全組織であることに注目したい。

とくに，兼業深化のみならず高齢化・核家族化・小家族化が進行し，独居女性農家や病床の連れ合いを看護する高齢農家も出現し，また一方で定年帰農者も現れてきた中で，A組合がこのような多様な構成員農家の農地の維持管理組織となっていることに改めて注目したい。また，アスパラガス栽培用のハウスの提供が，定年帰農者の出現等も背景にしつつ，水田作経営から基本的に解放された構成員農家からの新たな「農」への要求を満たすものともなっており，いわば生活農業支援といった内容の活動を行っていることにも注目したい。換言すれば，営農集団も，今や多様な構成員農家の多様な農地保全の有り様を援助する機能・役割を求められるようになってきたということであり，A組合はそのような仕組みに一歩踏み込んでいると評価することができる。その意味で，A組合は永田（1988）の言う「生活結合型」の営農組織と言ってよいものである[7]。

註
1) 耕作放棄地率は2000年農業センサスによると，経営耕地全体の全国平均は5.1％だが，地域類型別には山間地域7.6％，中間地域7.0％に次いで都市的地域5.8％が高く，平地農業地域は3.2％と一番低い。
2) 小林（1977）。
3) 花田（1972b）。
4) 田中（1976），26頁。
5) 内海（1976），52頁。
6) 基里地区にはA組合のような集落型の営農集団のほかに，農地の高い流動性を背景に，70 ha規模の稲作経営を受託する農協直営組織と10 ha前後の借地型大規模稲作農家が数戸形成されてきている。農協直営組織については，安谷屋・山田（1973），陣内（1980），松隈（1984），小林（1992），吉田（1993），田代（1996），借地型大規模稲作農家については吉田（1993），田代（1996）を参照。
7) 永田（1988），338～341頁。また安藤（1997）もそのような観点を有している。

終　章

総括と展望

オペレーター組合による米収穫作業（H組合，2004年9月，第4章第2節を参照）

第1節　総　括

　本書は，営農集団の概念や内容に関する基礎的考察，佐賀平坦における1960年代以降の営農集団の歴史的展開過程の整理，および3つの地域類型における営農集団の事例分析という3つのテーマを追ってきた。その結果は各章ごとに小括してきたので，ここで改めて整理することはしない。そこで，ここでは本書での考察の結果として営農集団論として特に重要と思われる点を補足的に確認し，まとめに代えたい。

　まず，本書では営農集団の歴史的展開の考察に多くのスペースをさき，そこにおける展開メカニズムに注目した。しかし，そこから集団の展開におけるベクトル的な類型化を行うことはしなかった。それは，第1章第3節で「個別上向化階梯論」を批判したように，本書で取り上げた佐賀県内の事例の限りでは，そのような（営農集団を過渡的なワンステップと位置づけて，その先に大規模専業経営の形成を描く）展開を認めることはできなかったからである。その意味では，本書での営農集団の性格づけは「自作小農経営補完論」に近いのかもしれない。しかし，新たな組織形成に伴う経営管理論の必要性という点において，この見解の不十分性も指摘した。田代（2004）などに見られるように，法人化した営農集団も少なくないという今日の推移を見るならば，そのことは明瞭である。

　第2に，営農集団は決して単一的な要因やメカニズムによってではなく，そのときどきの多様な背景と要因によって形成されてきていることを確認できた。その背景・要因とは，農業政策，地域就業構造，農業技術，農家世帯員，農業・農家経済，農協等にかかわる諸々の事柄である。そして，これらの諸背景・要因のかかわり方が営農集団の形成・未形成，あるいは営農集団の形態や性格を規定づけている。たしかに，多くの営農集団は圃場整備事業や機械化・施設化を契機・要因として形成されていると言われ，本書の事例の大半もそうであったが，それ以外の農家や農協の動きや取り組みも複雑多様にかかわっていることを無視してはならない。そのような多様な諸要因がかかわっている中で，本書ではとりわけ農協の役割を指摘し強調した。それは，営農集団の地域的濃淡として現れてくるくらい大きな要因であるからである。

　関連して，本書の研究対象地域である佐賀県において農業生産組織への農家の参加率が九州の中で飛び抜けて高いだけでなく，全国的トップレベルにある要因としては，たしかに水田基盤整備率の高さによるところが大きいが[1]，農協の地域農業への対応も不可欠であったと考える。第3章第2節で見た「四転輪作」方式の提起，第4章第2節で見たH組合への支援，第4章第3節で取り上げたM組合の事務局が農協支所に置かれていること，第4章第4節で取り上げた西有田町のほとんどの集落に機械利用組合が結成された決定的な要因は農協の地域農業再編戦略にあったことなどがその証左である。

　第3に，上述のように，本書は営農集団を基本的に構成員農家の補完組織とみる，すなわち「個と集団」の二重構造論の立場を取るため，営農集団論における考察内容としては，営農集

団そのもの（形成・展開や形態など）だけでなく，営農集団が構成員農家にもたらす影響面についても取り上げる必要があることから，事例分析においては集団構成員農家の悉皆調査を通じて後者（集団の構成員農家への影響）の内容を検討したわけであるが，その具体的な考察内容の1つとして，可能な限り構成員農家の米麦の収益性分析を行った（第3章第2節，第4章第2・3節，第4章）。その結果，機械共同利用が，稲麦作経営の合理化・再編によってスケールメリットを発揮し，機械費用の節減を通じて米麦作の所得の維持・向上をもたらしていることを確認することができた（直接的効果）。また，効率的な機械共同利用・共同作業が労働節約効果をもたらし，この労働節約効果がさらに多様な構成員に多様な意義をもたらしていることも確認した（間接的効果）。それらを具体的に見ると，たとえば，専業農家は，節約された労力を主幹部門に投入し，主幹部門の拡大・拡充に役立たせている（第4章第2・3・4節）。一方，兼業農家は，節約された労力を農外就業の拡大・充実に振り向けている（第3章第2節）。また，高齢者・病人・介護者なども農地を保全しつつ生活面への時間拡大が可能となる（第5章）。さらに，ブロックローテーション等による集団的・組織的な土地利用は上述の機械・労働力の効率的利用を促進させる（労働生産性の向上）とともに，それ自体で単位収量の増加を促進させる側面（土地生産性の向上）を持つ（第3章第2節）。

　もちろん，他方で営農集団の多くが時間の経過とともに再編や解体を余儀なくされ，決して安定的なものばかりではないことは多くの営農集団研究が力説しているところである。たしかに本書は，比較的継続性の高い西日本の営農集団の動向や事例に依拠していることともかかわって，いわば西日本型の営農集団論に偏していることから，営農集団のかかえる問題点や変動に関する言及や視点が弱かったことは事実である。しかし，本書の主眼は，水田農業において農民層分解による専業的な個別的規模拡大の困難な西日本農業の中における地域農業の担い手としての営農集団への注目であり，その営農集団活動における経済合理性の確認にあることを述べておきたい。

第2節　展　　望

　営農集団（生産組織）論は1980年代までは概して盛んであった。しかし，92年の新農政において農家概念に代わって「個別経営体」や「組織経営体」が提起され，この「組織経営体」が内容的には共同経営，なかでもとくに「全面共同経営」を意味しており，農家の補完組織としての営農集団（生産組織）ではないため[2]，この新政策以降は，営農集団に関する研究は急減した。

　一方，統計上，農業生産組織への参加農家数および農業生産組織がある集落数は累年の農業センサス結果報告において公表されてきているが，組織数そのものが1990年センサス以降は調査されなくなった（設問項目がなくなった）ことも，政策動向と無関係ではないように思われる。したがって，90年以降，農業生産組織数とその構成に関する全国的レベルでのデータ

表終-1　農業生産組織等への参加農家数割合の推移　　　　　　　　　（単位：％）

		1980	1985	1990	1995	2000
都府県	参加実農家数	9.5	9.9	11.7	8.6	14.3
	共同利用組織参加農家数		8.4	9.2	7.0	11.4
	受託組織参加農家数		1.3	2.0	2.1	5.1
	協業経営体参加農家数		0.7	1.0	0.5	1.1
北九州	参加実農家数	12.9	13.3	16.7	10.1	23.5
	共同利用組織参加農家数		12.4	15.5	9.0	21.3
	受託組織参加農家数		0.4	1.0	2.6	12.5
	協業経営体参加農家数		0.8	0.6	0.5	0.8
佐賀県	参加実農家数	36.7	42.6	65.7	15.0	66.8
	共同利用組織参加農家数		41.4	65.2	14.7	65.9
	受託組織参加農家数		0.8	0.3	7.5	59.6
	協業経営体参加農家数		1.4	1.2	0.3	0.4

資料：農業センサス。
註1：1985年までは総農家，90年以降は販売農家。
註2：空欄は不明。

表終-2　集落営農数と総集落数に占めるその割合（目安）の推移　（上段：組織数，下段：割合）

年　次	全　国	北九州	佐賀県
2000	9,961 7.4	1,038 7.1	284 15.6
2005	10,063 7.4	1,402 9.7	323 17.7

資料：農林水産省九州農政局ホームページ「集落営農実態調査結果の概要（九州）」(http://www.kyushu.maff.go.jp/home/sokuhou/01kihonkouzou/050621_1/16syuurakueinou_kyu.pdf)，『2000年世界農林業センサス農業集落調査報告書』。
註：割合は2000年の総農業集落数で割った値である。

は見いだせないため，それ以降はそれらに関する統計情報も確認することはできない（表2-9を参照）。

　そのような中で，では研究の動向と比例して，現実における営農集団（生産組織）への取り組みも1990年以降は減少傾向を示しているのだろうか。

　本書でこの点に言及する余裕はもはやなくなったが，1990年以降の動向も統計上確認できる生産組織への参加農家数の割合の推移を示すと（表終-1），95年のデータ全体と2000年の北九州と佐賀県の受託組織のデータに疑問が持たれるため，95年のこれらの諸データを考慮外に置くならば，90年以降，都府県，北九州および佐賀県において，参加実農家数および3つの形態（共同利用組織，受託組織および協業経営体）すべてに関して，参加農家数割合が増

加してきていることが確認される。したがって,このかぎりではあるが,90年以降も農家の生産組織への参加傾向は強まってきていると見ることができる。なかでも,佐賀県においては参加農家数割合が依然として飛び抜けて高いことが注目される。

また一方で,2000年と2005年に集落営農数の把握がなされるに至った。表終-2はその一端を示したものだが,集落営農数と総集落数に占めるその割合[3]がここ5年間で増加していることを確認することができる。また,佐賀県におけるその割合が,上述の生産組織参加農家数割合と同様かなり高いことを確認することもできる。

以上,1990年以降,さらに21世紀初頭においても農家の農業生産組織への参加状況は全体的に前進していることを確認することができる。それは,第1章第2節5で述べたように,90年代には92年の新政策も影響して,国の担い手対策においては基本的に経営体を重視する一方で営農集団(生産組織)は無視ないし軽視する対応を示していたが,しかし現場では実際上はUR対策事業の実施などを通じて農家間の組織化が進み,本章で上述したように営農集団(生産組織)参加割合は増加したと考えられるからである。このことは,政策上の担い手対策と現場での動向には齟齬が見られたということでもある。

ところが,2004～2005年に至り,「食料・農業・農村基本法」を具体化する「食料・農業・農村基本計画」の見直し作業の過程で,農林水産省は経営安定対策の対象とすべき「効率的・安定的な」「担い手」の候補者として認定農業者のみならず「集落営農経営」をも取り上げるに至った。しかし問題は,この「集落営農経営」が実際の現場の集団的営農の多くの取り組みの前進を支援する方向で進むのか,それとも1992年の新政策の「組織経営体」のように共同経営に収斂されるような一部限定的な実体を持つものなのかである。換言するならば,「集落営農経営」を取り上げた点で画期的に見える今回の新「基本計画」はかつての新政策の二の舞を演じて終わるのか,あるいは現場の多くの集団的営農の支援を推進する実質的な意味を持つものなのかが問われているわけだが,いずれにしても問題は,各地域の現場の実情に根ざした営農集団の形成メカニズムと構成員農家へのメリットが何かを見極めるという営農集団論の原点に帰着する。

註
1) 1992年の30a程度以上の区画整備水田面積割合は全国54.1％,九州52.1％であるが,九州の中で一番高いのは佐賀県の76.0％で,2位熊本県64.5％,3位福岡県51.8％と続いている(『平成8年度九州農業情勢報告』,65頁)。原資料は『第3次土地利用型基盤整備基本調査』農林水産省,1993年。
2) 東山(2001),199頁では,新政策は「農家(家族経営)と集団(生産組織)を原則否定した」とまで言い切っている。
3) 1集落単位で行われている集落営農数の割合が全国79.3％,北九州77.5％,佐賀県76.8％であるため,単純に集落総数で除して集落営農が行われている集落数割合の目安とした。

引用文献

相川良彦（1980）「部落ぐるみ生産組織の構造と展開（上）」『農業総合研究』第 34 巻第 3 号。
相川良彦（1980）「部落ぐるみ生産組織の構造と展開（中）」『農業総合研究』第 34 巻第 4 号。
相川良彦（1981）「部落ぐるみ生産組織の構造と展開（上）」『農業総合研究』第 35 巻第 1 号。
秋山邦裕（1985）『稲麦二毛作経営の構造』（日本の農業，第 155 集）農政調査委員会。
安谷屋隆司・山田龍雄（1973）「稲作集団組織と部落農業」『九州大学産業労働研究所報告』第 61 号。
安部淳（1994）『現代日本資本主義と農業構造問題』農林統計協会。
安藤益夫（1997）『地域営農集団の新たな展開』農林統計協会。
安藤光義（2003）『中山間土地改良区と地域資源管理』（日本の農業，第 225 集）農政調査委員会。
安中誠司・藤森新作（2000）「観光資源を活用した農業振興の姿」小室重雄・深山一弥編著『中山間資源活用の諸側面』養賢堂。
磯辺俊彦（1975）「農業生産組織分析の課題」『農業の組織化』農政調査委員会。
磯辺俊彦（1985）『日本農業の土地問題』東京大学出版会。
磯田宏（1990）「佐賀平坦地における農地流動化と地代の存在構造」花田仁伍編『現代農業と地代の存在構造』九州大学出版会。
伊東勇夫（1962）「共同経営の展開条件」『農業経済研究』第 34 巻第 1・2 号。
伊東勇夫（1975）「稲作生産者組織の展開」古島敏雄編『産業構造変革下における稲作の構造Ⅰ』東京大学出版会。
伊藤喜雄（1973）『現代日本農民分解の研究』御茶の水書房。
伊藤喜雄（1975）「稲作生産力担当層の動向」古島敏雄編『産業構造変革下における稲作の構造Ⅰ』東京大学出版会。
伊藤喜雄（1979）『現代借地制農業の形成』御茶の水書房。
今井健（1997）「地域農業の展開における担い手の動向」宇佐見繁編著『日本農業——その変動構造——』農林統計協会。
今村奈良臣（1976 a）「稲作生産組織の生成・展開・展望」小倉武一編『集団営農の展開』御茶の水書房。
今村奈良臣（1976 b）「愛知における稲作生産組織の展開と農民層分解」古島敏雄編『産業構造変革下における稲作の構造Ⅱ』東京大学出版会。
今村奈良臣（1983）「若いオペレーター群と複合経営」『新しい農村 '83』朝日新聞社。
上野重義（1987）「高度経済成長以降における土地利用と農業の担い手問題」『九州大学農学部学芸雑誌』第 41 巻第 3・4 号。
宇佐美繁（1997）「東北農業の現段階」東北農業研究会編『東北農業・農村の諸相』御茶の水書房。
内海修一（1976）「鳥栖東部地区における土地改良の投資効果」『圃場整備と生産組織の展開に関する研究』佐賀大学農学部農業経済学教室。
内海修一（1986）「30 年にわたる地域農業振興計画の実践で山麓農村の建設」梶井功監修『農用地の高度利用』全国農業協同組合中央会。
内海修一（1984）「六転輪作方式による集団的農地利用——佐賀県小島営農集団——」『地域営農集団——その活動と成果——』全国農業協同組合中央会。
江島一浩（1985）『零細分散錯圃制と農業経営規模拡大論』農業研究センター。
大泉一貫（1980）「労働主体の性格と労働過程」東北大学農学部農業経営研究室『農業経済研究報告』第 18 号。
大場正己（1997）「農家世帯員の就業動向と経営複合化」東北農業研究会編『東北農業・農村の諸相』御茶の水書房。
甲斐諭（1984）「九州における農産物の過剰と需給調整」土屋圭造編『農産物の過剰と需給調整』農林統計協会。
梶井功（1967）「新佐賀段階の稲作生産力の検討」『農業と経済』1967 年 4 月号，富民協会。

梶井功（1973）『小企業農の存立条件』東京大学出版会。
梶井功（1977）『農地法的土地所有の崩壊』農林統計協会。
梶井功（1997）『国際化農政期の農業問題』家の光協会。
金沢夏樹（1971）『稲作農業の論理』東京大学出版会。
金沢夏樹編著（1984）『農業経営の複合化』地球社。
串木美徳（1988）「集団的土地利用で高生産水田農業を」『農林統計調査』1988年12月号，農林統計協会。
倉本器征（1975）「大中型機械体系における組み作業と生産組織」『農業経済研究』第47巻第3号。
倉本器征（1988）『水田農業の発展条件』農林統計協会。
小林恒夫（1977）「代替地取得の動向と農地価格形成への影響」『農業経済論集』第28巻。
小林恒夫（1990）『営農集団と地域農業』（日本の農業，第176集）農政調査委員会。
小林恒夫（1992）「営農集団の展開と構造（下）」『市立名寄短期大学紀要』第24巻，第5章。
小林恒夫（2000）「半農半漁棚田地帯における農漁家・農漁業の全体構図」佐賀大学海浜台地生物生産研究センター研究報告『海と台地』Vol.11。
佐賀新聞（2001）11月24日付。
佐賀新聞（2001）12月2日付。
酒井惇一（1975）「大型機械化と生産組織の展開」古島敏雄編『産業構造変革下における稲作の構造Ⅰ』東京大学出版会。
坂本國継（1982）『佐賀農業の動きと展望』金華堂。
佐藤了（1983）「研究対象の性格をめぐる論点」『集団的土地利用の課題』農業研究センター。
新佐賀段階米つくり運動推進本部（1967）『新佐賀段階米つくり運動第一次3カ年の事業概要とその成果』。
陣内義人（1980）「農用地の利用調整と農協」『農用地の利用調整と農協』全国農業協同組合中央会。
陣内義人（1983）「四転輪作方式による集団転作」梶井功・高橋正郎編著『集団的農用地利用』筑波書房。
鈴木幹俊（1982）「水田利用再編対策下の北陸の農地問題」『土地制度史学』第96号。
高島善哉（1949）「生産力の構造」『経済評論』第4巻第8号。
高橋正郎（1973）『日本農業の組織論的研究』東京大学出版会。
高橋正郎・森昭（1978）『自治体農政と地域マネジメント』明文書房。
武井昭（1962）「耕耘機の共同利用」加用信文編著『日本農業機械化の課題』農政調査委員会。
田代洋一（1975）「代替地取得下の佐賀平坦農業」『昭和49年度九州経済白書』九州経済調査協会。
田代洋一（1980a）「佐賀農業の展開と自作農的土地所有」田代隆編著『土地経済論』御茶の水書房。
田代洋一（1980b）「戦後日本の農民層分解」暉峻衆三・東井正美・常盤政治編著『日本農業の理論と政策』ミネルヴァ書房。
田代洋一（1992）「日本の農家」井野隆一・田代洋一『農業問題入門』大月書店。
田代洋一（1993）『農地政策と地域』日本経済評論社。
田代洋一（1996）「大規模借地経営の展開と経営農地の効率的利用に関する実態調査報告——佐賀県鳥栖市・杵島郡有明町——」『平成7年度大規模借地経営の展開と安定的発展方策に関する調査報告書』全国農地保有合理化協会。
田代洋一（2003）『新版農業問題入門』大月書店。
田代洋一編（2004）『日本農業の主体形成』筑波書房。
田中照良（1976）「鳥栖市東部地区の土地改良事業の実態」『圃場整備と生産組織の展開に関する研究』佐賀大学農学部農業経済学教室。
田中基晴（1984）「商品生産の地域的再編成と水田土地利用」『農業経済論集』第35巻。
田中洋介（1973）「家族経営における協業問題」『農業経営発展の論理』養賢堂。
田畑保・松村功巳・両角和夫編（1996）『明日の農業をになうのは誰か』日本経済評論社。
段野貴子（1999）「棚田オーナー制と環境創造型農業」『農村生活研究』第43巻第2号。
椿真一（2001）『地域農業再編下での営農集団による効率的な農業と担い手創出機能』（農，No.260）農政調査委員会。
長憲次（1988）『水田利用方式の展開過程』農林統計協会。
戸島信一・小林恒夫（1985）『土地利用型大規模経営の展開構造』九州大学農学部農業経済学教室研究報告，第25号。
豊田隆（1981）「危機における生産組織の農民的意義」『農業総合研究』第35巻第4号。

豊田隆（1997）「経営複合化と土地管理主体」東北農業研究会編『東北農業・農村の諸相』御茶の水書房。
永田恵十郎（1971）『日本農業の水利構造』岩波書店。
永田恵十郎（1977）「戦後農業技術の進歩と土地改良」今村奈良臣・佐藤俊朗・志村博康・玉城哲・永田恵十郎・旗手勲『土地改良百年史』平凡社。
永田恵十郎（1979a）「地域農業の再構成と稲作経営」井上完二編著『現代稲作と地域農業』農林統計協会。
永田恵十郎（1979b）「地域複合農業論への接近」沢辺恵外雄・木下幸孝編『地域複合農業の構造と展開』農林統計協会。
永田恵十郎（1988）『地域資源の国民的利用』農山漁村文化協会。
中安定子（1978）『農業の生産組織』家の光協会。
中安定子（1981）「生産組織の概念，ノート」『農業生産組織の類型と機能に関する調査研究報告——群馬県玉村町の実態——』（農林統計協会研究紀要，No. 2）。
中安定子（1983）「水田利用再編政策下の互助制度」『水田利用再編』農政調査委員会。
西尾敏男（1975）『農業生産組織を考える』家の光協会。
西尾敏男（1976）「水稲生産組織の変遷」小倉武一編著『営農集団の展開』御茶の水書房。
西谷次郎（1978）「水田酪農経営の展開条件に関する一考察」『農業経済論集』第29巻。
農村計画研究連絡会編（1999）『中山間地域研究の展開』養賢堂。
野口悠紀雄（1995）『1940年体制』東洋経済新報社。
波多野忠雄（1985）『現代稲作の技術構造』農林統計協会。
花田仁伍（1972a）「佐賀・米作農業における集団的生産組織」『稲作近代化への対応に関する調査結果』全国農業会議所。
花田仁伍（1972b）『鳥栖市における農業構造の変貌・展開』九州土地問題研究会。
花田仁伍（1978）『日本農業の農産物価格問題』農山漁村文化協会。
花田仁伍（1980）「佐賀県杵島郡大町町（畑田地区）の転作と農地賃貸借」『水田利用再編対策下の農地賃貸借の誘導とその調整方式に関する調査研究報告書』農政調査会。
原洋之介（2000）『アジア型経済システム』中央公論新社。
東山寛（2001）「生産者集団の胎動と地域農業の進路」中嶋信・神田健策編著『21世紀食料・農業市場の展望』筑波書房。
平野秀樹（2001）『棚田・里山の「再自然化」と「社会化」』（日本の農業，第217集）農政調査委員会。
保志恂（1975）『戦後日本資本主義と農業危機の構造』御茶の水書房。
松木洋一（1977）「農業労働様式の分析方法について」『農業経営研究』No.21。
松木洋一（1979）「集落農場制の経営様式と労働主体の動向」井上完二編著『現代稲作と地域農業』農林統計協会。
松木洋一（1981）「農業生産組織研究のいくつかの課題についての一試論」『農業生産組織の類型と機能に関する調査研究報告——群馬県玉村町の実態——』（農林統計協会研究紀要，No.2）
松木洋一（1983）「農業経営体としての生産組織分析の課題」『農業と経済』1983年11月号，富民協会。
松隈百合子（1984）『農協直営「農業経営受託事業」の現状と問題点』九州大学農学部農政経済学科卒業論文。
マルクス（1986）『資本論』第1巻第1分冊，大月書店。
宮崎猛（2000）『環境保全と交流の地域づくり』昭和堂。
宮島昭二郎（1958）『玉島蜜柑発達史』佐賀県農業試験場・浜崎玉島町。
宮島昭二郎（1969）『米つくり——その苦難のあゆみ——』亜紀書房。
宮島昭二郎（1975）『九州ミカン発達史序説』自費出版。
元木靖（1987）「佐賀県の米作におけるモチ米生産の発展」筑波大学『人文地理学研究』XI。
森田敏隆（2001）『棚田百選』講談社。
矢口芳生（1998）「WTO農業協定下の農村社会・地域資源保全」『農業経済研究』第70巻第2号。
横尾達夫（1987）「米麦二毛作地帯における水田利用方式の転換」『昭和62年度日本農業経営学会春季大会報告要旨』。
吉田俊幸（1993）「借地型経営（個人）での経営権の継承と農地流動化——ワンマンファームの連合体としての家族経営——」『農家・農村社会の変貌と農地問題(2)』農政調査委員会。
綿谷赳夫（1979）『農業生産組織論』（綿谷赳夫著作集，第3巻）農林統計協会。
綿谷赳夫（1980）『農業と漁業の共同経営』（綿谷赳夫著作集，第4巻）農林統計協会。

和田照男（1979）「農業生産組織の企業形態論的分析方法」『農業経営研究』第17巻第1号。

　　　　　　　　あとがき

　本書は1990年提出の学位論文を出発点としている。すでに15年前に書いたものを今になって掘り起こして書き改めるに至ったのには次のような理由がある。
　2004年以降の「食料・農業・農村基本計画」の見直し作業の過程で久しぶりに「集落営農」問題が噴出してきたため，これまでもこの学位論文が少ないながらも「需要」があったことから，改めてこの問題に関する議論に1つの素材を提供できるのではないかと思い立った。
　しかし，かなり古くなった。また，短大紀要に載せていたため多くの人の目にとまるには限界があった。そこで今回，リニューアルして広く刊行することとした。
　一方，学位論文における研究対象地域は佐賀県であったが，論文完成後しばらくは佐賀県と縁がなくなり，論文内容も忘れかけていたところ，1994年に奇しくも佐賀県内の職場に転職することになったため，かつて論文で取り上げた県内の事例集団が「その後どうなったのか」を改めて調査したところ，大方の事例の活動内容と性格は基本的に変化していなかったという事情もあった。そこで，新データでもって事例分析を更新すれば，主張を変えずに古い論文が新しく蘇ると考えた。
　本書はこうしたリライト作業を施して完成させたものである。なお，その過程で，学位論文に載せていた2事例は類似事例があることから割愛し，逆に新たな事例を追加し，また必ずしも適切ではなかった事例を差し替えたりもした。その結果，理論的部分（第1章）と展開過程分析部分（第2章）以外の事例分析部分と終章は大幅な修正を施したためにかつての原型をもはやとどめていない。こうして，最終的に各章各節の基になった初出論文は以下のとおりである。

　　序章～第2章：「営農集団の展開と構造（上）」『市立名寄短期大学紀要』（第23巻，1991年）
　　　　序章～第3章第2節。
　　第3章第1節・第2節：「比較対象としての佐賀平坦における兼業農家主体の営農集団の展開構造」佐賀大学海浜台地生物生産研究センター研究報告『海と台地』Vol.3，1996年。
　　第3章第3節・第4節：「営農集団の展開と構造（上）」『市立名寄短期大学紀要』（第23巻，1991年）第3章第3節。
　　第4章第1節・第2節：「営農集団の展開と構造（下）」『市立名寄短期大学紀要』（第24巻，1992年）第4章。
　　第4章第3節：「中山間地域における稲作生産組織の展開と農地保全問題」前掲研究セン

ター研究報告『海と台地』Vol.14，2002年。
第4章第4節・第5節：「傾斜地水田（棚田）稲作の維持継続を可能とする生産組織の仕組みに関する一考察」『農業経営研究』第40巻第2号，2002年。
第5章～終章：書き下ろし。

本書は多くの方からのご支援によって初めて完成することができた。出発点となった学位論文の審査員であった長憲次先生からは営農集団は二重性に特徴があることを，また上野重義先生からは農業展開の内的メカニズムに注視すべきことを，そして栗山純先生からは概念規定への厳しさを学んだ。本書はこれらの諸点を取り入れたつもりである。

また，昨年に引き続き，本年も出版の受け入れの快諾をいただいた九州大学出版会の藤木雅幸氏と編集作業を担当して下さった同出版会の永山俊二氏に感謝申し上げたい。

さらに，本書の大半を占める事例分析の素材となった集落農家悉皆調査にご協力いただいた多数の農家の皆さんと，関係市役所・町村役場，農協および農林水産省統計情報センターの担当者には多大なお世話とご迷惑をおかけした。一人ひとりのお名前を列挙することは人数が多いため不可能なので省略させていただくが，皆さんのご協力なくして本書は出来上がらなかった。そして最後に，調査員として合宿しながら主に夜間に農家調査に付き合ってくれた研究室内外の学生・院生諸君には，以下に氏名を掲載することによって感謝の意を伝えたい。

調査員名（敬称略・調査実施順）
　光石智則　金子彩友　尾崎純一　兼光里果　小柳さゆり　戸島亜希子　中越友香
　村井裕樹　中園輝文　堀口和洋　磯邊信之　吉原　晃　溝口隆彦　山田勇一
　森山繁彦　大沼雅比古　高木　圭　熊本耕平　名里好恵　北野昭彦（普及員）

なお，本書で取り上げた6つの事例，またはそれに関係する場面の最新の写真をカバーと各章の扉に掲載した。著者のカメラ操作技能と時間の制約のため適切なものであったかどうか不安であるが，読者の実態理解の一助となれば幸いである。

末尾に，私事にわたり恐縮だが，本書の基になった学位論文を書いていた1980年代のオーバードクター時代を物心両面から支えてくれた妻純子と，九州での長年の先の見えない不安定な同時代をはらはらしながら遠方の栃木から見守ってくれた両親に，本書を捧げたい。

2005年10月
　　西方に東松浦半島の台地を，南方に唐津平野の水田地帯を望む職場3階の研究室にて
　　　　　　　　　　　　　　　　　　　　　　　　　　　　　　　　　　　小林恒夫

著者紹介

小林 恒夫（こばやし　つねお）

1950 年	栃木県上河内村生まれ
1973 年	宇都宮大学農学部農業経済学科卒業
1981 年	九州大学大学院農学研究科農政経済学専攻博士課程単位取得退学
1989 年	名寄女子短期大学（現市立名寄短期大学・北海道名寄市）勤務
1990 年	学位（九州大学農学博士）取得
1994 年	佐賀大学海浜台地生物生産研究センター（佐賀県唐津市）勤務
2003 年	佐賀大学海浜台地生物環境研究センター（佐賀県唐津市）勤務
	現在に至る

著書（単著）
　『営農集団と地域農業』（日本の農業，第 176 集）農政調査委員会，1990 年
　『半島地域農漁業の社会経済構造』九州大学出版会，2004 年（九州農業経済学会 2005 年度学術賞受賞）

専攻
　農業経済学

研究対象
　広域的耕畜連携システム，青年・壮年・定年帰農者，もち米フードシステム，近海島嶼

インターネットでの照会・連絡・研究室案内
　URL：http://www.saga-u.ac.jp/kokusai/kankyoshakai/top.htm
　あるいは佐賀大学ホームページの「研究施設案内」（海浜台地生物環境研究センター）の欄を参照

勤務先住所
　〒 847-0021　佐賀県唐津市松南町 152-1

営農集団の展開と構造
——集落営農と農業経営——

2005 年 12 月 15 日　初版発行

著　者　小　林　恒　夫

発行者　谷　　隆一郎

発行所　㈶九州大学出版会
　　　　〒 812-0053　福岡市東区箱崎 7-1-146
　　　　　　　　　　九州大学構内
　　　　電話　092-641-0515（直通）
　　　　振替　01710-6-3677

印刷／九州電算㈱・大同印刷㈱　製本／篠原製本㈱

© 2005 Printed in Japan　　　　　　　ISBN4-87378-890-0

半島地域農漁業の社会経済構造

小林恒夫 著　　　　　　　　　B 5 判・196 頁・4,500 円

佐賀県東松浦半島でのフィールドワークによって得られた豊富なデータをもとに，半島における農業の発展とその要因，半農半漁の根強い存続と重層的構造を明らかにし，農漁業の持続的展開条件を提示する。

（2005 年度九州農業経済学会・学術賞受賞）

地域農業再生の論理 〈佐賀大学経済学会叢書 8〉
―― 佐賀農業における実証的研究 ――

長　安六 著　　　　　　　　　A 5 判・268 頁・3,200 円

本書は，農業基本法農政下で衰退してきた地域農業を，生活共同体を中心とする経済社会全体の再生という視点から捉え直すとともに，佐賀農業に関する豊富な統計諸資料や実態分析をもとに，その再生のあり方として都市と農村との多様な交流に依拠したところの交流型農業を展望している。

家族農業経営の再生産機構

戸島信一 著　　　　　　　　　A 5 判・204 頁・4,000 円

資本主義経済が高度に発達した社会でも農業は家族経営によって担われている。本書は家族経営の「家族」にも焦点を当て，生活様式論，家族社会学を取り入れた，オールタナティブの農業・農村理論，家族農業経営論の構築を試みたものである。**（2000 年度九州農業経済学会・学術賞受賞）**

奄美の多層圏域と離島政策
―― 島嶼圏市町村分析のフレームワーク ――

山田　誠 編著　　　　　　　　B 5 判・210 頁・3,000 円

島嶼地域で弱い財政力という制約の中，市町村合併や三位一体の改革をはじめとする国の構造改革の波をもろにかぶっている奄美地域を対象とし，分野の異なる多彩な研究者が市町村合併に関する選択に関して学問的情報を与え，かつ地域活性化策を探る。既存の行政区域にこだわらず，県境を越えた合併を視野に入れながら，奄美群島内の経済的特性をより明確に取り出そうとする。

（表示価格は本体価格）　　　　　　　　　**九州大学出版会刊**